高等职业教育"十二五"规划教材

化学基础与分析技术

赵晓华　牛洪波　主编

中国轻工业出版社

图书在版编目(CIP)数据

化学基础与分析技术/赵晓华,牛洪波主编.—北京:中国轻工业出版社,2015.3

高等职业教育“十二五”规划教材

ISBN 978-7-5184-0203-8

Ⅰ.①化… Ⅱ.①赵… ②牛… Ⅲ.①化学分析—高等职业教育—教材 Ⅳ.①O65

中国版本图书馆 CIP 数据核字(2015)第 003597 号

责任编辑:张　靓　　责任终审:滕炎福　　封面设计:锋尚设计
版式设计:锋尚设计　　责任校对:吴大鹏　　责任监印:张　可

出版发行:中国轻工业出版社(北京东长安街 6 号,邮编:100740)
印　　刷:三河市万龙印装有限公司
经　　销:各地新华书店
版　　次:2015 年 3 月第 1 版第 1 次印刷
开　　本:720×1000　1/16　印张:16.25
字　　数:332 千字
书　　号:ISBN 978-7-5184-0203-8　定价:32.00 元
邮购电话:010-65241695　传真:65128352
发行电话:010-85119835　85119793　传真:85113293
网　　址:http://www.chlip.com.cn
Email:club@chlip.com.cn
如发现图书残缺请直接与我社邮购联系调换
131405J2X101ZBW

本书编委会

主　编　赵晓华（滨州职业学院）

牛洪波（烟台职业学院）

参　编　毕秋芸（淄博职业学院）

耿云红（淄博职业学院）

缪金伟（东营职业学院）

李锡亮（滨州职业学院）

主　审　韩岩君（滨州市食品药品监督管理局）

前 言

随着高等职业教育教学改革的不断深入,教学内容和课程体系也随之发生了较大的变化。本书是依据高等职业技术教育的教学要求和课程标准,结合食品专业、行业生产发展和科研中对化学知识的基础及其分析技术的要求编写而成的。

本书编写立足于高等职业技术教育食品专业的培养目标,充分体现能力为本的职业教育特色,本着"理论够用管用、突出实践应用、强化能力培养"的指导思想,教材内容的选取降低理论深度、强化实践技能,选材紧密结合食品行业实际;在呈现形式上,将无机化学基础知识作为背景知识呈现,有利于各校根据自己的教学时数进行适当取舍,同时将整个知识体系分为五大模块即:模块一酸碱滴定技术、模块二氧化还原滴定技术、模块三沉淀分析技术、模块四配位滴定技术、模块五仪器分析技术。每一个模块按照背景知识、项目、自我测试、应用的思路进行编写,夯实了基础知识,注重了技能的培养,同时自我测试部分也有利于学生对所学知识的巩固与提高。

本教材以酸碱滴定技术为主线,使学生在该部分将滴定分析的理论基础理解透彻并形成娴熟的操作技能,为后续的氧化还原滴定技术、沉淀分析技术、配位滴定技术打下坚实的基础。在内容的选取上,本部分安排了十个技能训练,让学生在反复的操作中形成和巩固技能。为了适应行业和企业对仪器分析技术的要求,我们选取了应用较为广泛的光化学分析和电化学分析作为补充,力争使学生较为系统地掌握实用的分析技术。

本书的编写分工如下:模块一项目一由李锡亮编写,项目二由赵晓华编写,技能训练由牛洪波编写;模块二项目一、项目二由缪金伟编写,技能训练由赵晓华编写;模块三项目一、项目二由耿云红编写,技能训练由赵晓华编写;模块四项目一、项目二由毕秋芸编写,技能训练由赵晓华编写;模块五项目一由缪金伟编写,项目二由耿云红编写,技能训练由赵晓华编写。本书全稿由赵晓华统稿。

为了使教材更贴近行业实际,我们聘请了行业专家、滨州市食品药品监督管理局的韩岩君女士作为本书的主审。

本教材力求做到无机化学和分析化学知识的有机融合,加大了分析化学在本课程中的比例,突出了酸碱滴定在分析化学的地位,凸显实践教学在本门课程教学中的重要性,学习任务明确,项目可操作性强。

本课程建议学时为64~96学时。

在本书编写过程中参考和引用文献均一一列入参考文献中,在此对原著作者致谢。

由于编者水平所限,书中的疏漏和不当在所难免,恳请各位专家和读者批评指正。

编　者

目录

模块一　酸碱滴定技术

背景知识1　化学反应速率及其化学平衡

研究化学反应一般涉及两个方面的问题:一个是反应进行的快慢,即化学反应速率问题;另一个是反应进行的方向和程度,即化学平衡问题。这两个问题无论对理论研究和生产实践都有重要意义。

一、化学反应速率

不同的化学反应进行的快慢程度往往不相同,有的反应瞬间即可完成,如酸碱中和反应;而有的反应却非常缓慢,如自然界岩石的风化、石油和煤的形成等。

化学反应速率即化学反应进行的快慢,用单位时间内反应物浓度的减少或生成物浓度的增加量来表示。单位为 mol/(L · s)或 mol/(L · min)。

对于任一反应:$A + B \rightarrow Y + Z$,在反应中,反应物 A 和 B 的浓度不断减少,生成物 Y 和 Z 的浓度不断增加。

对于上述反应,如以反应物 A 表示,则反应速率:

$$v = -\Delta c_A/\Delta t$$

式中　Δt——时间间隔;

Δc_A——在 Δt 时间间隔内 A 物质浓度的变化。

由于 Δc_A 为负值,为了保持反应速率为正值,需在前面加一个负号。

如以生成物 Y 表示,则反应速率:

$$v = - \Delta c_Y/\Delta t$$

式中　Δc_Y——在 Δt 时间间隔内 Y 物质浓度的变化。

浓度的单位一般采用 mol/L(或 mol/dm),时间的单位根据具体反应可以用 s(秒)、min(分)或 h(小时)表示,反应速率的单位则为 mol/(L · s)、mol/(L · min)或 mol/(L · h)等。

如 N_2O_5 在 CCl_4 中的分解反应：

$$2N_2O_5 = 4NO_2 + O_2$$

分解反应的数据列于表 1－1。

表 1－1　　在 CCl_4 溶液中 N_2O_5 的分解速率(25℃)

t/s	Δt/s	$c_{N_2O_5}$/(mol/L)	$\Delta c_{N_2O_5}$/(mol/L)	$\bar{v}_{N_2O_5}$/[mol/(L·s)]
0	0	2.10	—	—
100	100	1.95	−0.15	1.5×10^{-3}
300	200	1.70	−0.25	1.3×10^{-3}
700	400	1.31	−0.39	9.9×10^{-4}
1000	300	1.08	−0.23	7.7×10^{-4}
1700	700	0.76	−0.32	4.5×10^{-4}
2100	400	0.56	−0.20	3.5×10^{-4}
2800	700	0.37	−0.19	2.7×10^{-4}

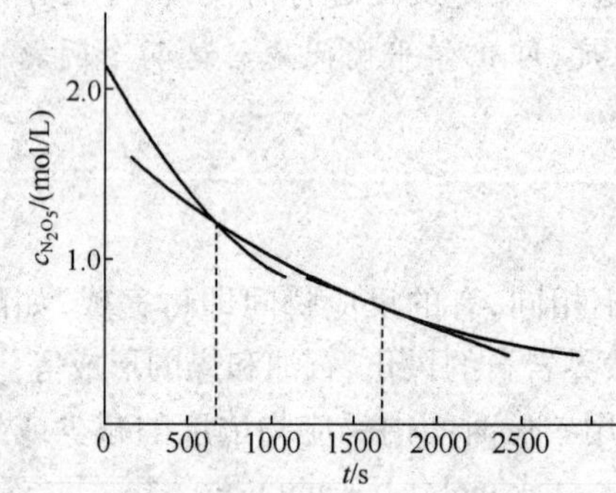

图 1－1　在 CCl_4 中 N_2O_5 浓度随时间的变化

从表 1－1 可以看出，随着反应的进行，反应物 N_2O_5 的浓度在不断减小，各时间段内反应的平均速率在不断减小。将 N_2O_5 浓度对时间作图，得图 1－1。

在表示与测定反应速率时要注意以下几点。

(1) 化学反应速率随时间而改变。在 N_2O_5 分解的第一个 100s 内，N_2O_5 的浓度减少 0.15mol/L；随后的 200s 内减少 0.25mol/L；紧接着的 400s 内减少 0.39mol/L。由此可以类推，在同样的时间间隔内，N_2O_5 的分解速率都是不同的，即使在 2s 内，前 1s 和后 1s 的反应速率也是有差别的。所以表 1－1 中所列举的都是平均速率。

平均速率 $\bar{v}$ 的计算：

$$\bar{v} = -\frac{\Delta c_{N_2O_5}}{\Delta t} = -\frac{c_{(N_2O_5)_2} - c_{(N_2O_5)_1}}{t_2 - t_1}$$

式中　$\Delta c_{N_2O_5}$——N_2O_5 的浓度；

Δt——时间间隔。

如在第一个时间间隔 100s 内：

$$\bar{v} = -\frac{\Delta c_{N_2O_5}}{\Delta t} = -\frac{(1.95-2.10)\text{mol/L}}{(100-0)\text{s}}$$

$$= 1.5\times10^{-3}\text{mol/(L·s)}$$

以下类推。如果将时间间隔取无限小,则平均速率的极限值即为某时间反应的瞬时速率。图 1-1 中曲线上某一点的斜率,即为该时刻的瞬时速率,由图中可以看出,随着反应的进行,瞬时速率也在逐渐减小。

(2)在 N_2O_5的分解反应中,N_2O_5的分解和 NO_2的产生是同时发生的,所以反应速率可以用 N_2O_5浓度的降低表示,也可以用 NO_2或 O_2浓度的增加表示。两种表示方法的具体数值既有联系又有差别。

根据反应方程式,每减少 1mol N_2O_5时,同时会生成 2mol 的 NO_2和$\frac{1}{2}$mol 的 O_2。故 NO_2的生成速率必然是 N_2O_5分解速率的 2 倍,而 O_2的生成速率是 N_2O_5分解速率的$\frac{1}{2}$。由此可得到分别用这三种物质表示的反应速率之间的关系为:

$$v_{N_2O_5} = \frac{1}{2}v_{NO_2} = 2v_{O_2}$$

因此,用 $-\frac{\Delta c_{N_2O_5}}{\Delta t}$、$+\frac{\Delta c_{NO_2}}{\Delta t}$或 $+\frac{\Delta c_{O_2}}{\Delta t}$表示反应速率的数值虽不同,但实际含义相同。在表示反应速率时必须指明具体物质,以免混淆。还需指出,以后提到的反应速率均指瞬时速率。

二、影响反应速率的因素

影响化学反应速率的因素包括内因和外因两方面。不同的化学反应有着不同的化学反应速率。反应物的组成、结构和性质差异是起决定性作用的因素,是影响化学反应速率的内在原因。如酸碱中和反应就比氮气与氢气合成氨的反应快得多。

同一化学反应在不同的条件下,反应速率也有着明显的差别。例如,硫在空气中缓慢燃烧,产生微弱的淡蓝色火焰,而硫在纯氧中则迅速燃烧,并发出明亮的淡紫色火焰,这说明化学反应速率还受到许多外界条件的影响。影响化学反应速率的外界因素很多,但主要有浓度、压力、温度、催化剂等。

(一)浓度对化学反应速率的影响

1. 元反应和非元反应

实验表明,绝大多数化学反应并不是简单地一步完成,往往是分步进行的。一步就能完成的反应称为元反应(也称基元反应、简单反应)。例如:

$$2NO_{2(g)} \rightarrow 2NO_{(g)} + O_{2(g)}$$

$$NO_{2(g)} + CO_{(g)} \xrightarrow{327℃} NO_{(g)} + CO_{2(g)}$$

分几步进行的反应称为非元反应(非基元反应、复杂反应)。例如反应

$$2NO_{(g)} + 2H_{2(g)} \xrightarrow{800℃} N_{2(g)} + 2H_2O_{(g)}$$

实际上是分两步进行的:

第一步 $2NO + H_2 \rightarrow N_2 + H_2O_2$

第二步 $H_2O_2 + H_2 \rightarrow 2H_2O$

每一步为一个元反应，总反应即为两步反应的加和。

2. 经验速率方程

化学家们在大量实验的基础上总结出：对于元反应，其反应速率与各反应物浓度幂的乘积成正比。浓度指数在数值上等于元反应中各反应物前面的化学计量系数。这种定量关系称质量作用定律，可用经验速率方程来表示。

例如，对于元反应：

$$aA + bB \longrightarrow yY + zZ$$

反应速率

$$v \propto c_A^a c_B^b$$
$$= kc_A^a c_B^b$$

上式称为速率方程。

式中 c_A 和 c_B——分别为反应物 A 和 B 的浓度，其单位通常用 mol/L 表示；

k——用浓度表示的反应速率常数，当浓度都为 1mol/L 时，$v = k$，因此 k 的物理意义是，单位浓度时的反应速率。

如为气体反应，因体积恒定时，各组分气体的分压与浓度成正比，故速率方程也可表示为：

$$v = k' p_A^a p_B^b$$

式中 p_A 和 p_B——分别为 A 和 B 的分压；

k'——用分压表示时的反应速率常数。

(1)速率常数 k 取决于反应物的本性，其他条件相同时快反应通常有较大的速率常数。k 小的反应在相同条件下反应速率较慢。

(2)对于指定的反应来说，k 值与温度、催化剂等因素有关，而与浓度无关，通常温度升高，k 值变大。

对于非元反应，由实验得到的速率方程中浓度(或分压)的指数，往往与反应式中的化学计量系数不一致。化学反应速率与路径密切有关，速率方程式中浓度的方次要由实验确定，不能直接按化学方程式的计量系数写出，故被称为经验速率方程。

大量实验都可以证明：当其他条件不变时，增大反应物的浓度，会增大化学反应速率；减小反应物的浓度，会减小化学反应速率。

(二)温度对化学反应速率的影响

温度是影响化学反应速率的重要因素，各种化学反应的速率和温度的关系比较复杂，对于一般的反应，温度越高速率越快，温度越低速率越慢。这不仅是化学工作者熟悉的现象，也是人们的生活常识，夏季室温高，食物容易腐烂变质，但放在冰箱里的食物就能贮存较长的时间；高压锅煮饭比常压下要快，是因为高压锅内沸腾的温度比常压下高出 10℃左右。

实验事实表明，对多数反应来说，温度升高10℃，反应速率大约增加到原来的2～4倍。表1－2列出了温度对H_2O_2与HI反应速率的影响。

表1－2　温度对H_2O_2与HI反应速率的影响

t/℃	0	10	20	30	40	50
相对反应速率	1.00	2.08	4.32	8.38	16.19	39.95

（三）压力对化学反应速率的影响

当温度一定时，一定量气体的体积与所受压力成正比。如果气体所受的压力增大一定的倍数，则气体的体积缩小相应的倍数，单位体积内气体的分子数（即气体物质的浓度）就会增加相应的倍数。因此，压力只对有气体参加的化学反应的反应速率有影响。对于有气体参加的反应来说，增大压力，气体反应物的体积减小，也就是增大了气体反应物的浓度，因此可以增大化学反应的速率；减小压强，气体的体积扩大，气体反应物的浓度减小，因此可以减小化学反应的速率。

由于改变压力对固体、液体的体积影响很小，它们的浓度几乎不发生改变，因此，可以认为压力不影响固体或液体物质间的反应速率。

（四）催化剂对化学反应速率的影响

能改变化学反应速率，而本身的化学组成、性质及质量在反应前后都不发生变化，这样的物质称为催化剂（触媒）。催化剂能改变反应速率的作用，称为催化作用。

有些催化剂能使缓慢的化学反应迅速进行，例如，用二氧化硫为原料制硫酸时，为加快反应速率，提高产量，用五氧化二钒做催化剂；氮气和氢气合成氨时用铁做催化剂等。把这种能加快反应速率的催化剂称正催化剂。而在实际工作中并非所有的反应速率都要加快，如防止塑料、橡胶的老化和过氧化氢的保存，都需要添加某种物质以减慢反应速率，减慢反应速率的催化剂称负催化剂，这种添加的物质就是负催化剂。一般所说的催化剂是指正催化剂，常把负催化剂称抑制剂或阻化剂。

催化剂具有选择性。一种催化剂往往只对某些特定的反应有催化作用。如五氧化二钒宜于二氧化硫的氧化，铁宜于合成氨等。催化剂的这种选择性，在生物催化作用中更为突出。酶是一种极为重要的高效能生物催化剂，酶对它所催化的反应有着严格的选择性，如淀粉酶只能催化淀粉水解、脲酶只能催化尿素水解等。人体内有许多种酶，它们不但选择性高，而且能在常温、常压和近乎中性的条件下加速某些反应的进行。而工业生产中不少催化剂往往需要高温、高压等较苛刻的条件。因此，为了适应发展新技术的需要，模拟酶的催化作用已成为当今重要的研究课题，我国科学工作者在化学模拟生物固氮酶的研究方面已处于世界前列。

关于催化剂对反应速率的影响，应注意以下几点。

①催化剂对反应速率的影响是通过改变反应机理实现的。

②对于可逆反应，催化剂可同等程度地改变正、逆反应的速率。在一定条件下，正反应的优良催化剂必然也是逆反应的优良催化剂。例如，合成氨反应用的铁催化剂，也是氨分解反应的催化剂；有机化学中常用铂、钯等金属作加氢反应的催化剂，也是脱氢反应的催化剂。

③催化剂只能加速理论上认为可以实际发生的反应。对于理论上不能发生的反应，使用任何催化剂都是徒劳的。催化剂只能改变反应途径而不能改变反应发生的方向。

(五)影响反应速率的其他因素

在非均匀系统中进行的反应，如固体和液体、固体和气体或液体和气体的反应等，除了上述几种影响因素外，还与反应物接触面的大小和接触机会有关。对固液反应来说，如将大块固体破碎成小块或磨成粉末，反应速率必然增大。对于气液反应，可将液态物质采用喷淋的方式以扩大与气态物质的接触面。对反应物进行搅拌，同样可以增加反应物的接触机会。此外，让生成物及时离开反应界面，也能增大反应速率。超声波、紫外光、激光和高能射线等会对某些反应的速率产生影响。

三、化学平衡

(一)可逆反应和化学平衡

在一定条件下，有些反应一旦发生，就能不断进行，直到反应物近乎完全变成生成物，但在同样的条件下，生成物几乎不能生成反应物。这种只能向一个方向进行的单向反应，称为不可逆反应。例如：

$$2KClO_3 \xrightarrow[\triangle]{MnO_2} 2KCl + 3O_2$$

$$C_6H_{12}O_6 + 6O_2 \longrightarrow 6CO_2 + 6H_2O$$

$$HCl + NaOH \longrightarrow NaCl + H_2O$$

大多数化学反应在同一条件下，两个相反方向的反应可以同时进行，即反应物能变成生成物，同时生成物也可以转变成反应物。例如，在一定条件下，氮气和氢气化合生成氨，同时又有一部分氨可分解成氮气和氢气。这种在同一反应条件下，能同时向两个方向进行的双向反应，称为可逆反应。在可逆反应的化学方程式中常用“$\rightleftharpoons$”来表示反应的可逆性。上述反应可写成：

$$N_2 + 3H_2 \rightleftharpoons 2NH_3$$

在可逆反应中，通常把从左到右进行的反应称为正反应，从右到左进行的反应称为逆反应。

可逆反应的特点是：在密闭容器中反应不能进行到底，即无论反应进行多久，反应物和生成物总是同时存在。例如，在一定条件下合成氨的反应中，反应开始时，密闭容器中只有 N_2 和 H_2，随着反应的进行，只要条件不变，无论何时测定都会发现 N_2、H_2 和 NH_3 同时共存，无论经过多长时间，N_2 和 H_2 也不可能全部转化为 NH_3。

进一步研究可逆反应的过程就会发现，在一定条件下，当反应开始时，容器中只有反应物，此时正反应速率 $v_正$ 最大，逆反应速率为零（$v_逆=0$）。随着反应的进行，反应物的浓度逐渐减小，正反应速率也逐渐减小；同时由于生成物的浓度逐渐增大，逆反应速率也逐渐增大。当反应进行到一定程度时，正反应速率和逆反应速率相等 $v_正=v_逆$（不等于零）（图 1－2），即在单位时间内反应物减少的分子数，恰好等于逆反应生成的反应物分子数。此时，反应物和生成物共存而且各自浓度不再随时间改变。以合成氨反应为例，在一定条件下当正反应速率和逆反应速率相等时，单位时间内 N_2 和 H_2 减少的分子数，恰好等于 NH_3 分解生成的 N_2 和 H_2 的分子数，只要条件不变，N_2、H_2 和 NH_3 的浓度各自保持不变。

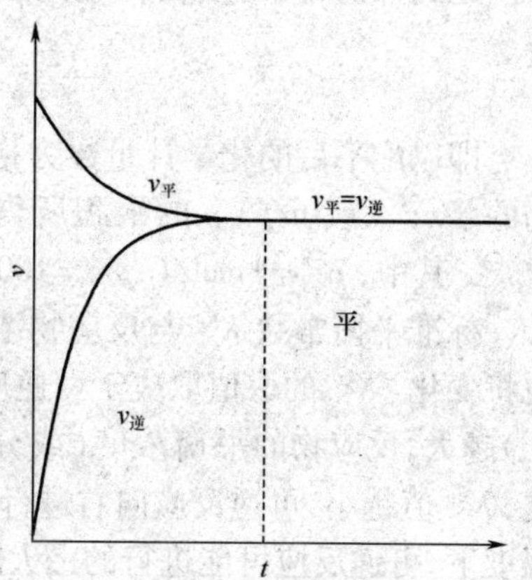

图 1－2　可逆反应的正逆反应速率变化示意图

综上所述，一定条件下，在可逆反应中，正反应速率等于逆反应速率，反应物浓度和生成物浓度不再随时间改变的状态，称为化学平衡。

如果条件不改变，这种状态可以维持下去。外表看来，反应好像已经停止，实际上，正、逆反应都在进行，只不过它们的速率相等，方向相反，两个反应的结果互相抵消，使整个体系处于动态平衡。

化学平衡状态有几个重要特点。

①化学平衡是一种动态平衡。在平衡状态下，可逆反应仍在进行，但正、逆反应速率相等，反应物和生成物浓度各自保持恒定，不再随时间改变。

②化学平衡状态是一定条件下可逆反应进行的最大程度即限度。

③化学平衡是有条件的、相对的、暂时的平衡，随着条件的改变，化学平衡会被破坏而发生移动，直到在新条件下建立新的动态平衡。

（二）化学平衡常数

1. 标准平衡常数

在一定条件下，可逆反应达到化学平衡状态时，各物质的浓度保持恒定。大量的实验事实已证明，在一定温度下，平衡体系中，各物质浓度间还存在着定量关系。

在我国公布的现行国家标准中，用标准平衡常数来表示反应达平衡时反应物和生成物间量的关系。对于既有固相 A，又有 B 和 D 的水溶液，以及气体 E 和

H_2O 参与的一般反应,其通式为:

$$aA_{(s)}+bB_{(aq)}\rightleftharpoons dD_{(aq)}+eE_{(g)}$$

达到平衡时,其标准平衡常数表达式:

$$K^{\ominus}=\frac{(c_D/c^{\ominus})^d(p_E/p^{\ominus})^e}{(c_B/c^{\ominus})^b}$$

即以配平后的化学计量数为指数的反应物的 $c/c^{\ominus}$（或 $p/p^{\ominus}$）的乘积除生成物的 $c/c^{\ominus}$（或 $p/p^{\ominus}$）的乘积所得的商(对于溶液的溶质取 $c/c^{\ominus}$,对于气体取 $p/p^{\ominus}$,其中,$c^{\ominus}=1\text{mol/L}$,$p^{\ominus}=100\text{kPa}$)。

标准平衡常数 $K^{\ominus}$ 与反应物浓度或分压无关,但与温度有关。温度改变,$K^{\ominus}$ 也将变化。$K^{\ominus}$ 的取值取决于可逆反应的本性。$K^{\ominus}$ 值越大,产物的平衡浓度(或分压)越大,反应物的平衡浓度(或分压)就越小,可逆反应向右进行得越彻底。反之,$K^{\ominus}$ 值越小,可逆反应向右进行的程度就越小。因此,标准平衡常数 $K^{\ominus}$ 是一定温度下,可逆反应可能进行的最大限度的量度。

在书写标准平衡常数表达式时应注意以下几点。

①写入标准平衡常数表达式中各物质的浓度或分压,必须是在系统达到平衡状态时相应的值。气体只可用分压表示,而不能用浓度表示,这与气体规定的标准状态有关。

②如果在反应体系中有固体或纯液体参加,不要把它们写入表达式中。例如:

$$CaCO_{3(s)}\rightleftharpoons CaO_{(s)}+CO_{2(g)}$$

$$K^{\ominus}=p_{CO_2}/p^{\ominus}$$

固体 $CaCO_3$ 和 CaO 不写入表达式。

$$2NOBr_{(g)}\rightleftharpoons 2NO_{(g)}+Br_{2(l)}$$

$$K^{\ominus}=\frac{(p_{NO}/p^{\ominus})^2}{(p_{NOBr}/p^{\ominus})^2}$$

纯液体 Br_2 不写入表达式。

③在稀溶液中进行的反应,若溶剂参与反应,由于溶剂的量很大,浓度基本不变,可以看成一个常数,不写入表达式中。例如:

$$HAc+H_2O\rightleftharpoons H_3O^++Ac^-$$

$$K^{\ominus}=\frac{(c_{H_3O^+}/c^{\ominus})(c_{Ac^-}/c^{\ominus})}{c_{HAc}/c^{\ominus}}$$

溶剂 H_2O 虽然参加反应,但不写入表达式中。

④标准平衡常数表达式及 $K^{\ominus}$ 的数值与反应方程式的写法有关。例如:

$$N_{2(g)}+3H_{2(g)}\rightleftharpoons 2NH_{3(g)}$$

$$K_1^{\ominus}=\frac{(p_{NH_3}/p^{\ominus})^2}{(p_{N_2}/p^{\ominus})(p_{H_2}/p^{\ominus})^3}$$

若反应式写成:

$$\frac{1}{2}N_{2(g)} + \frac{3}{2}H_{2(g)} \rightleftharpoons NH_{3(g)}$$

$$K_2^{\ominus} = \frac{p_{NH_3}/p^{\ominus}}{(p_{N_2}/p^{\ominus})^{\frac{1}{2}}(p_{H_2}/p^{\ominus})^{\frac{3}{2}}}$$

$K_1^{\ominus}$ 和 $K_2^{\ominus}$ 数值不同，它们之间的关系为 $K_1^{\ominus} = (K_2^{\ominus})^2$ 。

⑤正逆反应的标准平衡常数互为倒数。如 NH_3 的电离：

$$NH_3 + H_2O \rightleftharpoons NH_4^+ + OH^-$$

$$K_{正}^{\ominus} = \frac{(c_{NH_4^+}/c^{\ominus})(c_{OH^-}/c^{\ominus})}{c_{NH_3}/c^{\ominus}}$$

逆反应：

$$NH_4^+ + OH^- \rightleftharpoons NH_3 + H_2O$$

$$K_{逆}^{\ominus} = \frac{c_{NH_3}/c^{\ominus}}{(c_{NH_4^+}/c^{\ominus})(c_{OH^-}/c^{\ominus})}$$

2. 反应熵判据

由平衡常数还可以判断反应是否处于平衡态和处于非平衡态时反应进行的方向。若在一容器中置入任意量的 A、B、Y、Z 四种物质，在一定温度下进行下列可逆反应：

$$aA + bB \rightleftharpoons yY + zZ$$

在一定温度下，对于任意可逆反应，将其各物质的浓度或分压按平衡常数的表达式列成分式，即得到反应熵 Q。

$$Q = \frac{(c_Y/c^{\ominus})^y\,(c_Z/c^{\ominus})^z}{(c_A/c^{\ominus})^a \cdot (c_B/c^{\ominus})^b}$$

当 $Q < K^{\ominus}$ 时，说明生成物的浓度（或分压）小于平衡浓度（或分压），反应处于不平衡状态，反应将正向进行；当 $Q > K^{\ominus}$ 时，反应也处于不平衡状态，但这时生成物将转化为反应物，即反应将逆向进行；只有当 $Q = K^{\ominus}$ 时，系统才处于平衡状态。这就是化学反应进行方向的反应熵判据。

3. 多重平衡及平衡常数

在一个化学过程中，若同时存在着多个平衡，且有同一种物质同时参与了几种平衡，这种现象称多重平衡。

例如，NO、O_2、NO_2、N_2O_4共存于同一反应容器中，此时，至少有三种平衡同时存在。

(1) $2NO_{(g)} + O_{2(g)} \rightleftharpoons 2NO_{2(g)}$

$$K_1^{\ominus} = \frac{(p'_{NO_2})^2}{(p'_{NO})^2(p'_{O_2})}$$

(2) $2NO_{2(g)} \rightleftharpoons N_2O_{4(g)}$

$$K_2^{\ominus} = \frac{p'_{N_2O_4}}{(p'_{NO_2})^2}$$

(3)$2NO_{(g)} + O_{2(g)} \rightleftharpoons N_2O_{4(g)}$

$$K_3^{\ominus} = \frac{(p'_{N_2O_4})^2}{(p'_{NO})^2(p'_{O_2})}$$

容易得出:$K_3^{\ominus} = K_1^{\ominus} \times K_2^{\ominus}$

多重平衡规则:在相同条件下,如有两个反应方程式相加(相减)得到第三个反应方程式,则第三个反应方程式的平衡常数等于前两个反应方程式平衡常数的积(或)商。

四、化学平衡的移动

任何化学平衡都是在一定温度、压力、浓度条件下的暂时的动态平衡。当条件改变时,化学平衡就会被破坏,各物质的浓度(或分压)就会改变,反应继续进行,直到建立新的平衡。这种由于外界条件变化导致可逆反应从原来的平衡状态转变到新的平衡状态的过程叫做化学平衡的移动。

(一)浓度对化学平衡的影响

在一定温度下,对于在溶液中的任一反应:

$$aA + bB \rightleftharpoons dD + eE$$

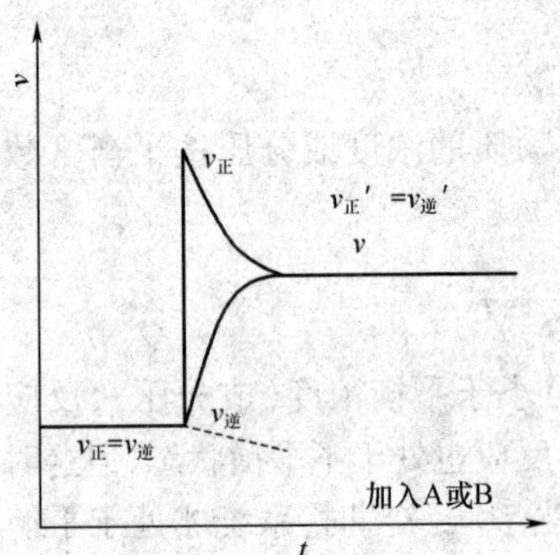

图1-3 增大反应物浓度对化学平衡的影响

达到平衡时,若增大 A 或 B 的浓度,正反应速率将增加,$v_{正} > v_{逆}$,反应向正方向进行。随着反应的进行,生成物 D 和 E 的浓度不断增加,反应物 A 和 B 的浓度不断减小。因此,正反应速率随之下降,而逆反应速率随之上升,当正反应速率和逆反应速率再次相等,即 $v'_{正} = v'_{逆}$,系统又一次达到平衡,见图 1-3。

在上述新的平衡系统中,生成物的浓度有所增加,反应物的浓度比增加后的有所减小,而比未增加前也有一定增加,反应向增加生成物的方向移动,即平衡向右移动。若增加生成物 D 或 E 的浓度,反应就会向增加反应物的方向移动,即平衡向左移动。

也可以用反应熵判据来判断平衡移动的方向。对于反应:

$$aA + bB \rightleftharpoons dD + eE$$

$$Q = \frac{(c_D/c^{\ominus})^d\ (c_E/c^{\ominus})^e}{(c_A/c^{\ominus})^a\ (c_B/c^{\ominus})^b}$$

式中,c_A、c_B、c_D、c_E分别为各反应物和生成物的任意浓度,如果它们都等于平衡浓度,则 $Q = K^{\ominus}$,系统处于平衡状态。如果往已达到平衡状态的反应系统中加入反应物 A 或 B,即增加反应物的浓度,由于 $Q < K^{\ominus}$,平衡被破坏,反应将向右进行,随着反应物 A 和 B 浓度的减小和生成物 D 和 E 浓度的增加,Q 值增大,当 $Q = K^{\ominus}$ 时,反应又达到一个新的平衡。在新的平衡系统中,各物质的浓度均已改变,A、B、D、E 的浓度不同于原来平衡系统中的浓度,由于 $Q > K^{\ominus}$,平衡将向左移动,直到 $Q = K^{\ominus}$,建立新的平衡为止。

浓度对化学平衡的影响可以总结为:在其他条件不变时,增大反应物的浓度或减小生成物的浓度,平衡向正反应方向(或向右)移动;增加生成物的浓度或减小反应物的浓度,平衡向逆反应方向(或向左)移动。

通过浓度对化学平衡影响的结论,可以得到如下启示。

①在可逆反应中,为了充分利用某一反应物,经常用过量的另一反应物,以提高前者的转化率。例如,在工业上制备硫酸时,存在下列可逆反应:

$$2SO_2 + O_2 \rightleftharpoons 2SO_3$$

为了尽量利用成本较高的 SO_2,就要利用过量氧(空气中的氧)。按方程式它们的计量系数之比是 1∶0.5,实际工业上采用的比值是 1∶1.6。

②不断将生成物从反应体系中分离出来,则平衡将不断地向生成产物的方向移动。例如,通氢气于红热的四氧化三铁上时,把生成的水蒸气不断从反应体系中移去,四氧化三铁就可以全部转化成金属铁:

$$Fe_3O_4 + 4H_{2(g)} \rightleftharpoons 3Fe + 4H_2O_{(g)}$$

(二)压力对化学平衡的影响

压力的变化对固相或液相反应的平衡位置几乎没有影响,但对于有气体参加的可逆反应就可能有影响。对于有气体参加的任一反应:

$$aA + bB \rightleftharpoons dD + eE$$

$$Q = \frac{(p_D/p^{\ominus})^d\ (p_E/p^{\ominus})^e}{(p_A/p^{\ominus})^a\ (p_B/p^{\ominus})^b}$$

p_A、p_B 和 p_C、p_D 分别为各反应物和生成物的分压。如果它们都等于平衡分压,则 $Q = K^{\ominus}$。如果增大反应物的分压或减小产物的分压,平衡将向右移动;反之,增大产物的分压或减小反应物的分压,平衡将向左移动。这与浓度对化学平衡的影响完全相同。

如果对一个已达平衡的气体化学反应,增加系统的总压或减小总压,对化学平衡将会有何影响?分两种情况:如果反应物气体分子总数与生成物的气体分子总数相等,即 $a + b = d + e$,增加总压或减小总压都不会改变 Q 值,即仍有 $Q = K^{\ominus}$,平衡不发生移动。如果反应物气体分子总数与生成物的气体分子总数不等,即 $a + b \neq d + e$,则改变平衡体系的总压,将导致平衡移动。

若增大系统的总压,当生成物分子数大于反应物分子数时,$Q > K^{\ominus}$,平衡向左移动,即向气体分子数减小的方向移动。例如反应:$N_2O_{4(g)} \rightleftharpoons 2NO_{2(g)}$,增大压力,平衡向左移动,系统的红棕色变浅。

当生成物分子数小于反应物分子数时，$Q < K^{\ominus}$，平衡向右移动，即向气体分子数增加的方向移动。例如反应：$N_2 + 3H_2 \rightleftharpoons 2NH_3$，增大压力有利于 NH_3 的合成。

压力对化学平衡的影响可以总结为：压力变化只对那些反应前后气体分子数目有变化的反应有影响；在恒温下，增大总压力，平衡向气体分子总数减小的方向移动，减小总压力，平衡向气体分子总数增加的方向移动。反应前后气体分子数不变的反应，压力变化时将对化学平衡不产生影响。压力对固相或液相的平衡没有影响。

需要注意的是，恒容条件，向反应体系中充入惰性气体，压强增大，但是平衡不移动，因为压强的增大是惰性气体的充入引起的，原有体系中各组分的分压并没有改变，所以平衡不会发生移动。

恒压时，充入惰性气体会改变气体的总体积，相当于原有体系中各组分的分压减小，也就是减小压力的情况，此时平衡向气体总体积增大的方向移动。

（三）温度对化学平衡的影响

温度对化学平衡的影响与浓度或压力改变对化学平衡的影响完全不同，温度变化可使平衡常数改变，从而导致化学平衡的移动。

温度对化学平衡的影响与反应的热效应有关。表 1－3 和表 1－4 分别列出了温度对放热反应和吸热反应平衡常数的影响。

表 1－3　温度对放热反应平衡常数的影响

$2SO_{2(g)} + O_{2(g)} \rightleftharpoons 2SO_{3(g)}$；$\Delta_r H_m^{\ominus} = -197.7 kJ/mol$

t/℃	400	425	450	475	500	525	550	575	600
$K^{\ominus}$	434	238	136	80.8	49.6	31.4	20.4	13.7	9.29

通过表 1－3 数据可知，若正向反应为放热反应（$\Delta_r H_m^{\ominus} < 0$），升高温度会使平衡常数 $K^{\ominus}$ 变小，反应熵 $Q > K^{\ominus}$，平衡向左移动，即向吸热反应的方向移动。

表 1－4　温度对吸热反应平衡常数的影响

$CaCO_{3(s)} \rightleftharpoons CaO_{(s)} + CO_{2(g)}$；$\Delta_r H_m^{\ominus} = 178.2 kJ/mol$

t/℃	500	600	700	800	900	1000
$K^{\ominus}$	9.7×10^{-5}	2.4×10^{-3}	2.9×10^{-2}	2.2×10^{-1}	1.05	3.70

通过表 1－4 数据可知，若正向反应为吸热反应（$\Delta_r H_m^{\ominus} > 0$），升高温度会使平衡常数 $K^{\ominus}$ 增大，反应熵 $Q < K^{\ominus}$，平衡向右移动，即向吸热反应方向移动。

温度对化学平衡的影响可以归纳如下：升高温度，平衡会向吸热反应方向移动。同理可以得出，降低温度，平衡会向放热反应方向移动。

上述浓度、压力、温度等因素所引起的平衡系统移动的方向，法国科学家吕·查德里(H. L. LeChatelier)在1884年总结归纳为：若以某种形式改变平衡体系的条件之一(如浓度、压力或温度)，平衡就会向着减弱这个改变的方向移动。这个规律被称为吕·查德里原理。

根据这一原理，可以对浓度、压力或温度对化学平衡的影响作出统一的解释：在平衡体系中增加任何物质的浓度，则平衡将向着减少该物质浓度的方向移动；减少某一物质的浓度，则平衡向产生此物质的方向移动，以尽力消除浓度改变带来的影响，恢复原有状态。升高温度，平衡向吸热方向移动，以尽量恢复原来系统的低温；降低温度，平衡向放热方向移动，以尽力恢复原来系统的高温。增加压力，平衡向减少气体分子总数(也降低总压力)的方向移动，以尽力恢复原来系统的高压状态。

吕·查德里原理是一条普遍的规律，它对于所有的动态平衡(包括物理平衡)都适用。但是应注意它只能应用于已达平衡的体系，对于非平衡体系不适用。

在工业生产中，要综合考虑影响化学平衡及反应速率的各种因素，结合吕·查德里原理，采取有利的工艺条件，充分利用原料以提高产量、缩短生产周期、降低成本。例如，在工业上利用 SO_2 的氧化生成 SO_3：

$$2SO_{2(g)} + O_{2(g)} \rightleftharpoons 2SO_{3(g)};\Delta_r H_m^{\ominus} = -197.7\text{kJ/mol}$$

首先，采用 O_2(来自空气)适当过量来提高 SO_2 的转化率。

其次，因为正反应是放热反应，降低温度，有利于提高 SO_2 的转化率，但是温度过低，反应速率会较慢，不利于反应的进行，所以要采取一个适当的温度，不宜过高或过低。

第三，正反应是分子数减少的反应，增大压力有利于反应的进行，但是通过测定不同温度下压力对 SO_2 转化率(α/%)的影响(见表1-5)，可以看出，在常压下 SO_2 的转化率已经很高，所以，实际上反应在常压下进行即可。

表1-5 不同温度下压力对 SO_2 转化率的影响

t/℃	α/%				
	101.3kPa	506.5kPa	1013kPa	2532kPa	10130kPa
400	99.2	99.6	99.7	99.9	99.9
500	97.5	98.9	99.2	99.5	99.7
600	93.5	96.9	97.8	98.6	99.3
700	85.6	92.9	94.9	96.7	98.3

此外，催化剂不会使平衡发生移动，但是，它能同时加快正、逆两个反应方向的反应速率，能缩短达到平衡的时间。

思考题

1. 影响反应速率的因素有哪些?
2. 若一个反应的平衡常数为1.00,增大反应物浓度,平衡常数如何改变?
3. 催化剂不能影响平衡,但生产上要使用各种催化剂,为什么?

背景知识2 数据的记录及其处理技术

一、分析过程的误差

在分析过程中,误差不可避免,是客观存在的。因此,在进行定量测定时,必须对分析结果进行评价,判断其准确性、可靠性,检查产生误差的原因,并采取相应的措施减少误差,使测定结果尽量接近真实值。

按照产生的原因和性质误差可分为两类:系统误差和偶然误差。

(一)系统误差(可测误差)

系统误差是由某些确定的因素造成的。系统误差具有单向性、重复性和可测性的特点。单向性指在测定过程中,使测定结果总是偏高或偏低;重复性指在重复测定时重复出现;可测性是这类误差的大小和正负是可以测定的,至少在理论上说是可以测定的,所以又称为可测误差。

产生系统误差的原因如下。

(1)方法误差　这种误差是由于分析方法本身所造成的。如在滴定分析过程中由于化学计量点和滴定终点不完全吻合造成的误差。

(2)仪器和试剂误差　仪器误差是由仪器本身不够精确或试剂含有杂质等引起的。如容量仪器刻度不准确或所用试剂和蒸馏水中含有被测物质或干扰物质等。

(3)操作误差　由于操作人员主观的原因或习惯造成的。如某指示剂的颜色由黄变橙即为滴定终点,而有人由于视觉原因总要滴到偏红色才停止。

(二)偶然误差

偶然误差是由于某些不确定的原因引起的。例如,测量时环境温度、湿度和气压的微小波动;仪器性能的微小变化;分析人员对各份试样处理时的微小差别等,将使分析结果在一定范围内波动。

偶然误差虽然是无法测量的,但它的出现也是有规律可循的:小误差出现的机会多,大误差出现的机会少,特别大的误差出现的机会极少;大小相等的正负误差出现的概率相同。也就是说,偶然误差的分布符合统计规律。

需要指出的是,“过失”不属于误差,它是由于分析者粗心大意或违反操作规程所产生的错误,如加错试剂、试液溅失、读错刻度等。在分析实验的过程中,“过失”是完全可以避免的,这样的数据一经发现必须弃去。

二、准确度和精密度

(一)准确度与误差

分析结果的准确度指测定结果与真实值相接近的程度。两者的差值越小,分析结果的准确度越高,反之亦然。准确度用误差表示。

误差分为绝对误差和相对误差。

$$绝对误差 = 测得值 - 真实值$$

$$相对误差 = \frac{绝对误差}{真实值} \times 100\%$$

[例1-1] 分别称取硼砂(A)0.5651g、(B)5.6516g,设A、B的真实值分别为0.5652g、5.6517g,求两次称量结果的绝对误差和相对误差。

解:A的绝对误差 $= 0.5651 - 0.5652 = -0.0001(g)$

A的相对误差 $= \frac{-0.0001}{0.5652} \times 100\% = -0.01769\%$

B的绝对误差 $= 5.6516 - 5.6517 = -0.0001(g)$

B的相对误差 $= \frac{-0.0001}{5.6517} \times 100\% = -0.001768\%$

由例1-1可知,绝对误差相等,相对误差不一定相等;称量质量越大,相对误差越小,分析结果也越准确。所以,基准物质一般具有较大的摩尔质量,以保证称量值的准确性(后续模块将讲述)。

注意上例中的负号表示的是分析结果偏低。如果结果为正号,则是分析结果偏高。

由于相对误差更能准确地表示分析结果与真实值的接近程度,准确度一般用相对误差表示。

(二)精密度与偏差

在实际测定中,真实值是不知道的。例如,称量某一物体的质量,用托盘天平和分析天平称量所得的结果是不一样的。在选定称量仪器后,一般用多次结果的平均值代替真实值。测得值与平均值比较就是偏差。我们把多次测得值相互接近的程度称为精密度。偏差大,精密度低;偏差小,精密度高。偏差分为绝对偏差和相对偏差。

$$绝对偏差(d) = 测得值 - 平均值$$

$$相对偏差 = \frac{绝对偏差}{平均值} \times 100\%$$

在实际工作中,对于分析结果的精密度经常用平均偏差和相对平均偏差来表示。若有 n 次测定,则:

$$算术平均值\ \overline{X} = \frac{x_1 + x_2 + x_3 + \cdots + x_n}{n}$$

$$绝对平均偏差\ \overline{d} = \frac{|x_1 - \overline{x}| + |x_2 - \overline{x}| + \cdots + |x_n - \overline{x}|}{n} \times 100\%$$

$$相对平均偏差 = \frac{\bar{d}}{\bar{x}} \times 100\%$$

相对平均偏差指绝对平均偏差在平均值中所占的百分比,它更能反映分析结果的精密度。在实际工作中,常用相对平均偏差表示精密度。

另外,还有标准偏差(S)和相对标准偏差(RSD,%)。

$$S = \sqrt{\frac{d_1^2 + d_2^2 + \cdots + d_n^2}{n-1}} = \sqrt{\frac{\sum_{i=1}^{n}(x_i - \bar{x})^2}{n-1}} = \sqrt{\frac{\sum_{i=1}^{n} d_i^2}{n-1}}$$

$$RSD/\% = \frac{S}{\bar{x}} \times 100\%$$

利用标准偏差来衡量精密度能更好地将数值离散情况和测定次数对精密度值的影响反映出来。

系统误差影响测定的准确度;偶然误差影响测定的精密度。准确度和精密度的关系是:准确度高必须以精密度高为前提;精密度高不一定准确度高。

三、有效数字及其运算规则

(一)有效数字

为了得到可靠的分析结果,不仅要准确地进行测量,而且还要正确地记录数据的位数和计算。有效数字是指测定过程中得到的有实际意义的数字,即所有可靠数字加一位可疑数字。

例如,用万分之一的分析天平称量一份样品,平行称量三次的结果为:0.3468g、0.3467g、0.3469g。其中,0.346是准确可靠的,而最后一位数字是不可靠的。上述数据有四位有效数字。有效数字不仅表示了数量的大小,也反映了测量时所用仪器的精确程度。

数据0.2342g有四位有效数字(分析天平称量);数据20.36mL有四位有效数字(滴定管读数);数据1.3g有两位有效数字(托盘天平称量);数据18mL有两位有效数字(量筒读数)。

确定有效数字位数时需注意下列问题。

①"0"的作用:0在非0数字前不是有效数字,只起到定位作用;0在非0数字中和非0数字后是有效数字。如0.003030有四位有效数字。

②单位改变,有效数字位数不变,因为测量的精度是一定的。如0.0060g或6.0mg都是2位有效数字。

③采用科学记数法所表示的有效数字位数需要根据实际情况确定。如 13000 若为 2 位有效数字，应记为 1.3×10^4，若为 3 位有效数字应记为 1.30×10^4 等。

④pH、lg$K$ 等对数值，其有效数字位数取决于其小数点后数字的位数，整数部分只代表该数的方次，如 pH = 8.01 不是 4 位有效数字，前面的数字“8”代表 C_{H^+} 为 10^{-8}mol/L。

⑤化学计量式前的系数可视为无限多位有效数字。例如：

$$2NaOH + H_2SO_4 = Na_2SO_4 + 2H_2O$$

计量式前面的系数 2、1、1、2 均表示无限多位有效数字。

（二）有效数字的修约

常用的有效数字的修约方法有两种：“四舍五入”法和“四舍六入五留双”法。四舍五入法不再赘述。运算中舍弃多余的数字时，采用“四舍六入五留双”的规则，即被修约的数字小于或等于 4 时，则舍去；被修约的数字大于或等于 6 时则进位；被修约的数字等于 5 时，若“5”后面的数字不全为 0，则进位；5 后面的数字全为 0，“5”前为偶数则舍，为奇数则进位。如，

2.1334，修约成三位有效数字时应为 2.13。

2.1360，修约成三位有效数字时应为 2.14。

2.1354，修约成三位有效数字时应为 2.14。

2.1350，修约成三位有效数字时应为 2.14。

2.1450，修约成三位有效数字时应为 2.14。

注意修约数字时要一次修约到位，不要分次修约。如，3.5745，修约为三位有效数字时，应一次修约到 3.57。不应先修约到 3.575，再修约成 3.58。

（三）有效数字的运算

在报告分析结果时，要进行数据的处理，对数据进行合理取舍。恰当地运用有效数字的运算规则进行计算，是分析结果准确与否的保证。

1. 加减法

在运算时，以绝对误差最大（即小数点后位数最少的）的那个数为依据。

[例 1－2]　计算 20.1 + 3.45 + 0.5612 的值。

解：

$$\begin{aligned}&20.1+3.45+0.5612\\=&20.1+3.4+0.6\\=&24.1\end{aligned}$$

2. 乘除法

在运算时，要以相对误差最大（有效数字位数最少）的那个数为依据。

[例 1－3]　计算 0.0131 × 26.15 × 2.03656 的值。

解：

$$\begin{aligned}&0.0131\times26.15\times2.03656\\=&0.0131\times26.2\times2.04\\=&0.697\end{aligned}$$

思考题

1. 按照产生误差的原因，误差可分为哪两类？怎么判断？
2. 有效数字修约时应该注意哪些问题？
3. 准确度和精密度之间有怎样的关系？

项目一

溶液及溶液中的平衡

知识目标

1. 掌握溶液浓度的几种表示方法。
2. 掌握稀溶液的依数性。
3. 理解弱电解质的电离常数、水解常数的意义。
4. 理解同离子效应、缓冲溶液的缓冲作用原理。

技能目标

1. 能进行溶液浓度的换算。
2. 能用稀溶液依数性解释相关问题。
3. 能用水解知识解决相关问题。
4. 会配制常见缓冲溶液。

一、溶液

(一)分散系

一种物质(称为分散相)的粒子分散到另一种物质(称为分散介质)中所形成的体系称为分散系。

按照分散相被分散的程度，即分散相粒子的大小，分散体系大致可分为三类。

1. 分子分散体系

分散相粒子的直径小于10^{-9}m，相当于单个分子或离子的大小。此时，分散相与分散介质形成均匀的一相，属于单相体系。例如，氯化钠或蔗糖溶于水后形成的真溶液。真溶液是均相体系，澄清透明，不发生光散射。分散相粒子即溶质扩散快，能透过滤纸和半透膜。在显微镜或超显微镜下看不见分散相粒子。

2. 胶体分散体系

分散相粒子的直径在10^{-9} ~ 10^{-7}m 范围内，比普通的单个分子大很多，是众多分子或离子的集合体。虽然用眼睛或普通显微镜观察时，这种体系是透明的，与真溶液差不多,但实际上分散相与分散介质已不是一相,存在相界面。这就是说,胶体分散体系是高度分散的多相体系。

3. 粗分散体系

分散相粒子的直径在 10^{-7} ~ 10^{-5}m 范围内,是混浊不均匀体系,放置后会沉淀或分层。粗分散系统混浊不透明,分散相粒子不扩散,不能透过滤纸和半透膜,用显微镜甚至肉眼可以看见分散相粒子。例如,乳浊液(如牛乳)、悬浊液(如泥浆)等。

应当指出,某一物质在不同分散介质中分散时,由于分散相粒子大小不同,可以成为分子分散体系,也可以成为胶体分散体系,当然也可以成为粗分散体系。如氯化钠在水中是真溶液,但用适当的方法分散在乙醇中可以制得胶体。

一般来说,分散相粒子的线性大小小于 10^{-9}m 时的分散体系称为溶液。在溶液这一分散体系中,被分散物质称为溶质,分散物质称为溶剂。广义地讲,溶液可分为三种,即固态溶液(如合金)、气态溶液(如围绕地球的大气层)和液态溶液。液态溶液的溶剂是液体,溶质则可以是气体、液体或固体。没有特别说明时均指以水为溶剂的溶液。

(二)溶液浓度的表示方法

溶液浓度是在一定的溶液内所含溶质的数量。有多种表示方法,与滴定分析有关的浓度表示方法有质量分数、溶液的体积质量(质量浓度)、物质的量浓度、滴定度等。下面学习这几类表示方法。

1. 质量分数

混合体系中,溶质 B 的质量与混合物的质量之比,称为溶质 B 的质量分数,其数学表达式为:

$$w_B = \frac{m_B}{m}$$

式中 w_B——溶质 B 的质量分数,%;

m_B——溶质 B 的质量,g;

m——溶液的总质量,g。

在使用质量分数时,分子、分母的单位要一致。溶质的质量分数一般采用数学符号"%"表述其结果。

[例 1-4] 如何将 10g NaCl 配制成 w_{NaCl} 为 40% 的食盐溶液?

解:根据公式

$$w_{NaCl} = \frac{m_{NaCl}}{m_{溶液}} = \frac{m_{NaCl}}{m_{NaCl} + m_{溶剂}}$$

将 10g NaCl 溶于 15g 水中即为质量分数为 40% 的食盐溶液。

2. 溶液的体积质量

溶液的体积质量是溶液的质量与溶液的体积的比值。常用单位 g/mL。

$$\rho = \frac{m}{v}$$

式中　ρ——溶液的体积质量，g/mL；

m——溶液的质量，g；

v——溶液的体积，ml。

3. 物质的量浓度

(1)物质的量　物质的量是表示组成物质的基本单元数目多少的物理量。物系所含的基本单元数与0.012kg ^{12}C 的原子数目相等(6.022×10^{23}，阿伏加德罗常数，N_A)，则为1mol。

$$n_B = \frac{m_B}{M_B}$$

式中　m_B——溶质B的摩尔质量。

(2)物质的量浓度(c_B)　溶液中溶质B的物质的量浓度是指溶质B的物质的量除以混合溶液的体积。用符号 c_B 表示，即：

$$c_B = \frac{n_B}{V}$$

式中　n_B——物质B的物质的量，mol；

V——混合物的体积，L。

注意：物质的量浓度的SI单位为 mol/m^3；常用单位为mol/L。使用物质的量单位“mol”时，要指明物质的基本单元。基本单元的定义：系统中组成物质的基本组分，可以是分子、离子、电子等及其这些粒子的特定组合。同一种物质，用不同的基本单元表示其浓度时，其浓度值不同。

例如，$c_{KMnO_4}=0.10mol/L$ 与 $c_{1/5KMnO_4}=0.10mol/L$ 的两个溶液，其浓度数值相同，但是，它们所表示1L溶液中所含 $KMnO_4$ 的质量是不同的，分别为15.8g与3.16g。

［例1-5］　欲配制浓度0.10 mol/L的溶液500 mL，应取体积质量为1.84g/mL，质量分数为96.0%的硫酸多少毫升？如何配制？

解：根据稀释前后溶质的物质的量相等的原则有

$$n_{浓} = n_{稀}$$

设应取浓硫酸 xmL

据 $\rho = \frac{m}{V}$

$$m_{溶液} = \rho V = 1.84x$$

xmL浓硫酸中溶质的质量为：

$$m_{溶质} = 1.84x \times 96\%$$

$$n_{浓} = \frac{1.84x \times 96\%}{98} = 0.1 \times 0.5$$

$$x \approx 2.8mL$$

配制方法,用量筒量取 2.8mL 浓硫酸,慢慢注入盛有少量水的烧杯中,同时用玻璃棒不断搅拌,洗涤量筒三次,洗涤液一并注入烧杯中,加水至 500mL 刻度线,搅拌均匀,即为 0.10mol/L 的溶液。

4. 滴定度

在滴定分析中,标准溶液的浓度通常用物质的量浓度或滴定度表示。

滴定度(T)有两种表示方法:一种是以每毫升标准溶液中含有的标准物质的质量表示,以 T_s表示。例如,$T_{NaOH}=0.004000g/mL$。另一种是以每毫升标准溶液相当的被测物质的质量来表示,以 $T_{s/x}$表示。例如,$T_{K_2Cr_2O_7/Fe}=0.005585g/mL$ 表示 1.00mL $K_2Cr_2O_7$标准溶液相当于 0.005585g 的 Fe。在生产实践中对分析对象固定地分析,为简化计算,常采用滴定度的表示方法。

滴定度的优点是,只要将滴定时所消耗的标准溶液的体积乘以滴定度,就可以直接得到被测物质的质量。这在生产单位的例行分析中很方便。

物质的量浓度和滴定度间可进行换算。

若滴定反应为:

$$aA \quad + \quad bB \quad = \quad P$$

(滴定剂)(被测物) (生成物)

$T_{A/B}$表示 1.00mL A 溶液相当于 B 的质量(g),即:

$$\begin{aligned} T_{A/B} &= c_A \times \frac{1.00}{1000} \times M_A \times \frac{M_{bB}}{M_{aA}} \\ &= c_A \times \frac{1.00}{1000} \times M_A \times \frac{bM_B}{aM_A} \\ &= c_A \times \frac{1.00}{1000} \times M_B \times \frac{b}{a} \end{aligned}$$

$$c_A = \frac{1000T_{A/B}a}{M_B b}$$

其他常用的浓度表示方法见表 1-6。

表 1-6 其他常用的浓度表示方法

浓度表示方法	符号	表达式	备注
质量分数	w_B	$w_B=\frac{m_B}{m}$	m_B为溶质 B 的质量;m 为溶液的总质量
摩尔分数	x_B	$x_B=\frac{n_B}{n}$	n_B为溶质 B 的物质的量;n 为溶液的总物质的量
体积分数	φ_B	$\varphi_B=\frac{V_B}{V_0}$	V_0为在混合过程前的总体积;V_B为物质 B 的体积
质量摩尔浓度	b_B	$b_B=\frac{n_B}{m_A}$	n_B为物质 B 的物质的量;m_A为溶剂的质量

思考题

1. 从定义入手推导滴定度和物质的量浓度的换算关系。
2. 用浓溶液配制稀溶液计算时该注意什么问题?

(三)稀溶液的依数性

溶液的组成是溶质和溶剂,而溶液的性质却既不同于纯溶质又不同于纯溶剂。溶液的性质可分为两类:一类性质与溶质的本质及溶质和溶剂的相互作用有关,如溶液的颜色、密度、气味、导电性等;另一类性质与溶质的本性无关,只取决于溶液中溶质的粒子数目,如稀溶液的蒸汽压下降、沸点升高、凝固点降低和渗透压等,这些性质是稀溶液的依数性。

在非电解质的稀溶液中,溶质粒子之间及溶质粒子与溶剂粒子之间的作用力很微弱,因此,这种依数性呈现明显的规律性变化。下面讨论难挥发的非电解质形成的稀溶液的依数性。

1. 蒸气压下降

在密闭容器中,纯溶剂的单位表面上,单位时间里,有 N_0 个分子蒸发到上方空间中。随着上方空间里溶剂分子个数的增加,密度增加,分子凝聚,回到液相的机会增加。当密度达到一定数值时,凝聚的分子个数也达到 N_0 个。这时起,上方空间的蒸气密度不再改变,保持恒定。此时,蒸气的压强也不再改变,称为该温度下的饱和蒸气压,用 P_0 表示。

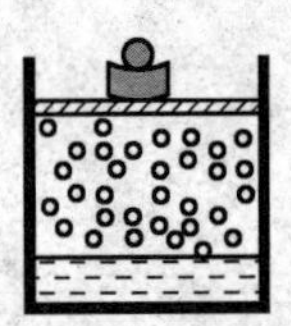

图 1-4 蒸汽压示意图

达到平衡,当蒸气压小于 P_0 时,平衡右移,继续汽化;若蒸气压大于 P_0 时,平衡左移,气体液化。譬如,改变上方的空间体积,即可使平衡发生移动(图 1-4)。

固体和液体一样也有蒸气压,但在一般情况下固体的蒸气压数值很小。液体和固体的蒸气压都只与其本性和温度有关,随温度的升高而增大。在一定温度下,纯溶剂的蒸气压是一定值。无论是固体还是液体,同温度下蒸气压大的称为易挥发性物质,蒸气压小的称为难挥发性物质。

大量的实验证明,在相同温度下,当把难挥发的非电解质溶于溶剂形成稀溶液后,稀溶液的蒸气压(实际是指稀溶液中溶剂的蒸气压)比纯溶剂的蒸气压低。这种现象称为溶液的蒸气压下降(图 1-5)。

溶液蒸气压下降的原因是溶剂的部分表面被难挥发的溶质所占据,单位时间内逸出液面的溶剂分子数相对减少,因此,达到平衡时,溶液的蒸气压低于纯溶剂的蒸气压。溶液的浓度越大,其蒸气压下降越多。

1887 年,法国物理学家拉乌尔研究了几十种溶液,探索蒸气压下降的规律。他根据实验结果总结出一条规律:“在一定温度下,稀溶液的蒸气压等于纯溶剂的

图1－5　稀溶液蒸气压下降

蒸气压与溶剂摩尔分数的乘积。”这就是拉乌尔定律，可用下式表示：

$$p = p_A^0 x_A$$

式中　p——溶液的蒸气压；

p_A^0——纯溶剂的蒸气压；

x_A——溶剂的摩尔分数。

设 x_B 为溶质的摩尔分数，由于 $x_A + x_B = 1$，

$$p = p_A^0(1 - x_B)$$

$$p - p_A^0 = -p_A^0 x_B$$

$$-\Delta p = p_A^0 x_B$$

拉乌尔定律也可以这样描述；“在一定温度下，难挥发非电解质的稀溶液的蒸气压下降值与溶质的摩尔分数成正比，而与溶质的本性无关。”

拉乌尔定律只适用于非电解质的稀溶液，稀溶液一般指 b_B 浓度小于 2mol/kg 的溶液。只有稀溶液才较准确地符合拉乌尔定律。因为在稀溶液中溶剂分子之间的引力受溶质分子的影响很小，即溶剂分子周围的环境与纯溶剂几乎相同，所以溶剂的饱和蒸气压仅取决于单位体积溶剂的分子数（溶剂的摩尔分数），而与溶质的性质无关（$p - x_A$ 呈直线关系）。溶液浓度变大时，溶质对溶剂分子之间的引力有显著影响，溶液的蒸气压则偏离拉乌尔定律较大（$p - x_A$ 不呈直线关系）。

拉乌尔定律的推导如下：n_A 和 n_B 分别为溶剂和溶质的物质的量，对于稀溶液来说 $n_A \gg n_B$，因而 $n_A + n_B \approx n_A$，则

$$x_B = \frac{n_B}{n_A + n_B} \approx \frac{n_B}{n_A}$$

$$\Delta p \approx p_A^{\ominus} \frac{n_B}{n_A}$$

$$\frac{n_B}{n_A} = \frac{n_B}{\frac{m_A}{M_A}}$$

式中　M_A 和 m_A——分别为溶剂的摩尔质量（kg/mol）和溶剂的质量（kg）。

将溶液质量摩尔浓度的定义式 $b_B = \frac{n_B}{m_A}$ 代入得，

$$x_B \approx b_B M_A$$

$$\Delta p = p_A^{\ominus} x_B \approx p_A^{\ominus} M_A b_B = K b_B$$

比例常数 K 在一定温度下是常数,取决于 $p_A^{\ominus}$ 和溶剂的摩尔质量 M_A,即 $K = p_A^{\ominus} M_A$,单位为 kPa · kg/mol。上式表明:"在一定温度下,难挥发非电解质稀溶液蒸气压的下降值,近似地与溶液的质量摩尔浓度成正比。"这是拉乌尔定律的又一种描述。

[例 1-6] 已知异戊烷 C_5H_{12} 的摩尔质量 $M = 72.15g/mol$,在 20.3℃的蒸气压为 77.31 kPa。现将一难挥发性非电解质 0.0697g 溶于 0.891g 异戊烷中,测得该溶液的蒸气压降低了 2.32 kPa。

(1)试求出异戊烷为溶剂时拉乌尔定律中的常数 K;

(2)求加入的溶质的摩尔质量。

解:(1) $x_B = \dfrac{n_B}{n_A + n_B} \approx \dfrac{n_B}{n_A} = \dfrac{n_B}{\dfrac{m_A}{M_A}}$

$$\Delta p = p^0 x_B = p^0 \frac{n_B}{m_A} M_A = p^0 M_A b_B = K b_B$$

$$K = p^0 M_A$$

对于异戊烷有 $K = p^0 M_A = 77.31\text{kPa} \times 72.15\text{g/mol}$

$= 5578\text{kPa} \cdot \text{g/mol} = 5.578\text{kPa} \cdot \text{kg/mol}$

(2) $\Delta p = K b_B = K \dfrac{m_B}{M_B m_A}$

$$M_B = K \frac{m_B}{\Delta p m_A} = 5.578\text{kPa} \cdot \text{kg/mol} \frac{0.0697\text{g}}{2.32\text{kPa} \times \dfrac{0.891}{1000}\text{kg}} = 188\text{g/mol}$$

2. 溶液的沸点升高

沸点是指液体(纯液体或溶液)的蒸气压与外界压力相等时的温度。如果未指明外界压力,可认为外界压力为 101.325kPa。对于难挥发溶质的溶液,由于蒸气压下降,要使溶液蒸气压达到外界压力,就得使其温度超过纯溶剂的沸点,所以这类溶液的沸点总是比纯溶剂的沸点高,这种现象称为溶液的沸点升高,溶液浓度越大,沸点升高越多。

图 1-6 中,横坐标表示温度,纵坐标表示蒸汽压。AA' 表示纯溶剂水的蒸气压曲线,BB' 表示溶液的蒸气压曲线。BB' 处于 AA' 的下方,说明溶液的蒸气压低于纯溶剂的蒸气压。纯溶剂的沸点是 T_b^0。而在 T_b^0 时,溶液的蒸气压仍小于外压。当温度继续升高到 T_b 时,溶液的蒸气压等于外压,溶液才沸腾,T_b 是溶液的沸点。显而易见,溶液的沸点总是高于纯溶剂的沸点。T_b 与 T_b^0 之差即为溶液的沸点升高值 ΔT_b。溶液越浓,其蒸气压下降越多,沸点升高越多。

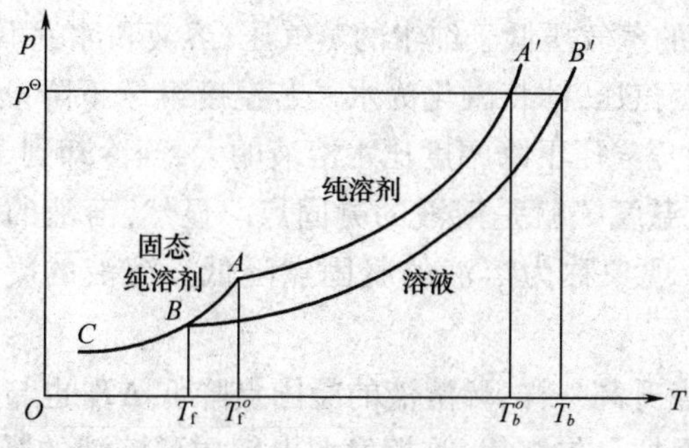

图 1-6　溶液沸点升高

纯溶剂的沸点是恒定的，但溶液的沸点随着沸腾的进行不断地变化着。在沸腾过程中，随着溶剂不断蒸发，溶液的浓度逐渐增大，其蒸气压不断下降，沸点越来越高，直至溶液的浓度达到饱和为止，此时，溶液的沸点恒定。因此，溶液的沸点是指溶液刚刚开始沸腾时的温度。

溶液沸点升高的根本原因在于溶液蒸气压的下降，而蒸气压下降的程度仅与溶液的浓度有关。因此，溶液沸点升高的程度也只取决于溶液的浓度，而与溶质的本性无关。

拉乌尔根据实验结果得到下式：

$$\Delta T_b = K_b b_B$$

式中　K_b——溶剂的沸点升高常数；

b_B——溶质的质量摩尔浓度。

该式表示："难挥发非电解质稀溶液的沸点升高值近似地与溶液的质量摩尔浓度成正比。"

K_b只与溶剂的本性有关，而与溶液的质量摩尔浓度无关，其值既可以由理论推算，也可以通过实验测定。若测定不同质量摩尔浓度（b_B）的稀溶液的 ΔT_b，以 $\Delta T_b/b_B$ 为纵坐标，b_B为横坐标作图，再外推到 $b_B=0$，则在纵轴上的截距即为该溶剂的 K_b。

3. 溶液的凝固点降低

在 101.325kPa 下，纯液体和它的固相平衡共存时的温度就是该液体的正常凝固点。在此温度下，液相蒸气压与固相蒸气压相等。溶液的凝固点是指固态纯溶剂（如冰）和液态溶液平衡时的温度。这时固态纯溶剂的蒸气压与溶液的蒸气压相等。如图 1-6 所示，AC 为固体水（即冰）的蒸气压曲线、AA' 为水（液体）的蒸气压曲线，BB' 为稀溶液的蒸气压曲线。AA' 与 AC 相交于 A 点，表示在 101.325kPa 下冰水两相平衡共存，A 点对应的温度即为纯水的凝固点 T_f^0（273.15K）。在此温度下水和冰的蒸气压相等。此时，若往冰水共存的系统中加入难挥发非电解质溶质，必然引起溶液的蒸气压下降。由于溶质全部溶解在水中，因此，加入溶质只影响溶液水的蒸气压，对冰的蒸气压则无影响。这样在273.15K时，水溶液的蒸气压低于纯水的蒸气压，溶液和冰就不能共存。由于冰的蒸气压高于溶液的蒸汽压，冰将融化为水。若温度继续下降，冰的蒸汽压曲线AC的斜率变大，即冰的蒸气压下降幅度比水溶液的大，当冷却到T_f时，冰和溶液的蒸气压相等，这个平衡温度T_f就是溶液的凝固点。显然，溶液的凝固点总是低于纯溶剂的凝固点，这一现象称为溶液的凝固点降低。溶液的凝固点降低值$\Delta T_f = T_f^0 - T_f$。

与稀溶液的沸点升高一样，稀溶液的凝固点降低ΔT_f也与稀溶液的蒸气压下降ΔP成正比。根据拉乌尔定律，难挥发非电解质稀溶液的凝固点降低仍近似地与溶质的质量摩尔浓度成正比，而与溶质的本性无关。数学表达式为

$$\Delta T_f = K_f b_B$$

式中 K_f——溶剂的凝固点降低常数，与K_b一样，只与溶剂的本性有关。K_f既可以理论推算，也可以通过实验测定。测定方法与K_b的测定方法类似。

溶液的凝固点变化实际上是持续的。因为当溶剂从溶液中结晶出来后，溶剂的量减少，溶液浓度会增加，这样随着溶剂不断结晶，溶液浓度不断增加，溶液的凝固点也就不断下降(表1－7)。

表1－7　常用溶剂的K_f和K_b

溶剂	T_f/K	K_f/(K·kg/mol)	T_b/K	K_b/(K·kg/mol)
水	273.15	1.86	373.15	0.512
苯	278.5	5.10	353.1	2.53
环己烷	279.5	20.20	354.0	2.79
醋酸	290.0	3.90	391.0	2.93
乙醇	155.7	1.99	351.4	1.22
三氯甲烷	209.7	4.68	334.4	3.85
萘	353.0	6.90	491.0	5.80
樟脑	451.0	40.00	481.0	5.95

4. 溶液的渗透压

当用一种仅让溶剂分子通过而不让溶质分子通过的半透膜把一种溶液和它的纯溶剂分隔开时，纯溶剂将通过半透膜扩散到溶液中从而使其稀释，这种现象称渗透。实际上，溶剂是同时沿着两个方向通过半透膜的。由于纯溶剂的蒸气压比溶液的蒸气压大，所以纯溶剂向溶液的渗透速率要比向相反方向的渗透速率大。

在图1-7中，假设一容器中间用半透膜隔开，两侧放入等体积的蔗糖溶液和水[图1-7(a)]，经过一段时间后发现蔗糖溶液的液面比纯水高[图1-7(b)]，这是由于渗透作用造成的。

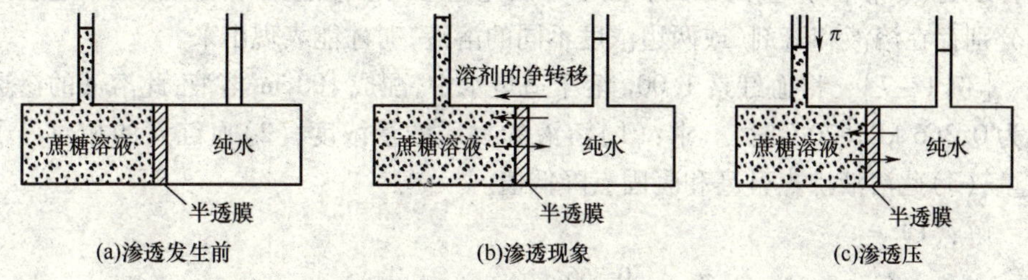

图1-7 溶液的渗透压

当纯水与蔗糖溶液被半透膜隔开时，由于蔗糖溶液中水的浓度低于纯水的浓度，而半透膜只允许水分子自由透过，所以单位时间内纯水穿过半透膜的水分子数要多些，结果使蔗糖溶液液面升高。随着溶液液面的升高，静压增大，从而使溶液中的水分子从蔗糖溶液渗入纯水中的速率增加。当膜两侧透过水分子速率相等时，达到渗透平衡，液面不再上升。半透膜两边的水位差所表示的静压就称为溶液的渗透压。或者说，为了阻止纯溶剂中的水分子透过半逐膜进入溶液，使渗透现象不发生，就必须在溶液的液面上施加一定的外压[图1-7(c)]。这种恰能阻止溶剂分子渗透而在溶液上方施加的最小额外压力就是该溶液的渗透压。如果两种浓度不同的溶液用只允许溶剂分子透过的半透膜隔开，则对浓溶液液面上施加的恰能阻止渗透现象发生的额外压力，并非是浓溶液的或稀溶液的渗透压，而是两溶液的渗透压之差。如果膜两侧单位体积内溶剂分子数相等，则不产生渗透现象。

渗透压是溶液的一种性质。半透膜的存在和膜两侧单位体积内溶剂分子数不相等是产生渗透现象的两个必要条件。渗透总是溶剂分子从纯溶剂向溶液，或是从稀溶液向浓溶液的迁移。1866年范特霍夫提出了“非电解质稀溶液的渗透压与溶液的浓度和温度的关系同理想气体状态方程一致”。即：

$$\pi = \frac{nRT}{V} = cRT$$

对于极稀的溶液，$b_B \approx c$，有

$$\pi = b_B RT$$

式中 π——渗透压，kPa；

R——气体常数，$R = 8.314$ kPa·L/(mol·K)；

c——溶质的物质的量浓度，mol/L；

T——热力学温度，K。

难挥发非电解质稀溶液的渗透压，在一定体积和一定温度下，与溶液中所含

溶质的物质的量成正比，而与溶质的本性无关。溶液越稀，即溶液的浓度越小，由实验测得的 n 值越接近于理论计算值。

值得注意的是，从形式上看，溶液的渗透压与理想气体状态方程十分相似，但两种压力（π 和 p）产生的原因和测定方法完全不同。渗透压（π）只有在半透膜两侧分别存在溶液和溶剂（或两边浓度不同的溶液）时才能表现出来。

[例 1－7]　将血红素 1.00g 溶于适量水中，配成 $100cm^3$ 溶液，此溶液的渗透压为 0.366 kPa（20℃时）。求：（1）溶液的物质的量浓度；（2）血红素的相对分子质量；（3）此溶液沸点升高和凝固点降低值。

解：（1）

$$c=\frac{\pi}{RT}=\frac{0.366}{8.314\times293}=1.50\times10^{-4}(\text{mol/L})$$

（2）设血红素的摩尔质量为 M，则

$$\frac{1.00/M}{100\times10^{-3}}=1.50\times10^{-4}$$

$$M=6.7\times10^{4}(\text{g/mol})$$

血红素的相对分子质量为 6.7×10^{4}。

（3）$\Delta T_b=K_b m\approx K_b c=0.52\times1.50\times10^{-4}=7.8\times10^{-5}(℃)$

$\Delta T_f=K_f m\approx K_f c=1.86\times1.50\times10^{-4}=2.79\times10^{-4}(℃)$

由计算可见 ΔT_b、ΔT_f数值很小，测量起来很困难。所以对相对分子质量很大的物质用渗透压法测量相对分子质量比较合适。

[例 1－8]　一种体液的凝固点是－0.50℃，求其沸点及此溶液在0℃时的渗透压（已知水的 $K_f=1.86\ \text{K}\cdot\text{kg/mol}$，$K_b=0.512\text{K}\cdot\text{kg/mol}$）。

解：稀溶液的四个依数性是通过溶液的质量摩尔浓度相互关联的，即

$$b_B=\frac{\Delta p}{K}=\frac{\Delta T_b}{K_b}=\frac{\Delta T_f}{K_f}\approx\frac{\pi}{RT}$$

因此，只要知道四个依数性中的任一个，即可通过 b_B 计算其他的三个依数性。

$$\Delta T_f=K_f b_B$$

$$b_B=\frac{\Delta T_f}{K_f}=\frac{0.500\text{K}}{1.86\text{K}\cdot\text{kg/mol}}=0.269\text{mol/kg}$$

$$\Delta T_b=K_b b_B=0.512\text{K}\cdot\text{kg/mol}\times0.269\text{mol/kg}=0.138\text{K}$$

故其沸点为 100＋0.138 ＝ 100.138℃

思考题

1. 什么是稀溶液的依数性？
2. 拉乌尔定律的两种描述是什么，它们相互矛盾么？
3. 稀溶液沸点升高凝固点降低是什么原因造成的？

（四）胶体溶液

胶体溶液是指一定大小的固体颗粒或高分子化合物分散在溶剂中所形成的溶液。其质点一般在1～100nm，分散剂大多数为水，少数为非水溶剂。固体颗粒以多分子聚集体（胶体颗粒）分散于溶剂中，构成多相不均匀分散体系（疏液胶），高分子化合物以单分子形式分散于溶剂中，构成单相均匀分散体系（亲液胶）。这类溶液具有其特有性质，它既不同于低分子分散系的真溶液（分散相质点小于1nm），也不同于粗分散系的混悬液（分散相质点大于100nm）。

按照分散剂状态不同胶体溶液分为以下几种。

（1）气溶胶　以气体作为分散介质的分散体系。其分散相可以是气态、液态或固态，如烟扩散在空气中。

（2）液溶胶　以液体作为分散介质的分散体系。其分散相可以是气态、液态或固态，如 $Fe(OH)_3$ 胶体。

（3）固溶胶　以固体作为分散介质的分散体系。其分散相可以是气态、液态或固态，如有色玻璃、烟水晶。

1. 溶胶的性质

（1）丁达尔现象　1869年，丁达尔发现，若令一束汇聚的光通过溶胶，则从侧面（即与光束垂直的方向）可以看到一个发光的圆锥体，这就是丁达尔效应。

在光的传播过程中，光线照射到粒子时，如果粒子大于入射光波长很多倍，则发生光的反射；如果粒子小于入射光波长，则发生光的散射，这时观察到的是光波环绕微粒而向其四周放射的光，称为散射光或乳光。丁达尔效应就是光的散射现象或称乳光现象。溶液粒子大小一般不超过1nm，胶体粒子介于溶液中溶质粒子和乳浊液粒子之间，其大小在40～90nm，小于可见光波长（400～750nm）。因此，当可见光透过胶体时会产生明显的散射作用。而对于真溶液，虽然分子或离子更小，但因散射光的强度随散射粒子体积的减小而明显减弱，因此，真溶液对光的散射作用很微弱。此外，散射光的强度还随分散体系中粒子浓度增大而增强。

（2）电泳现象　胶体中的分散质微粒在电场作用下作定向移动的现象，叫做电泳。

在胶体分散系中，胶粒往往能从介质中吸附离子，使分散的胶粒带上电荷。不同的胶粒其表面的组成情况不同，对电荷的吸附作用也不同，有的能吸附正电荷，有的能吸附负电荷，因此有的胶粒带正电荷，如氢氧化铝胶体，有的胶粒带负电荷，如三硫化二砷（As_2S_3）胶体等。如果在胶体中通以直流电，它们或者向阳极迁移，或者向阴极迁移。这就是电泳现象。

还有的胶体粒子自身电离使胶体带电荷。例如，硅胶胶体表面的 H_2SiO_3 可以电离，电离后 H^+ 进入溶液，而 SiO_3^{2-} 和 $HSiO_3^-$ 附着在胶体粒子表面而使胶体带负电荷。

(3)布朗运动　布朗运动是悬浮在液体或气体中的微粒所作的永不停息的无规则运动。

布朗运动是在1827年英国植物学家罗伯特·布朗利用一般的显微镜观察悬浮于水中的由花粉所迸裂出的微粒时，发现微粒会呈现不规则状的运动，因而称它布朗运动。

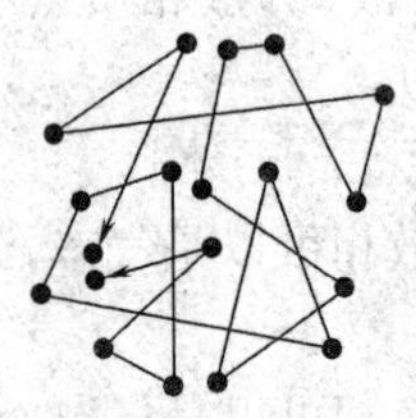

图1－8　布朗运动示意图

这些小的颗粒，为液体的分子所包围，由于液体分子的热运动，小颗粒受到来自各个方向液体分子的碰撞，布朗粒子受到不平衡的冲撞，而作沿冲量较大方向的运动。又因为这种不平衡的冲撞，使布朗微粒得到的冲量不断改变方向，所以布朗微粒作无规则的运动。温度越高，布朗运动越剧烈。它间接显示了物质分子处于永恒的、无规则的运动之中。但是，布朗运动并不限于上述悬浮在液体或气体中的布朗微粒(图1－8)。

胶体粒子在分散剂中作布朗运动，一方面是由于受到分散剂分子从各个方向的不断撞击；另一方面也是由于胶体粒子在分散剂中自身的热运动。由于胶体粒子很小，直径在$10^{-9}\sim10^{-7}$m，所以普通显微镜不易分辨，应该用超微显微镜观察。

2. 胶团的结构

胶粒的结构比较复杂，先有一定量的难溶物分子聚结形成胶粒的中心，称为胶核。胶核选择性地吸附稳定剂中的一种离子，形成紧密吸附层；由于正、负电荷相吸，在紧密层外形成反号离子的包围圈，从而形成了与紧密层带相同电荷的胶粒。胶粒与扩散层中的反号离子，形成一个电中性的胶团。胶核吸附离子是有选择性的，首先吸附与胶核中相同的某种离子，用同离子效应使胶核不易溶解。若无相同离子，则首先吸附水化能力较弱的负离子，所以自然界中的胶粒大多带负电，如泥浆水、豆浆等都是负溶胶。图1－9所示为氢氧化铁胶体的结构。

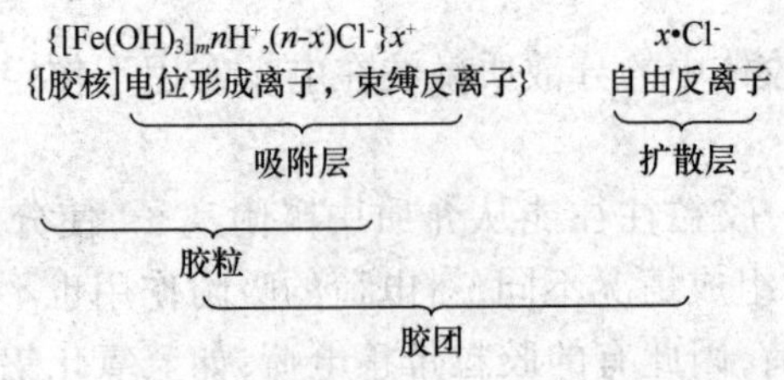

图1－9　氢氧化铁胶体的结构

3. 溶胶的稳定性与聚沉

溶胶是相当稳定的。造成这种稳定性的因素有两方面，一是动力稳定因素，另一种是聚集稳定因素。从动力学角度看，胶体粒子质量较小，其受重力的作用也较小,而且由于胶体粒子不断地做无规则的布朗运动,克服了重力的作用,从而阻止了胶粒的下沉。由于胶核选择吸附溶液中的粒子,导致同一胶体的胶粒带有相同的电荷,同种电荷的相互排斥作用使胶粒难以靠近聚集成大颗粒。另外,电位离子与反离子在水中能吸引水分子形成水合离子从而形成水化层,水化层的形成也有利于胶体的稳定。

溶胶在一定条件下会产生聚沉现象。当设法减弱或者消除稳定因素,就会发生胶粒的聚沉现象。聚沉方法一般有三种。

(1)加电解质 例如,在红褐色的 $Fe(OH)_3$ 胶体中加入 KCl 溶液,胶体就会变成混浊状态,发生聚沉。因为电解质的加入,增加了系统内离子的总浓度,给带电的胶粒吸引反相离子提供了条件,减少或者中和了原来胶粒所带的电荷,从而使胶粒靠近以至于聚沉。

(2)加入带反相电荷的胶体 将两种带有反相电荷的胶体以适当数量混合,由于异种电荷相互吸引也会发生胶体聚沉。明矾的净水作用正是基于这种原理。

(3)加热 加热可以使胶粒的运动加剧,增加胶粒相互接近或者碰撞的机会,同时增加了胶核对离子的吸附作用和水化作用,促使胶体聚沉。

思考题

1. 胶体有哪些性质?
2. 按照分散剂状态不同胶体分为哪几种类型?
3. 使胶体聚沉的方法有哪些?
4. 简述胶体的结构。

二、溶液中的平衡

(一)弱电解质及其电离平衡

电解质指的是在水溶液或熔化状态下能导电的化合物。酸、碱、盐都是电解质。它们的水溶液(或熔化状态下)能电离出自由移动的离子,因而都能导电。但不同种类的电解质溶液导电能力不同。根据电离程度的不同,可把电解质分为强电解质和弱电解质。盐酸、氯化钠和氢氧化钠在溶液里能完全离解成离子,溶液里没有分子存在。这种在水溶液里完全离解成离子而没有分子存在的电解质叫做强电解质。强电解质的离解是不可逆的,其离解方程式用“=”来表示,如

$$HCl = H^+ + Cl^-$$

$$NaOH = Na^+ + OH^-$$

$$KNO_3 = K^+ + NO_3^-$$

强酸、强碱和大多数盐都是强电解质。

醋酸和氨水在溶液里只有一部分离解成离子,溶液中还存在着大量未离解的分子。例如,醋酸的离解,一方面 HAc 分子离解成 H^+ 和 Ac^-,另一方面 H^+ 和 Ac^- 又不断结合成醋酸分子。

像醋酸这样在水溶液里只有部分离解的电解质称弱电解质。弱电解质的离解是可逆的,其离解方程式用“$\rightleftharpoons$”来表示,如

$$HAc \rightleftharpoons H^+ + Ac^-$$

$$NH_3 \cdot H_2O \rightleftharpoons OH^- + NH_4^+$$

弱酸、弱碱都是弱电解质。

按照强电解质在水溶液中全部离解的观点,强电解质的离解度应该是100%。但对其溶液导电性的测定结果表明,它们的离解度都小于100%。这种由实验测得的离解度称为表观离解度。表1-8列出了几种强电解质的表观离解度。

表1-8　几种强电解质的表观离解度

电解质	离解式	表观离解度/%
盐酸	$HCl = H^+ + Cl^-$	92
硝酸	$HNO_3 = H^+ + NO_3^-$	92
硫酸	$H_2SO_4 = 2H^+ + SO_4^{2-}$	61
氢氧化钠	$NaOH = Na^+ + OH^-$	91
氢氧化钾	$KOH = K^+ + OH^-$	89
氯化钠	$NaCl = Na^+ + Cl^-$	84
氯化钾	$KCl = K^+ + Cl^-$	86
硫酸锌	$ZnSO_4 = Zn^{2+} + SO_4^{2-}$	40

1923年德拜和休格尔提出了强电解质溶液离子互吸理论来解释此现象。该理论认为强电解质在水溶液中是完全离解的,但由于在溶液中的离子浓度较大,离子间的引力和斥力比较显著,在阳离子周围吸引着较多的阴离子;在阴离子周围吸引着较多的阳离子。这种情况好像阳离子周围有阴离子氛,阴离子周围有阳离子氛,导致离子在溶液里的运动受到周围离子氛的牵制,并非完全自由(图1-10)。因此在导电性实验中,阴阳离子向两极移动的速度比较慢,好像电解质没有完全离解。这时所测得的离解度并不能表示强电解质在溶液中完全离解的情况,它只反映了强电解质溶液中阴阳离子间相互作用的强弱。为了区别强电解质的真实离解度(100%),把实验测得的强电解质的离解度称为表观离解度。

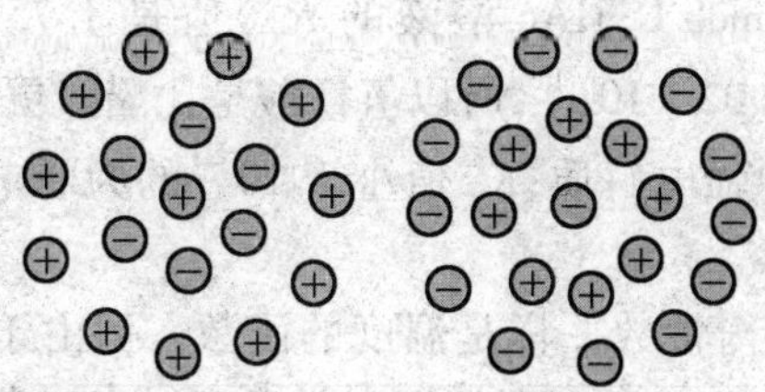

图 1-10 离子氛示意图

由于离子间的互相牵制，致使离子的有效浓度表现比实际浓度要小，如 0.1mol/L 的 KCl 溶液，K^+ 和 Cl^- 的浓度都应该是 0.1mol/L，但根据表观离解度计算得到的离子有效浓度只有 0.086mol/L。通常把有效浓度称为活度（α）。活度（α）与实际浓度（c）的关系为：

$$\alpha = fc$$

式中 f——活度系数。

一般情况下，$\alpha < c$，故 f 常小于 1。显然，溶液中离子浓度越大，离子相互牵制程度也越大，f 越小。此外，离子所带的电荷数越大，离子间的相互作用也越大，同样会使 f 减少。而在弱电解质及难溶强电解质溶液中，由于离子浓度很小，离子间的距离较大，相互作用较弱，此时，活度系数 $f \to 1$，离子活度与浓度几乎相等，故在近似计算中用离子浓度代替活度，不会引起较大的误差。本书都采用离子浓度进行计算。

（二）弱酸弱碱的电离平衡

1. 一元弱酸弱碱的离解平衡

（1）离解常数 弱酸、弱碱是弱电解质，在溶液中部分离解，在已离解的离子和未离解的分子之间存在着离解平衡。用 HA 表示一元弱酸，离解平衡式为：

$$HA \rightleftharpoons H^+ + A^-$$

标准离解常数 $K_a^\ominus$：

$$K_a^\ominus = \frac{(c_{H^+}/c^\ominus)(c_{A^-}/c^\ominus)}{c_{HA}/c^\ominus} = \frac{c'_{H^+}c'_{A^-}}{c'_{HA}}$$

用 BOH 表示一元弱碱，离解平衡式为：

$$BOH \rightleftharpoons B^+ + OH^-$$

标准离解常数 $K_b^\ominus$：

$$K_b^\ominus = \frac{(c_{B^+}/c^\ominus)(c_{OH^-}/c^\ominus)}{c_{BOH}/c^\ominus} = \frac{c'_{B^+}c'_{OH^-}}{c'_{BOH}}$$

$K_a^\ominus$，$K_b^\ominus$ 分别表示弱酸、弱碱的离解常数。对于具体的酸或碱的离解常数，则在 $K_a^\ominus$ 或 $K_b^\ominus$ 的后面注明酸或碱的分子式或化学式。例如，$K^\ominus_{aHAc}$、$K^\ominus_{bNH_3 \cdot H_2O}$ 分别表示醋酸和氨水的离解常数。$K^\ominus$ 值大表示该电解质容易离解；$K^\ominus$ 值小，表示该电解质不易离解。所以离解常数的大小可以表明弱电解质的相对强弱。

例如,25℃时0.10mol/L,HAc溶液的 $K_a^{\ominus}$ 值是 1.75×10^{-5},而0.10mol/L HCN溶液的 $K_a^{\ominus}$ 值是 6.02×10^{-10},所以氢氰酸是比醋酸更弱的酸。通常把 $K^{\ominus}$ 值在 $10^{-3}\sim10^{-2}$ 的称为中强电解质;$K^{\ominus}$ 值小于 10^{-4} 的为弱电解质;$K^{\ominus}$ 值小于 10^{-7} 为极弱电解质。

离解常数和其他平衡常数一样是温度的函数。但由于离解常数随温度的变化而改变的幅度不大,所以常温时可以不考虑温度对离解常数的影响。

(2)离解度　不同的弱电解质在水溶液里的离解程度是不相同的,有的离解程度大,有的离解程度小。弱电解质离解程度的大小,还可以用离解度(α)来表示。

$$\alpha=\frac{\text{已离解的弱电解质浓度}}{\text{弱电解质的起始浓度}}\times100\%$$

在温度、浓度相同的条件下,离解度大,表示该弱电解质相对较强。离解度与离解常数不同,它与溶液的浓度有关。故在表示离解度时必须指出酸或碱的浓度。

下面以一元弱酸HA为例来说明离解度与离解常数和浓度之间的关系。

设HA的浓度为 c mol/L,离解度为 α,则:

$$HA \rightleftharpoons H^{+} + A^{-}$$

起始浓度　　c　　0　　0

平衡浓度　　$c(1-\alpha)$　　$c\alpha$　　$c\alpha$

代入离解常数表达式中:

$$K_a^{\ominus}=\frac{(c_{H^+}/c^{\ominus})(c_{A^-}/c^{\ominus})}{c_{HA}/c^{\ominus}}=\frac{c'_{H^+}c'_{A^-}}{c'_{HA}}=\frac{(c'\alpha)^2}{c'(1-\alpha)}$$

即:$c'\alpha^2+K_a^{\ominus}\alpha-K_a^{\ominus}=0$

$$\alpha=\frac{-K_a^{\ominus}+\sqrt{(K_a^{\ominus})^2+4c'K_a^{\ominus}}}{2c'}$$

$$c(H^+)=c\alpha=c\frac{-K_a^{\ominus}+\sqrt{(K_a^{\ominus})^2+4c'K_a^{\ominus}}}{2c'}$$

$$=\frac{-K_a^{\ominus}+\sqrt{(K_a^{\ominus})^2+4c'K_a^{\ominus}}}{2}c^{\ominus}$$

对弱电解质来说,离解度很小,可认为 $1-\alpha\approx1$($\alpha<5\%$ 或 $c/K_a^{\ominus}>500$ 时,作近似计算),得以下简式:

$$K_a^{\ominus}=c'\alpha^2$$

$$\alpha=\sqrt{K_a^{\ominus}/c'}$$

$$c'_{H^+}=\sqrt{K_a/c'}$$

同理,对于一元弱碱溶液,也得到类似的计算公式:

$$K_b^{\ominus}=c'\alpha^2$$

$$\alpha=\sqrt{K_b^{\ominus}/c'}$$

$$c'_{OH^-}=\sqrt{K_b/c'}$$

近似公式表明，在一定温度下，当溶液的浓度改变时，电离度 α 也随着改变，浓度越稀，离解度越大，离解度与浓度的平方根成反比，与离解常数的平方根成正比，该关系式称为稀释定律。但 c'_{H^+} 或 c'_{OH^-} 并不因浓度稀释、离解度增加而增大。

在弱酸或弱碱的溶液中，同时还存在着水的离解平衡，两个平衡互相联系，互相影响。但当 $K_a^{\ominus}$（或 $K_b^{\ominus}$）$\gg K_W^{\ominus}$，而弱酸（弱碱）又不是很稀时，溶液中 H^+ 或 OH^- 主要来源于弱酸或弱碱的离解，计算时可忽略水的离解。

(3)一元弱酸、弱碱溶液中离子浓度及 pH 的计算

[例 1－9] 计算 25℃时下列各溶液的 H^+ 浓度和溶液的 pH。

①0.10mol/L HAc 溶液。

②0.01mol/L HAc 溶液。

解：①HAc 是弱电解质，离解平衡式为

$$HAc \rightleftharpoons H^+ + Ac^-$$

起始浓度 c_0/(mol/L) 0.10 0 0

平衡浓度 c/(mol/L) 0.10 − x x x

查表知 25℃时 $K_a^{\ominus} = 1.75 \times 10^{-5}$

$$K_a^{\ominus} = \frac{c'_{H^+}c'_{Ac^-}}{c'_{HAc}} = \frac{x^2}{0.10 - x}$$

$K_{a(HAc)}^{\ominus}$ 很小，或 $c/K_a^{\ominus} > 500$ 时，可近似认为 $0.10 - x \approx 0.10$

$$x = c'_{H^+} = \sqrt{K_a/c'} = 1.3 \times 10^{-3}$$

$$pH = -\lg c'_{H^+} = -\lg 1.3 \times 10^{-3} = 2.89$$

②同理，0.01mol/L 的 HAc 的氢离子浓度为

$$c'_{H^+} = 4.2 \times 10^{-4} mol/L$$

$$pH = -\lg c'_{H^+} = -\lg 4.2 \times 10^{-4} = 3.38$$

上例是弱酸中氢离子浓度及 pH 的求算，弱碱的与此类似。该例也说明，溶液浓度变小时，氢离子浓度也变小了。

2. 多元弱酸的离解平衡

多元弱酸（弱碱）在水溶液中的离解是分步进行的，每一步电离出一个 H^+（OH^-），各步的离解度并不相等，具有相应的离解平衡常数。例如，碳酸是二元弱酸，分两步离解：

第一步离解 $H_2CO_3 \rightleftharpoons H^+ + HCO_3^-$

$$K_{a1(H_2CO_3)}^{\ominus} = \frac{c'_{H^+}c'_{HCO_3}}{c'_{H_2CO_3}} = 4.4 \times 10^{-7}$$

第二步离解 $HCO_3^- \rightleftharpoons H^+ + CO_3^{2-}$

$$K_{a2(H_2CO_3)}^{\ominus} = \frac{c'_{H^+}c'_{CO_3^{2-}}}{c'_{HCO_3^-}} = 4.7 \times 10^{-11}$$

上述数据表明,多元酸的离解常数逐级减小。因为第二步离解需从带有一个负电荷的离子中再离解出一个 H^+,显然比中性分子困难;此外,第一步离解出来的 H^+,抑制了第二步离解的进行;第三步离解比第二步更困难。溶液中 H^+ 的来源主要来自第一步离解。因此近似地计算多元弱酸溶液中的 H^+ 浓度时,可以只考虑其第一步的离解。多元弱酸的相对强弱,取决于 $K_{a1}^{\ominus}$ 的大小,$K_{a1}^{\ominus}$ 越大,多元酸的酸性越强。

多元弱碱的离解与多元弱酸的离解情况是相似的。

离解常数可以通过实验测定。常见的几种弱电解质的离解常数见表 1-9。

表 1-9　常见的几种弱电解质的离解常数(25℃时)

电解质	离解常数 $K_a^{\ominus}(K_b^{\ominus})$
醋酸(CH_3COOH)	$K_{a1}^{\ominus}=1.75\times10^{-5}$
草酸($H_2C_2O_4$)	$K_{a1}^{\ominus}=5.4\times10^{-2}$;$K_{a2}^{\ominus}=5.4\times10^{-5}$
碳酸(H_2CO_3)	$K_{a1}^{\ominus}=4.4\times10^{-7}$;$K_{a2}^{\ominus}=4.7\times10^{-11}$
氢氰酸(HCN)	$K_{a1}^{\ominus}=6.02\times10^{-10}$
亚硝酸(HNO_2)	$K_{a1}^{\ominus}=7.2\times10^{-4}$
磷酸(H_3PO_4)	$K_{a1}^{\ominus}=7.1\times10^{-3}$;$K_{a2}^{\ominus}=6.3\times10^{-8}$;$K_{a3}^{\ominus}=4.2\times10^{-13}$
亚硫酸(H_2SO_3)	$K_{a1}^{\ominus}=1.3\times10^{-2}$;$K_{a2}^{\ominus}=6.1\times10^{-3}$
硫化氢(H_2S)	$K_{a1}^{\ominus}=1.32\times10^{-7}$;$K_{a2}^{\ominus}=7.10\times10^{-15}$
次氯酸(HClO)	$K_{a1}^{\ominus}=2.8\times10^{-8}$
氨水(NH_3-H_2O)	$K_{b1}^{\ominus}=1.8\times10^{-5}$
联氨(NH_2-NH_2)	$K_b^{\ominus}=9.8\times10^{-7}$
羟氨(NH_2OH)	$K_b^{\ominus}=9.1\times10^{-9}$
苯胺($C_6H_5N_2$)	$K_b^{\ominus}=4\times10^{-10}$
吡啶(C_5H_5N)	$K_b^{\ominus}=1.5\times10^{-9}$
六次甲基四胺[$(CH_2)_6N_4$]	$K_b^{\ominus}=1.4\times10^{-9}$

通过推导可以知道二元弱酸溶液中酸根离子的浓度近似等于 $K_{a2}^{\ominus}$,与酸的原始浓度无关(读者可自行推导)。在实际工作中,如果需用较大浓度的多元酸酸根离子时,不能用多元弱酸来配制,应使用酸根离子组成的可溶性盐类。

(三)水的离解平衡

1. 水的离解

精确的实验证明,水是一种极弱的电解质,大部分以水分子的形式存在,仅能离解出少量的 H^+ 和 OH^-。

$$H_2O \rightleftharpoons H^+ + OH^-$$

$$K^{\ominus} = \frac{c'_{H^+} c'_{OH^-}}{c'_{H_2O}}$$

由于极大部分水以水分子的形式存在，因此 c'_{H_2O} 可以视为常数，合并入 $K^{\ominus}$ 项，

$$c'_{H^+}(c'_{OH^-}) = K^{\ominus} c_{H_2O} = K_W^{\ominus}$$

$K_W^{\ominus}$ 称为水的离子积常数，简称水的离子积。125℃时，纯水中 $c_{H^+} = c_{OH^-} = 10^{-7}$ mol/L 因此，$K_W^{\ominus} = 10^{-14}$。

和所有平衡常数一样，温度对 $K_W^{\ominus}$ 有影响，随着温度的升高，$K_W^{\ominus}$ 值显著增大。表 1－10 列出某些温度下水的 $K_W^{\ominus}$ 值。

表 1－10　　不同温度下水的离子积

t/℃	0	10	20	25	40	50	90	100
$K_W^{\ominus} / \times 10^{-14}$	0.1138	0.2917	0.6808	1.009	2.917	5.470	38.02	54.95

从表 1－10 可见，在室温范围内，$K_W^{\ominus}$ 值变化不大，一般采用 $K_W^{\ominus} = 1.00 \times 10^{-14}$。

由于水的离解平衡的存在，H^+ 浓度或者 OH^- 浓度两者中若有一种增大，则另一种一定减小，达到新的平衡时，溶液中 $c'_{H^+} c'_{OH^-} = K_W^{\ominus}$ 这一关系式仍然存在。所以水的离子积常数不仅适用于纯水，对于任何酸性或碱性电解质的稀溶液同样适用。水的离子积常数 $K_W^{\ominus}$ 是计算水溶液中 c_{H^+} 和 c_{OH^-} 的重要依据。

2. 溶液的酸碱性和 pH

常温下，纯水中 $c_{H^+} = c_{OH^-} = 10^{-7}$ mol/L，所以纯水是中性的。如果向纯水中加入酸，H^+ 浓度增大，水的离解平衡向左移动，OH^- 浓度随之减少，达到新的平衡时，溶液中 $c_{H^+} > c_{OH^-}$，$c'_{H^+} c'_{OH^-} = K_W^{\ominus}$ 这一关系式仍然存在，即 $c_{H^+} > 10^{-7}$ mol/L，$c_{OH^-} < 10^{-7}$ mol/L^{-1}，但 c_{OH^-} 不会等于零，溶液呈酸性。如果向纯水中加入碱，OH^- 浓度增大，也使水的离解平衡向左移动，溶液中 $c_{OH^-} > c_{H^+}$，$c'_{H^+} c'_{OH^-} = K_W^{\ominus}$ 这一关系式仍然存在，即 $c_{OH^-} > 10^{-7}$ mol/L，$c_{H^+} < 10^{-7}$ mol/L^{-1}，但 c_{H^+} 不会等于零，溶液呈碱性。由此可见，溶液的酸碱性跟 H^+ 和 OH^- 浓度的关系可表示为：

中性溶液 $c_{H^+} = c_{OH^-}$　　$c_{H^+} = 10^{-7}$mol/L

酸性溶液 $c_{H^+} > c_{OH^-}$　　$c_{H^+} > 10^{-7}$ mol/L

碱性溶液 $c_{H^+} < c_{OH^-}$　　$c_{H^+} < 10^{-7}$ mol/L

H^+ 浓度越大，溶液的酸性越强；H^+ 浓度越小，溶液的酸性越弱。

溶液的酸碱性可用 H^+ 或 OH^- 浓度来表示，习惯上常用 c_{H^+} 表示。但当溶液里 c_{H^+} 很小时，用 c_{H^+} 表示溶液的酸碱性很不方便。1909 年索伦森提出用 pH 来表示溶液的酸碱性。所谓 pH，就是溶液中氢离子浓度的负对数。

$$pH = -\lg c'_{H^+}$$

溶液的酸碱性与 pH 的关系为：

酸性溶液　pH < 7

中性溶液　pH = 7

碱性溶液　pH > 7

溶液的 pH 越小，酸性越强；溶液的 pH 越大，碱性越强。

pH 在生命科学中是极为重要的量值之一。例如，各种植物只有在适宜的 pH 条件下才能得到较好的生长，维持人和动物生存的酶对 pH 的依赖程度也很大。表 1－11 列出一些重要溶液的 pH。

表 1－11　　一些重要溶液的 pH

溶液	pH	溶液	pH
标准饮用水	6.5～8.5	柠檬汁	2.2～2.4
人的血液	7.35～7.45	橙汁	3.0～4.0
人的唾液	6.5～7.5	葡萄酒	2.8～3.8
人尿	4.8～8.4	啤酒	4.0～5.0
胃液	1.0～1.5	咖啡	5.0
胆液	7.8～8.6	食醋	3.0
牛乳	6.3～6.6	番茄汁	4.0～4.4
鸡蛋清	7.6～8.0	苹果	2.9～3.3
乳酪	4.8～6.4	白菜	5.2～5.4
海水	7.0～7.5	马铃薯	5.6～6.0

c_{OH^-} 和 $K_W^\ominus$ 等数值都可用负对数表示：

$$pOH = -\lg c'_{OH^-} \qquad pK_W^\ominus = -\lg K_W^\ominus$$

常温时，水溶液中：

$$c'_{H^+} c'_{OH^-} = K_W^\ominus$$

在等式两边分别取负对数：

$$-\lg(c'_{H^+} c'_{OH^-}) = -\lg K_W^\ominus$$

$$-\lg c'_{H^+} - \lg c'_{OH^-} = -\lg K_W^\ominus$$

$$pH + pOH = pK_W^\ominus$$

因为 $K_W^\ominus = 10^{-14}$，所以 pH + pOH = 14。

一般而言，pH 的应用范围是 0～14，即溶液中 $c_{H^+} \leqslant 1$ mol/L 或 $c_{OH^-} \leqslant 1$mol/L 的情况。当溶液中 c_{H^+} 或 c_{OH^-} 大于 1mol/L 时，用 pH 表示溶液的酸碱性并不简便。例如，$c_{H^+} = 2$mol/L 的溶液，其 pH 为 －0.3；$c_{H^+} = 6$mol/L 的溶液，其 pH 为 －0.78。因此当溶液的 c_{H^+} 或 c_{OH^-} 大于 1mol/L 时，采用物质的量浓度来表示溶液的酸碱性更为方便。

测定溶液 pH 的方法很多,常用的是酸碱指示剂和 pH 试纸。若需要确定准确的 pH 时,可使用酸度计(又称 pH 计)。详细内容将在相关部分讲述。

▌思考题

1. 在强电解质和弱电解质溶液中存在的微粒有何不同?

2. 离解常数、离解度与浓度之间有何定量关系?

3. 在 100℃ 时水的离子积常数为 10^{-12},氢离子浓度为 10^{-6}mol/L,此时,水是不是酸性的?

4. 在酸性溶液中有 OH^- 存在吗?碱性溶液中有 H^+ 存在吗?你对此如何理解?

(四)水解平衡

我们知道碳酸钠是碱性的,但它并不是碱而是盐类。用 pH 试纸测定 0.1mol/L NH_4Cl、NaAc 和 NaCl 水溶液的 pH,结果表明:NH_4Cl 水溶液显酸性;NaAc 水溶液显碱性;NaCl 水溶液显中性。为什么有些盐的溶液会呈现酸性或碱性呢?盐类水溶液具有酸碱性的原因是盐类的阴离子或阳离子和水离解出来的 H^+ 或 OH^- 结合生成了弱酸或弱碱,破坏了水的离解平衡并使之发生移动,导致溶液中 H^+ 或 OH^- 浓度不相等,而表现出酸碱性。这就是盐类的水解。

由于生成盐的酸和碱的强弱不同,盐类水解的情况也不同。下面分别讨论几种不同类型盐的水解。

1. 不同类型盐在水中的状况

(1)弱酸强碱盐的水解 以 NaAc 为例说明这类盐的水解。NaAc 可以看成是醋酸和氢氧化钠中和生成的盐,是强电解质,在水溶液中全部离解成 Na^+ 和 Ac^-;水是弱电解质,只能离解出极少量的 H^+ 和 OH^-。溶液中的 Na^+ 不与 OH^- 结合,而 H^+ 和 Ac^- 能结合生成弱电解质 HAc 分子。由于 H^+ 浓度的减少,破坏了水的离解平衡,使水的离解平衡向右移动:

$$NaAc = Na^+ + Ac^-$$

$$H_2O \rightleftharpoons OH^- + H^+$$

$$\Updownarrow$$

$$HAc$$

由于醋酸这种弱电解质的生成,消耗了 H^+,促使水的离解平衡向右移动,OH^- 离子随之增大直到溶液中 HAc 和 H_2O 同时建立起新的离解平衡。此时,溶液中 $c_{OH^-} > c_{H^+}$,即 pH > 7,因此溶液呈碱性。总的水解方程式如下:

$$Ac^- + H_2O \rightleftharpoons HAc + OH^-$$

由上式可以看出:醋酸钠的水解其实是醋酸根的水解,当达到平衡状态时,其水解程度也可以用平衡常数来表示,这就是水解常数,用 $K_h^{\ominus}$ 表示。

$$K_h^{\ominus} = \frac{c'_{HAc}c'_{OH^-}}{c'_{Ac}}$$

醋酸的水解可以看出是由两个反应组成的:

$$H_2O \rightleftharpoons OH^- + H^+ \tag{1}$$

$$K_1^{\ominus} = c'_{H^+}c'_{OH^-} = K_W^{\ominus}$$

$$Ac^- + H^+ \rightleftharpoons HAc \tag{2}$$

$$K_2 = \frac{c'_{HAc}}{c'_{Ac^-}c'_{H^+}} = \frac{1}{K_a^{\ominus}}$$

(1)+(2)得到总的水解方程式:$Ac^- + H_2O \rightleftharpoons HAc + OH^-$。所以,其水解常数为:

$$K_h^{\ominus} = \frac{c'_{HAc}c'_{OH^-}}{c'_{Ac^-}} = \frac{c'_{HAc}K_w^{\ominus}}{c'_{Ac^-}c'_{H^+}} = \frac{K_w^{\ominus}}{K_a^{\ominus}}$$

上式说明:组成盐的酸越弱($K_a^{\ominus}$越小),它与强碱生成的盐的水解程度也越大。盐的水解程度也可以用水解度 h 来表示:

$$h = \frac{\text{已水解盐的浓度}}{\text{盐的起始浓度}} \times 100\%$$

水解度 h、水解常数 $K_h^{\ominus}$和盐浓度 c 之间有一定关系,仍以 NaAc 为例:

$$Ac^- + H_2O \rightleftharpoons HAc + OH^-$$

	Ac^-	HAc	OH^-
起始浓度	c	0	0
平衡浓度	$c(1-h)$	ch	ch

$$K_h^{\ominus} = \frac{c'_{HAc}c'_{OH^-}}{c'_{Ac^-}} = \frac{c'hc'h}{c'(1-h)}$$

若 $K_h^{\ominus}$较小,$1-h \approx 1$,则

$$K_h^{\ominus} = c'h^2$$

$$h = \sqrt{K_h^{\ominus}/c'} = \sqrt{K_w^{\ominus}/(K_a^{\ominus} \cdot c')}$$

由此可知,水解度除了与组成盐的酸的强弱($K_a^{\ominus}$)有关外,还与盐的浓度有关。同一种盐,浓度越小,其水解程度越大。

(2)强酸弱碱盐的水解　以硝酸铵水解为例,可以看成是硝酸和氨水中和生成的盐。

$$NH_4NO_3 = NH_4 + NO_3^-$$
$$+$$
$$H_2O \rightleftharpoons OH + H^+$$
$$\Updownarrow$$
$$NH_3 \cdot H_2O$$

硝酸铵是强电解质,在水中全部离解成 NH_4^+ 和 NO_3^-。水能离解出少量的 H^+ 和 OH^-。NH_4^+ 和 OH^- 结合生成弱电解质氨水,使水的离解平衡向右移动。直到溶液中水和氨水同时建立起新的离解平衡时,溶液中 $c'_{H^+} > c'_{OH^-}$,即 $pH < 7$,

溶液呈酸性。

NH_4^+的水解方程式为：

$$NH_4^+ + H_2O \rightleftharpoons NH_3 \cdot H_2O + OH^-$$

由此可知，强酸弱碱生成的盐的水解实质上是其阳离子发生水解。

同理，与弱酸强碱盐同样处理，也可推导出强酸弱碱盐的水解常数及水解度：

$$K_h^{\ominus} = K_w^{\ominus}/K_b^{\ominus}$$

$$h = \sqrt{K_w^{\ominus}/(K_b^{\ominus} \cdot c')}$$

由上式可以看出，组成强酸弱碱盐的碱越弱，即$K_b^{\ominus}$越小，该盐的水解常数$K_h^{\ominus}$、水解度h越大，水解程度就越大。同一种盐，浓度越小，水解度越大。

(3)弱酸弱碱盐的水解　以醋酸铵为例。醋酸铵可以看成是醋酸和氨水中和生成的盐。

$$NH_4Ac = NH_4^+ + Ac^-$$

$$+ \qquad +$$

$$H_2O \rightleftharpoons OH^- + H^+$$

$$\Updownarrow \qquad \Updownarrow$$

$$NH_3 \cdot H_2O \quad HAc$$

NH_4Ac完全离解产生的NH_4^+和Ac^-，分别与水离解出来的OH^-和H^+结合成弱电解质$NH_3 \cdot H_2O$和HAc分子，由于OH^-和H^+都在减小，使水的离解平衡更加向右移动，可见弱酸弱碱形成的盐更容易水解。

NH_4Ac的水解方程式为：

$$NH_4^+ + Ac^- + H_2O \rightleftharpoons NH_3 \cdot H_2O + HAc$$

与上面同样处理，可以得到弱酸弱碱盐的水解常数：

$$K_h^{\ominus} = K_w^{\ominus}/(K_a^{\ominus}K_b^{\ominus})$$

弱酸弱碱盐水解后溶液究竟显示酸性、碱性还是中性，决定于生成弱酸、弱碱的相对强弱。如果弱酸与弱碱的离解常数$K_a^{\ominus}$与$K_b^{\ominus}$近于相等，则溶液显中性，如NH_4Ac；如果$K_a^{\ominus} > K_b^{\ominus}$，溶液呈酸性，如$HCOONH_4$；如果$K_a^{\ominus} < K_b^{\ominus}$，溶液呈碱性，如$NH_4CN$。

(4)强酸强碱盐的水解　如氯化钠，可以看成是盐酸和氢氧化钠中和生成的盐。氯化钠离解生成的阳离子(Na^+)和阴离子(Cl^-)不能与水离解出的OH^-和H^+结合成弱电解质，水的离解平衡未被破坏，故溶液呈中性，即强酸强碱所成的盐在溶液中不发生水解。这类盐包括大部分碱金属和部分碱土金属与盐酸、硝酸、硫酸、高氯酸等生成的盐，它们的水溶液基本上都显中性。

(5)多元弱酸盐和多元弱碱盐的水解　同多元弱酸和多元弱碱的分步离解一样，多元弱酸盐和多元弱碱盐也是分步水解的。如二元弱酸盐Na_2CO_3的水解：

第一步水解　$CO_3^{2-} + H_2O \rightleftharpoons HCO_3^- + OH^-$

$$K_{h1}^{\ominus}=K_w^{\ominus}/K_{a2}^{\ominus}$$

第二步水解 $HCO_3^- + H_2O \rightleftharpoons H_2CO_3 + OH^-$

$$K_{h2}^{\ominus}=K_w^{\ominus}/K_{a1}^{\ominus}$$

$K_{a1}^{\ominus}$和$K_{a2}^{\ominus}$分别为二元弱酸H_2CO_3的分步离解常数。由于$K_{a2}^{\ominus} \ll K_{a1}^{\ominus}$，所以$K_{h1}^{\ominus} \gg K_{h2}^{\ominus}$。可见，多元弱酸盐的水解也是以第一步水解为主，在计算溶液酸碱性时，可按一元弱酸盐处理。

2. 盐类水解的计算

[例1-10] 计算0.10 mol/L NH_4Cl溶液的pH。

解：NH_4Cl为强酸弱碱盐，水解方程式为

$$NH_4^+ + H_2O \rightleftharpoons NH_3 \cdot H_2O + H^+$$

起始浓度 c_0/(mol/L) 0.10 0 0

平衡浓度 c/(mol/L) 0.10 − x x x

$$K_h^{\ominus} = K_w^{\ominus}/K_b^{\ominus}(NH_3) = 1.0\times10^{-14}/1.8\times10^{-5} = 5.6\times10^{-10}$$

$$K_k^{\ominus}=\frac{C'NH_3H_2OC'H^+}{C'NH_4^+}=\frac{x^2}{0.10-x}$$

由于$K_h^{\ominus}$很小，可作近似计算$0.10 - x \approx 0.10$

$$x=\sqrt{K_h^{\ominus}\times0.10}$$
$$=7.5\times10^{-6}$$
$$c'_{H^+}=7.5\times10^{-6}\ \text{mol/L}$$
$$pH=-\lg c'_{H^+}=-\lg(7.5\times10^{-6})=5.12$$

求强碱弱酸盐水解的pH与上面例题类似。

这两种类型的计算，可按下列近似公式进行求算：

一元弱酸强碱盐 $c'_{OH^-}=\sqrt{K_h^{\ominus}\cdot c'_{盐}}=\sqrt{\left(\frac{K_w^{\ominus}}{K_a^{\ominus}}\right)c'_{盐}}$

一元弱碱强酸盐 $c'_{H^+}=\sqrt{K_h^{\ominus}\cdot c'_{盐}}=\sqrt{\left(\frac{K_w^{\ominus}}{K_b^{\ominus}}\right)c'_{盐}}$

弱酸弱碱盐水解pH的求算比较复杂，在此不做讨论，感兴趣的同学可自行推导其计算公式。

3. 影响盐类水解的因素

通过前面的学习，我们知道，盐类水解是中和反应的逆反应。它的实质是盐的弱酸根离子和氢离子结合生成了难离解的弱酸，或盐的阳离子和氢氧根离子结合生成了难离解的弱碱，因而使溶液显示酸性或碱性。

$$酸+碱\underset{盐水解}{\overset{中和反应}{\rightleftharpoons}}盐+水+Q$$

影响盐类水解平衡的因素首先决定于内因，这就是盐本身的性质。其次，外因对盐类水解也有重要的影响，这些包括盐的浓度、温度和溶液的酸碱度等。

（1）盐的本性 组成盐的酸或碱越弱该盐越易水解。若生成产物为沉淀，则其溶解度越小，水解程度也越大。

（2）盐溶液的浓度 从水解度的通式 $h=\sqrt{K_w^{\ominus}/(K^{\ominus}\cdot c'_{盐})}$ 可以看出，对于同一种盐，温度一定时水的离子积 $K_w^{\ominus}$ 和离解常数 $K^{\ominus}$ 均是常数，所以盐的浓度越小，水解度也越大。换句话说，将溶液进行稀释，会促进盐的水解。

（3）温度 盐的水解是酸碱中和反应的逆反应，酸碱中和是放热反应，而盐的水解则是吸热反应。根据平衡移动原理，升高温度平衡向吸热方向，即向水解度增大的方向移动，所以升高温度会促进盐的水解。

（4）酸碱度 盐类水解既然会使溶液的酸碱性改变，那么根据平衡移动的原理，调节溶液的酸碱度能促进或抑制盐的水解。

思考题

1. 已知醋酸铵和氯化钠的水溶液均显中性，它们显中性的原因相同吗？是什么原因呢？
2. 电离度与浓度的关系跟水解度与浓度的关系式有何相似之处？
3. 为什么热的碳酸钠水溶液的去污能力更强？
4. 举例说明影响盐类水解的因素。

（五）缓冲溶液

弱电解质的离解平衡同其他化学平衡一样，都是暂时的，有条件的。如果改变了平衡条件，原有的平衡就被破坏而发生移动，直到在新的条件下建立新的平衡为止。在弱酸或弱碱的电解质溶液中，加入与弱电解质具有相同离子的强电解质使电离平衡向左移动，降低弱电解质的电离度，这种影响称同离子效应。

例如，在一定温度时，弱酸 HAc 在溶液中存在以下离解平衡：

$$HAc = H^+ + Ac^-$$

若在此平衡溶液中加入少量 NaAc：$NaAc = Na^+ + Ac^-$ 由于 NaAc 是强电解质，在溶液中完全离解，于是溶液中 Ac^- 浓度增加，使 HAc 的离解平衡向左移动，结果 H^+ 减小，HAc 的离解度降低。同理，在弱碱氨水溶液中加入少量固体氯化铵，即增加 NH_4^+ 的浓度，离解平衡向生成氨水分子的方向移动，从而使氨水的离解度也降低。

$$NH_3 + H_2O \rightleftharpoons OH^- + NH_4^+$$

$$NH_4Cl \longrightarrow Cl^- + NH_4^+$$

同离子效应可以用于解释很多的化学问题，比如缓冲溶液的缓冲作用。

1. 缓冲作用和缓冲溶液

在纯水中加入少量酸或碱，水的性质将随之而变成酸性或碱性。但在某些混合溶液中加入少量酸或碱出现的结果却是不同的（表 1－12）。

表 1-12　　纯水和溶液中加入酸碱后 pH 的改变

溶液	加入 1.0mL 1.0 mol/L 的 HCl 溶液	加入 1.0mL 1.0mol/L 的 NaOH 溶液
1.0L 纯水	pH 从 7.0 变为 3.0，改变 4 个单位	pH 从 7.0 变为 11，改变 4 个单位
1.0L 溶液中含有 0.10mol HAc 和 0.10molNaAc	pH 从 4.76 变为 4.75，改变 0.01 个单位	pH 从 4.76 变为 4.77，改变 0.01 个单位
1.0L 溶液中含有 0.10mol $NH_3 \cdot H_2O$ 和 0.10mol NH_4Cl	pH 从 9.26 变为 9.25，改变 0.01 个单位	pH 从 9.26 变为 9.27，改变 0.01 个单位

结果表明，与在纯水中加入少量的酸或碱不同的是，在 HAc 和 NaAc 或者 $NH_3 \cdot H_2O$ 和 NH_4Cl 组成的混合液中加入少量的纯水、酸或碱时，其溶液的 pH 几乎不变，这说明 HAc 和 NaAc 或者 $NH_3 \cdot H_2O$ 和 NH_4Cl 组成的混合液具有抵抗外加少量酸和碱的能力。

像这样能抵抗少量强酸、强碱和水的稀释而保持体系的 pH 基本不变的溶液称为缓冲溶液。

2. 缓冲溶液的组成

溶液要具有缓冲作用，其组成中必须具有抗酸成分和抗碱成分，且两种成分之间必须存在化学平衡，通常把这两种成分称为缓冲对或缓冲系。实验得知：凡是弱酸及其弱酸盐、弱碱及其弱碱盐，以及多元酸的酸式盐和其对应的次级盐，都可作为缓冲对。根据缓冲对组成的不同，一般有以下几类。

(1)弱酸及其弱酸盐：如碳酸与碳酸氢钠、醋酸与醋酸钠；

(2)弱碱及其弱碱盐：如氨水与氯化铵；

(3)多元酸的酸式盐及其对应的次级盐：如碳酸氢钠与碳酸钠、磷酸二氢钠与磷酸氢二钠。

3. 缓冲作用的原理

为什么缓冲溶液具有缓冲作用，可以抵抗外来的少量酸和碱及少量水的稀释呢？这是因为溶液中含有抗酸成分和抗碱成分，能保持溶液的 pH 几乎不变。现在以 HAc－NaAc 缓冲对为例来说明缓冲作用的原理。在 HAc－NaAc 的混合溶液中存在着以下离解过程：

$$HAc \rightleftharpoons H^+ + Ac^-$$

$$NaAc \longrightarrow Na^+ + Ac^-$$

由于 NaAc 是强电解质，在溶液中全部离解，所以溶液中存在着大量的 Ac^- 离子。HAc 是弱酸只有少部分离解，由于同离子效应，大量的 Ac^- 离子会抑制 HAc 的离解，使 HAc 的离解度变小，其结果是溶液中存在着大量的 Ac^- 离子和 HAc 分子。这种在溶液中同时存在大量弱酸分子及该弱酸根离子（或者大量的弱碱分子及该弱碱的阳离子），是弱酸及其弱酸盐（或弱碱及其弱碱盐）组成的缓冲溶液的特点。

当向此溶液中加入少量酸时，Ac^- 与 H^+ 结合生成难离解的 HAc 分子，消耗掉外来的 H^+，使溶液中的 H^+ 浓度几乎没有增大，故溶液的 pH 几乎不变。在这里 Ac^-（即 NaAc）成为缓冲溶液的抗酸成分。

当向此溶液中加入少量碱时，由于溶液中的 H^+ 与 OH^- 结合生成难离解的 H_2O，使 HAc 的电离平衡向右移动，继续解离出的 H^+ 仍可与 OH^- 结合，消耗掉外来的 OH^-，使溶液中的 OH^- 浓度没有明显升高，溶液的 pH 几乎不变。因而 HAc 分子是缓冲溶液的抗碱成分。

当用水稀释混合溶液时，其他离子浓度也相对降低，减少了离子间相互碰撞而结合成分子的机会，促使 HAc 的电离平衡向右移动，于是大量的 HAc 分子不断离解出 H^+ 给以补充，使溶液中 H^+ 浓度没有明显变化。因此 HAc 不但是缓冲溶液的抗碱成分，也是抗稀释成分。

由此可见，缓冲溶液同时具有抵抗外来少量酸或碱的作用，其抗酸、抗碱作用是由缓冲对的不同部分来担负的。

其他两种类型缓冲溶液的作用原理，也与上述作用原理基本相同。但必须指出：缓冲溶液的缓冲作用或者能力是有一定限度的。只有外加酸、碱的量比较小时，溶液才有缓冲作用。否则，当外加酸、碱的量过多时，溶液中的抗酸成分或抗碱成分被消耗尽时，缓冲溶液受到破坏并失去缓冲能力，溶液的 pH 必然变化很大。

弱碱和弱碱的盐、多元弱酸及其次级盐组成的缓冲对，其缓冲作用与上述情况是类似的。

4. 缓冲溶液 pH 的计算

缓冲溶液 pH 的计算公式推导如下。设缓冲溶液由一元弱酸 HA 和相应的盐 MA 组成，一元弱酸的浓度为 $c_{酸}$，盐的浓度为 $c_{盐}$，由 HA 离解的 $c_{H^+}=x$ mol/L，在溶液中存在着下列离解平衡：

$$\begin{array}{lccc} & MA = & M^+ & + A^- \\ c_0/(mol/L) & & c'_{盐} & c'_{盐} \\ & HA \rightleftharpoons & H^+ & + A^- \\ \text{平衡时 } c/(mol/L) & c'_{酸}-x & x & c'_{盐}+x \end{array}$$

$$K_a^{\ominus}=\frac{c'_{H^+}c'_{A^-}}{c'_{HA}}=\frac{x[(c'_{盐}+x)]}{c'_{酸}-x}$$

$$x=K_a^{\ominus}\frac{c'_{酸}-x}{c'_{盐}+x}$$

由于 $K_a^{\ominus}$ 值很小，且存在同离子效应，此时 x 也很小，因而 $c'_{酸}-x\approx c'_{酸}$，$c'_{盐}+x\approx c'_{盐}$，代入上式得：

$$c'_{H^+}=x=K_a^{\ominus}c'_{酸}/c'_{盐}=K_a^{\ominus}c_{酸}/c_{盐}$$

$$pH = -\lg c'_{H^+} = -\lg Ka^{\ominus} - \lg[c_{酸}/c_{盐}]$$
$$= pK_a^{\ominus} - \lg[c_{酸}/c_{盐}]$$

这就是计算一元弱酸及其盐组成的缓冲溶液 H^+ 及 pH 的通式。式中 $c_{酸}$ 为弱酸的原始浓度；$c_{盐}$ 为盐的浓度。

同理，也可以推导出一元弱碱及其盐组成的缓冲溶液 pH 的通式：

$$c'_{OH^-} = K_b^{\ominus} c'_{碱}/c_{盐} = K_b^{\ominus} c_{碱}/c_{盐}$$
$$pOH = -\lg c'_{OH^-} = -\lg K_b^{\ominus} - \lg[c_{碱}/c_{盐}]$$
$$= pK_b^{\ominus} - \lg[c_{碱}/c_{盐}]$$
$$pH = 14 - pK_b^{\ominus} + \lg[c_{碱}/c_{盐}]$$

式中 $c_{碱}$——碱的原始浓度；

$c_{盐}$——盐的浓度。

由公式可以得出以下结论。

(1)缓冲溶液的 pH 主要取决于弱酸或弱碱的离解常数 $K_a^{\ominus}$ 或 $K_b^{\ominus}$，其次和组分浓度比值有关。在配制缓冲溶液时，为了使缓冲溶液具有较大的缓冲能力，必须依据对缓冲溶液 pH 的要求来选择合适的缓冲对，使 $pK_a^{\ominus}$(或 $pK_b^{\ominus}$)值尽量接近欲配制缓冲溶液的 pH(或 pOH)。

(2)缓冲溶液的缓冲能力主要与弱酸(或弱碱)及其盐的浓度有关。弱酸(或弱碱)及其盐的浓度越大，外加酸、碱后，$c_{酸}/c_{盐}$(或 $c_{碱}/c_{盐}$)改变越小，pH 变化越小。此外，缓冲能力还与 $c_{酸}/c_{盐}$(或 $c_{碱}/c_{盐}$)的比值有关。一般而言：$c_{酸}/c_{盐}$(或 $c_{碱}/c_{盐}$)=1 时，缓冲溶液的缓冲能力最大。$c_{酸}/c_{盐}$(或 $c_{碱}/c_{盐}$)的比值在 0.1～10 时，有较好的缓冲作用。比值过大或过小，缓冲能力都大大降低。

对于任何一个缓冲体系都有一个有效的缓冲范围：

弱酸及弱酸盐体系　$pH = pK_a^{\ominus} \pm 1$

弱碱及弱碱盐体系　$pOH = pK_b^{\ominus} \pm 1$

当缓冲溶液 $c_{酸}/c_{盐}$(或 $c_{碱}/c_{盐}$)为 1 时，$pH = pK_a^{\ominus}$，$pOH = pK_b^{\ominus}$，故在选择缓冲溶液时，应注意其缓冲范围。一旦溶液中抗酸(或抗碱)成分消耗完了，它就失去缓冲作用。

(3)缓冲溶液稀释时，由于两组分浓度以相同倍数缩小，$c_{酸}/c_{盐}$(或 $c_{碱}/c_{盐}$)比值不变，故溶液的 pH 也不变，这就是缓冲溶液能抗稀释的原因。

思考题

1. 往缓冲溶液中加入少量酸或者碱其 pH 基本保持不变，若加入大量的酸或者碱，其 pH 也会保持不变吗？

2. 举例说明缓冲溶液的缓冲作用原理。

自我测试

一、选择题

1. 有下列水溶液：①0.100mol/kg 的 $C_6H_{12}O_6$、②0.100 mol/kg 的 NaCl、③0.100mol/kg Na_2SO_4。在相同温度下，蒸气压由大到小的顺序是(　　)。

A. ②>①>③　　B. ①>②>③

C. ②>③>①　　D. ③>②>①

E. ①>③>②

2. 与难挥发性非电解质稀溶液的蒸气压降低、沸点升高、凝固点降低有关的因素为(　　)。

A. 溶液的体积　　B. 溶液的温度

C. 溶质的本性　　D. 单位体积溶液中溶质质点数

E. 以上都不对

3. 下列物质中含有自由移动的 Cl^- 的是(　　)。

A. $KClO_3$溶液　　B. 液态 HCl

C. KCl 溶液　　D. NaCl 晶体

4. 下面的说法正确的是(　　)。

A. 硫酸钡不溶于水，所以硫酸钡是非电解质

B. 二氧化碳溶于水可以导电，所以二氧化碳是电解质

C. 固态磷酸是电解质，所以磷酸在熔融时或溶于水时都能导电

D. 液态氯化氢不能导电，但氯化氢是电解质

5. 下列叙述正确的是(　　)。

A. 在水溶液中能自身电离出自由移动的离子的化合物是电解质

B. 凡是在水溶液里和熔化状态下都不能导电的物质叫非电解质

C. 能导电的物质一定是电解质

D. 某物质若不是电解质，就一定是非电解质

6. 物质的量相同的下列溶液中，含粒子种类最多的是(　　)。

A. $CaCl_2$　　B. CH_3COONa

C. NH_3　　D. K_2S

7. 物质的量浓度相同的下列溶液中，NH_4^+ 浓度最大的是(　　)。

A. NH_4Cl　　B. NH_4HSO_4

C. CH_3COONH_4　　D. NH_4HCO_3

8. 下列离子反应方程式中，不属于水解反应的是(　　)。

A. $NH_4^+ + H_2O = NH_3 \cdot H_2O + H^+$

B. $NH_3 \cdot H_2O = NH_4^+ + OH^-$

C. $HCO_3^- + H_2O = H_3O^+ + CO_3^{2-}$

D. $HS^- + H_2O = H_2S + OH^-$

9. 在外加电场的作用下，$Fe(OH)_3$胶体粒子移向阴极的原因是(　　)。

A. Fe^{3+}带正电荷

B. $Fe(OH)_3$带负电吸引阳离子

C. $Fe(OH)_3$胶体粒子吸附阳离子而带正电荷

D. $Fe(OH)_3$胶体吸附阴离子带负电荷

10. 在水泥和冶金工厂常用高压电对气溶胶作用,除去大量烟尘,以减少对空气的污染。这种做法应用的主要原理是(　　)。

A. 电泳　　B. 渗析

C. 凝聚　　D. 丁达尔现象

二、填空题

1. 根据在水溶液中或熔融状态下能否导电,化合物可分为______和______。

2. 酸、碱、盐在水溶液中能导电的原因是酸、碱、盐在水分子的作用下______产生了自由移动的______。

3. 稀溶液的依数性包括______、______、______和______。

4. 产生渗透现象的必备条件是______和______;水的渗透方向为______或______。

5. 常见的缓冲对有______、______、______。

6. 在常温下,水的离子积常数是______,温度升高水的离子积常数______。在酸性溶液中 c_{H^+}______c_{OH^-};在碱性溶液中 c_{H^+}______c_{OH^-};在中性溶液中 c_{H^+}______c_{OH^-}。

三、简答题

1. 将氢氧化钠溶液和氨水分别稀释1倍,则两溶液中的 c_{OH^-} 都减小到原来的1/2。这种说法对吗?为什么?

2. 何谓拉乌尔(Raoult)定律?在水中加入少量葡萄糖后,凝固点将如何变化?为什么?

3. 实验室配制 $SnCl_2$ 溶液正确的操作应该是怎样的?为什么这样做?

4. 缓冲溶液为什么能对抗少量的外来酸碱或者稀释而本身的pH几乎不变呢?

四、判断题

1. 由于乙醇比水易挥发,故在相同温度下乙醇的蒸气压大于水的蒸气压。(　　)

2. 将相同质量的葡萄糖和尿素分别溶解在100g水中,则形成的两份溶液在温度相同时的 Δp、ΔT_b、ΔT_f、π 均相同。(　　)

3. 某物质的液相自发转变为固相,说明在此温度下液相的蒸气压大于固相的蒸气压。(　　)

4. 若两种溶液的渗透压力相等,其物质的量浓度也相等。(　　)

5. 在任何温度下,水的离子积常数均为 10^{-14}。(　　)

6. 中和等体积等浓度的盐酸和醋酸所需0.1mol/L氢氧化钠的体积相同。(　　)

7. 一块冰放入0℃的水中,另一块冰放入0℃的盐水中,两种情况下发生的现象一样。(　　)

8. 颗粒直径在 $10^{-9}\sim10^{-7}$ 的液体都会发生丁达尔现象。(　　)

9. 往1L醋酸-醋酸钠缓冲溶液中加入1mL稀盐酸溶液的pH基本不变。(　　)

10. 醋酸铵不水解,所以其溶液显中性。(　　)

五、计算题

1. 10.0g某高分子化合物溶于1L水中所配制成的溶液在27℃时的渗透压力为0.432kPa,计算此高分子化合物的相对分子质量。

2. 等体积混合pH=5.0的HCl溶液和pH=11.0的NaOH溶液,计算混合液的pH。

项目二
酸碱滴定技术

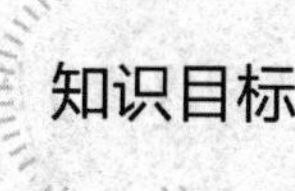
知识目标

1. 掌握滴定分析的基本概念。
2. 理解滴定分析对化学反应的要求。
3. 理解作为基准物质的条件,能判断基准物质与非基准物质。
4. 了解酸碱指示剂的变色原理,了解酸碱滴定曲线;学会根据滴定突越选择合适的指示剂。

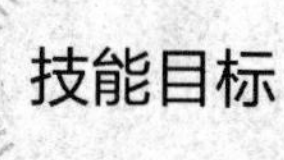
技能目标

1. 能正确熟练地进行滴定仪器使用前的准备工作。
2. 能熟练进行酸碱滴定操作,会进行一滴溶液和半滴溶液的操作;能准确判断滴定终点。
3. 准确进行实验数据的记录和数据的处理。
4. 能规范写出实验报告。

一、认识分析化学

分析化学是获取物质的化学信息,研究物质的组成、状态和结构的科学。它是化学领域的一个重要分支。

按照分析任务可以分为定性分析、定量分析及结构分析。定性分析的任务是鉴定物质的组成(元素、离子、原子团、官能团等);定量分析的任务是确定物质的含量。一般来说,要在定性分析的基础上进行定量分析。

按照分析的对象可以分为无机分析和有机分析。

按照测定原理可以分为化学分析和仪器分析。

按被测组分含量分类可分为:常量组分分析($>1\%$)、微量组分分析($0.01\% \sim 1\%$)、痕量组分分析($<0.01\%$)。

按取样量分为常量分析、半微量分析、微量分析和超微量分析(表1-13)。

表1-13 按分析的取样量分类

分类	试样量	试液体积
常量分析	>0.1g	>10mL
半微量	0.01~0.1g	1~10mL
微量	0.1~10mg	0.01~1mL
超微量分析	<0.1mg	<0.01mL

按分析的性质分类:例行分析(常规分析)、仲裁分析。

分析化学作为一种检测手段,在科学领域中起着十分重要的作用,它的发展与生命科学、环境科学、信息科学、材料科学以及资源和能源科学的发展息息相关。在食品生物科学领域,分析化学更是起着无可替代的作用,无论是产品成分的分析检验,还是产品质量的检测都离不开分析化学。

(一)定量分析的分类

定量分析依据测定原理和操作方法的不同,可分为化学分析法和仪器分析法两类。

1. 化学分析法

化学分析法是以物质的化学反应为基础的分析方法,包括称量分析法和滴定分析法。

(1)称量分析法　称量分析法是通过称量来确定物质含量的分析方法。它包括分离和称量两大步骤。根据分离方法的不同称量分析又可分为:挥发法、萃取法和沉淀法。即根据某一化学计量反应 :X (待测组分) + R(试剂) = P(反应产物),从 P(一般是沉淀)的质量来计算 X 在试样中的含量。

称量分析法适用于含量在 1% 以上的常量组分的测定,准确度可达 0.1% ~ 0.2% 。但操作较麻烦,耗时长。

(2)滴定分析法(容量分析法)　将已知准确浓度的 R 溶液滴加到 X 的溶液中,直到其恰好按化学计量反应完全为止,根据 R 的浓度和消耗的体积计算待测组分的含量的方法(即根据某一化学计量反应:X + R = P)。

滴定分析法通常用于常量组分(≥1%)的测定(有时也用于测定微量组分)。它具有简便、快速,准确度比较高(相对误差 0.2% 以下)的优点,因此应用比较广泛。

滴定分析法根据反应类型的不同,分为酸碱滴定法、配位滴定法、氧化还原滴定法和沉淀滴定法。

根据试样的用量及操作方法不同,可分为常量、半微量和微量分析。在无机定性化学分析中,一般采用半微量操作法,而在经典定量化学分析中,一般采用常量操作法。

2. 仪器分析法

以物质的物理性质或物理化学性质为基础的分析方法。因需要专用的仪器,故称为仪器分析方法。常用的仪器分析法有光学分析法、电化学分析法、色谱法、质谱法、放射分析法。此外,还有热分析法、电子能谱分析法等。

仪器分析具有快速、灵敏的特点,适用于微量(0.01% ~1%)和痕量(<0.01%)组分的测定。

在实际工作中,往往需要根据被测物质的性质、含量、试样的组成和对分析结果准确度的要求,选择最适当的方法进行测定。同时,一个复杂物质的分析常要用几种方法配合进行，有时，同一元素要用几种不同的方法测定，进行比较，所以化学分析法和仪器分析法是互相补充的。

（二）定量分析的程序

要完成一项定量分析工作，通常包括以下几个步骤。

1. 取样

要求所取的样品均匀和有代表性。在实际工作中，要分析的对象往往是很大量、很不均匀的，而分析时所取的试样量一般不到1g，所以最重要的一点是要保证所取的试样具有代表性，否则分析工作毫无意义。

2. 试样的分解

定量化学分析采用湿法分析，即把试样分解后转入溶液中，然后进行测定。试样的分解应根据试样性质的不同，采用不同的分解方法。常用的分解试样的方法有以下两类：①用水、酸、碱等溶剂溶解；②采用高温熔融法。

试样的分解应注意以下几点：试样分解完全；分解过程中待测组分不应损失；不能从外部引入待测组分和干扰物质；分解试样最好与分离干扰元素相结合。

3. 去除杂质排除干扰

在实际测定中所遇到的样品往往存在许多干扰组分，应设法消除。掩蔽是一种较简便的办法（配位掩蔽、氧化还原掩蔽、沉淀掩蔽等）。若没有合适的掩蔽方法则需要进行分离。

4. 试样测定

根据被测组分的性质、含量和对分析结果准确度的要求，选择合适的测定方法进行样品测定。测定是定量分析的中心环节，也是本课程的主要学习内容。

5. 计算分析结果，书写实验报告

根据试样质量、测量所得数据和分析过程中有关反应的计量关系，计算试样中被测组分的含量，有时还要应用统计方法对分析结果的可信程度进行评价。

在数据的记录和处理过程中，一定要树立严肃认真、实事求是的科学态度。

思考题

1. 滴定分析法根据反应类型的不同分为哪几类？
2. 对给定的样品进行分析一般要按照哪些步骤进行？

二、滴定分析法的基本概念

（一）滴定分析法

1. 基本概念

滴定分析法又称容量分析法，是化学分析中一种重要的分析方法，它是将一种已知准确浓度的试剂溶液(标准溶液)滴加到待测物质溶液(试液)中,直到化学反应定量完成为止,然后根据所加试剂溶液的浓度和体积计算待测组分含量的一种方法,如图1-11所示。已知准确浓度的溶液称为标准溶液,又称滴定剂。将标准溶液通过滴定管逐滴加到待测溶液中的操作过程叫滴定。当滴入的标准溶液与被测定的物质定量反应时,也就是两者的物质的量正好符合化学式所表示的化学计量点时,称为理论终点或叫化学计量点。而许多滴定反应到达化学计量点时无外观变化,为了较准确地确定理论终点,需要加入指示剂,即用来确定理论终点的试剂。指示剂正好发生颜色变化的转变点叫做滴定终点。由于化学计量点与滴定终点不一定完全相符造成的分析误差叫终点误差,也称滴定误差。终点误差是滴定分析误差的主要来源之一。它的大小取决于指示剂的选择、指示剂的性能及用量等。

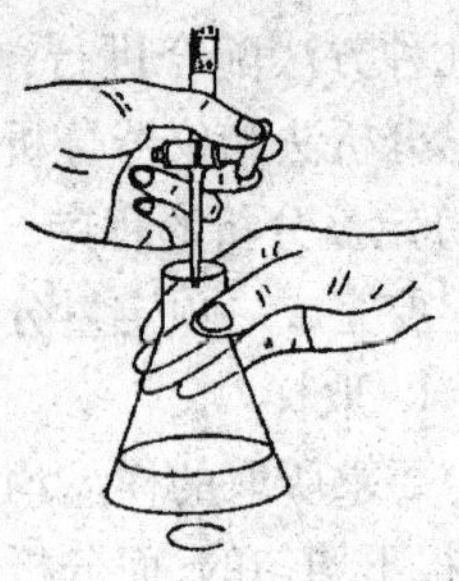

图1-11 滴定操作示意图

滴定分析法通常用于常量组分(一般含量大于1%)的测定,不适合微量和痕量组分的测定。它的特点是:操作简便,仪器简单,速度快,准确度高。一般情况下,滴定的相对误差为0.1%~0.2%。

2. 滴定分析法的计算

[例1-11] 称取基准物质硼砂 $Na_2B_4O_7 \cdot 10H_2O$ 0.4305g,用HCl溶液滴定至终点,消耗HCl溶液23.40 mL。求HCl溶液的物质的量浓度。

解:$Na_2B_4O_7 \cdot 10H_2O + 2HCl = 4H_3BO_3 + 2NaCl + 5H_2O$

$$n_{HCl} = 2n_{Na_2B_4O_7 \cdot 10H_2O}$$

因为 $n_{HCl} = c_{HCl} \cdot V_{HCl} \quad n_{Na_2B_4O_7 \cdot 10H_2O} = \dfrac{m_{Na_2B_4O_7 \cdot 10H_2O}}{M_{Na_2B_4O_7 \cdot 10H_2O}}$

故 $c_{HCl} = \dfrac{2m_{Na_2B_4O_7 \cdot 10H_2O}}{M_{Na_2B_4O_7 \cdot 10H_2O} \cdot V_{HCl}} \times 1000 = 2 \times \dfrac{0.4305 \times 1000}{381.43 \times 23.40} = 0.009647(\text{mol/L})$

[例1-12] 今有一不纯的纯碱样品,欲测定其纯度。称取试样0.2618g,溶解于25mL蒸馏水,甲基橙作指示剂,用0.1056 mol/L的HCl标准溶液滴定,消耗24.50mL HCl溶液,求纯碱的纯度。

解:$2HCl + Na_2CO_3 \xlongequal{} 2NaCl + H_2CO_3$

$$n_{Na_2CO_3} = \frac{1}{2}n_{HCl}$$

$$w_{Na_2CO_3} = \frac{\frac{1}{2}c_{HCl}V_{HCl}M_{Na_2CO_3}}{m_s} \times 100\% = \frac{\frac{1}{2} \times 0.1056 \times 24.50 \times 10^{-3} \times 105.99}{0.2618} \times 100\%$$

$$= 52.37\%$$

(二)滴定分析的条件和滴定方式

1. 滴定分析的反应条件

滴定分析法是以化学反应为基础的,但并非所有的化学反应都可以用于滴定分析。作为滴定分析的反应,必须具备下列条件。

①反应必须定量完成。被测物质与标准溶液之间的反应要按一定的化学方程式进行,而且反应必须接近完全,通常要达到99.9%以上。这是滴定分析进行定量计算的基础。

②反应速度快。速度较慢的反应,可加热或加催化剂使之加速进行。

③要有简便可靠的方法确定滴定终点,如有合适的指示剂可以选择等。

④反应必须无干扰杂质存在,否则应进行掩蔽或除去。

2. 滴定分析法的主要方式

滴定分析法的方式主要有直接滴定法、返滴定法、置换滴定法和间接滴定法四种。

(1)直接滴定法　所谓直接滴定法,是用标准溶液直接滴定被测物质的一种方法。凡是待测物质与标准溶液之间的反应能满足滴定分析对化学反应的要求的,都可以采用直接滴定法。直接滴定法是滴定分析法中最常用、最基本的滴定方法。例如,用 HCl 滴定 NaOH,用 $K_2Cr_2O_7$滴定 Fe^{2+}等。

但实际测定中,往往有些化学反应不能同时满足滴定分析的三点要求,这时可选用下列几种方法之一进行滴定。

(2)返滴定法　当遇到下列几种情况时,不能用直接滴定法。

第一,当试液中被测物质与滴定剂的反应较慢,如 Al^{3+} 与 EDTA 的反应,被测物质有水解作用时。

第二,用滴定剂直接滴定固体试样时,反应不能立即完成。如 HCl 滴定固体 $CaCO_3$。

第三,某些反应没有合适的指示剂或被测物质对指示剂有封闭作用时。如在酸性溶液中用 $AgNO_3$滴定 Cl^-缺乏合适的指示剂。

对上述这些问题,通常都采用返滴定法。

返滴定法需要用到两种标准溶液,先准确地加入一定量过量的标准溶液,使其与试液中的被测物质或固体试样进行反应,待反应完成后,再用另一种标准溶液滴定剩余的标准溶液。

例如,对于上述 Al^{3+} 的滴定,先加入已知过量的 EDTA 标准溶液,待 Al^{3+} 与 EDTA 反应完成后,剩余的 EDTA 则利用标准 Zn^{2+}、Pb^{2+}或 Cu^{2+}溶液返滴定;对于固体 $CaCO_3$的滴定,先加入已知过量的 HCl 标准溶液,待反应完成后,可用标准 NaOH 溶液返滴定剩余的 HCl;对于酸性溶液中 Cl^- 的滴定,可先加入已知过量的 $AgNO_3$ 标准溶液使 Cl^-沉淀完全后,再以三价铁盐作指示剂,用 NH_4SCN 标准溶液返滴定过量的 Ag^+,出现淡红色$[Fe(SCN)]^{2+}$即为终点。

(3)置换滴定法　对于某些不能直接滴定的物质,也可以使它先与另一种物质起反应,置换出一定量能被滴定的物质来,然后再用适当的滴定剂进行滴定。这种滴定方法称为置换滴定法。例如,硫代硫酸钠不能用来直接滴定重铬酸钾和其他强氧化剂,这是因为在酸性溶液中氧化剂可将 $S_2O_3^{2-}$ 氧化为 $S_4O_6^{2-}$ 或 SO_4^{2-} 等混合物,没有一定的计量关系。但是,硫代硫酸钠却是一种很好的滴定碘的滴定剂。这样一来,如果在酸性重铬酸钾溶液中加入过量的碘化钾,用重铬酸钾置换出一定量的碘,然后用硫代硫酸钠标准溶液直接滴定碘,计量关系便非常好。实际工作中,就是用这种方法以重铬酸钾标定硫代硫酸钠标准溶液浓度的。

(4)间接滴定法　有些物质虽然不能与滴定剂直接进行化学反应,但可以通过别的化学反应间接测定。

例如,高锰酸钾法测定钙就属于间接滴定法。由于 Ca^{2+} 在溶液中没有可变价态,所以不能直接用氧化还原法滴定。但若先将 Ca^{2+} 沉淀为 CaC_2O_4,过滤洗涤后用 H_2SO_4 溶解,再用 $KMnO_4$ 标准溶液滴定与 Ca^{2+} 结合的 $C_2O_4^{2-}$,便可间接测定钙的含量。

显然,由于返滴定法、置换滴定法、间接滴定法的应用,大大扩展了滴定分析的应用范围。

思考题

1. 你对滴定是怎么理解的?
2. 滴定分析的反应必须具备哪些条件?
3. 滴定分析法的主要方式。
4. 返滴定法跟另外三种滴定相比有什么特点?

三、滴定分析的仪器

(一)容量瓶

一般的容量瓶都是"量入"式的,瓶上标有"E"字样,是用来配制一定体积溶液用的。在标明的温度下,当液体充满到标线时,瓶内液体的体积恰好与瓶上标出的体积相同。另一种"量出"式的容量瓶,上面标有"A"字样,当液体充满到标线后,按一定方法倒出溶液,其体积与瓶上标出的体积相同。用后一种容量瓶取溶液比量筒准确,但仍不适用于精确的分析工作。

(1)容量瓶使用前应先检查

①瓶塞是否漏水。

②标线位置距离瓶口是否太近。如果漏水或标线距离瓶口太近,则不宜使用。检查的方法是,加自来水至标线附近,盖好瓶塞后,一手用食指按住塞子,其

余手指拿住瓶颈标线以上部分，另一手用指尖托住瓶底边缘（图 1－12），倒立 2min。如不漏水，将瓶直立，将瓶塞旋转 180°后，再倒过来试一次。在使用中，不可将扁头的玻璃磨口塞放在桌面上，以免沾污和搞错。操作时，可用一手的食指及中指（或中指及无名指）夹住瓶塞的扁头（图 1－13），当操作结束时，随手将瓶盖盖上。也可用橡皮圈或细绳将瓶塞系在瓶颈上，细绳应稍短于瓶颈。操作时，瓶塞系在瓶颈上，尽量不要碰到瓶颈，操作结束后立即将瓶塞盖好。在后一种做法中，特别要注意避免瓶颈外壁对瓶塞的沾污。如果是平顶的塑料盖子，则可将盖子倒放在桌面上。

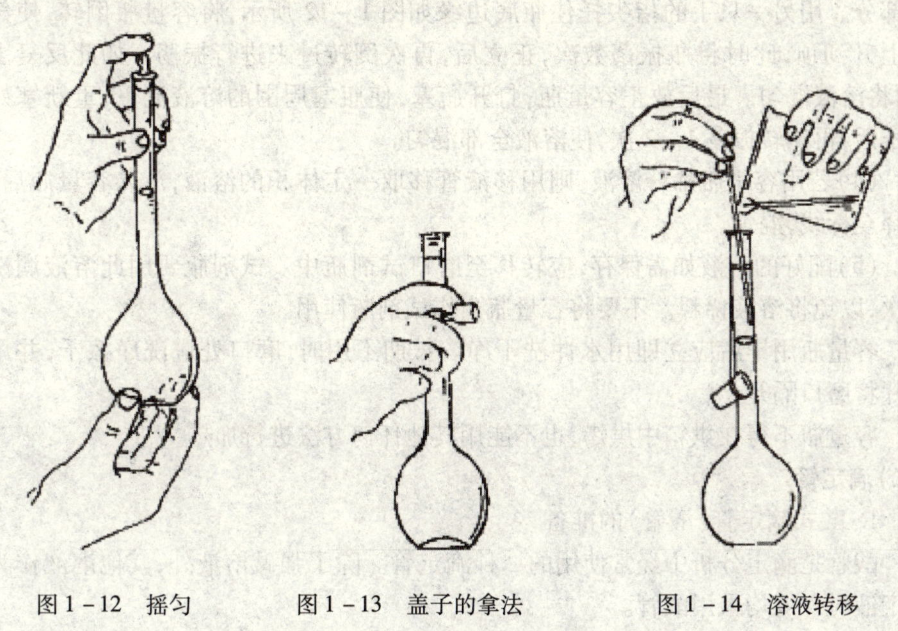

图 1－12　摇匀　　图 1－13　盖子的拿法　　图 1－14　溶液转移

（2）洗涤容量瓶时，先用自来水洗几次，倒出水后，内壁如不挂水珠，即可用蒸馏水洗好备用。否则就必须用洗液洗涤。先尽量倒去瓶内残留的水，再倒入适量洗液（250mL 容量瓶，倒入 10～20mL 洗液已足够），倾斜转动容量瓶，使洗液布满内壁，同时将洗液慢慢倒回原瓶。然后用自来水充分洗涤容量瓶及瓶塞，每次洗涤应充分振荡，并尽量使残留的水流尽。最后用蒸馏水洗三次。应根据容量瓶的大小决定蒸馏水用量，如 250mL 容量瓶，第一次约用 30mL 蒸馏水，第二、第三次约用 20mL 蒸馏水。

（3）用容量瓶配制溶液时，最常用的方法是将待溶固体称出置于小烧杯中，加水或其他溶剂将固体溶解，然后将溶液定量转移入容量瓶中。定量转移时，烧杯口应紧靠伸入容量瓶的搅拌棒（其上部不要碰瓶口，下端靠着瓶颈内壁），使溶液沿玻璃棒和内壁流入（图 1－14）。溶液全部转移后，将玻璃棒和烧杯稍微向上提起，同时使烧杯直立，再将玻璃棒放回烧杯。注意勿使溶液流至烧杯外壁而受损失。用洗瓶吹洗玻璃棒和烧杯内壁，如前将洗涤液转移至容量瓶中，如此重复多次，完成定量转移。当加水至容量瓶的1/2左右时，用右手食指和中指夹住瓶塞的扁头，将容量瓶拿起，按水平方向旋转几周，使溶液大体混匀。继续加水至距离标线约1cm处，等1～2min，使附在瓶颈内壁的溶液流下后，再用细而长的滴管加水（注意勿使滴管接触溶液）至弯月面下缘与标线相切（也可用洗瓶加水至标线）。无论溶液有无颜色，一律按照这个标准。即使溶液颜色比较深，但最后所加的水位于溶液最上层，而尚未与有色溶液混匀，所以弯月下缘仍然非常清楚，不会有碍观察。盖上干的瓶塞。用一只手的食指按住瓶塞上部，其余四指拿住瓶颈标线以上部分。用另一只手的指尖托住瓶底边缘如图1－12所示，将容量瓶倒转，使气泡上升到顶，此时将瓶振荡数次，正立后，再次倒转过来进行振荡。如此反复多次，将溶液混匀。最后放正容量瓶，打开瓶塞，使瓶塞周围的溶液流下，重新塞好塞子后，再倒转振荡1～2次，使溶液全部混匀。

（4）若用容量瓶稀释溶液，则用移液管移取一定体积的溶液，放入容量瓶后，稀释至标线，混匀。

（5）配好的溶液如需保存，应转移至磨口试剂瓶中。试剂瓶要用此溶液润洗三次，以免将溶液稀释。不要将容量瓶当作试剂瓶使用。

容量瓶用毕后应立即用水冲洗干净。长期不用时，磨口处应洗净擦干，并用纸片将磨口隔开。

容量瓶不得在烘箱中烘烤，也不能用其他任何方法进行加热。

（二）滴定管

1. 酸式滴定管（酸管）的准备

酸管是滴定分析中经常使用的一种滴定管。除了强碱溶液外，其他溶液作为滴定液时一般均采用酸管。

（1）使用前，首先应检查活塞与活塞套是否配合紧密，如不密合将会出现漏水现象，则不宜使用。其次，应进行充分的清洗。根据沾污的程度，可采用下列方法清洗。

①用自来水冲洗。

②用滴定管刷（特制的软毛刷）蘸合成洗涤剂刷洗，但铁丝部分不得碰到管壁（如用泡沫塑料刷代替毛刷更好）。

③用前法不能洗净时，可用铬酸洗液洗。为此，加入5～10mL洗液，边转动边将滴定管放平，并将滴定管口对着洗液瓶口，以防洗液洒出。洗净后，将一部分洗液从管口放回原瓶，最后打开活塞将剩余的洗液从出口管放回原瓶，必要时可加满洗液进行浸泡。

④可根据具体情况采用针对性洗液进行洗涤，如管内壁残存二氧化锰时，可应用草酸、亚铁盐溶液或过氧化氢加酸溶液进行洗涤。

用各种洗涤剂清洗后，都必须用自来水充分洗净，并将管外壁擦干，以便观察内壁是否挂水珠。

(2)为了使活塞转动灵活并克服漏水现象，需将活塞涂油（如凡士林油或真空活塞脂）。操作方法如下。

①取下活塞小头处的小橡皮圈，再取出活塞；

②用吸水纸将活塞和活塞套擦干，并注意勿使滴定管内壁的水再次进入活塞套（将滴定管平放在实验台面上）。

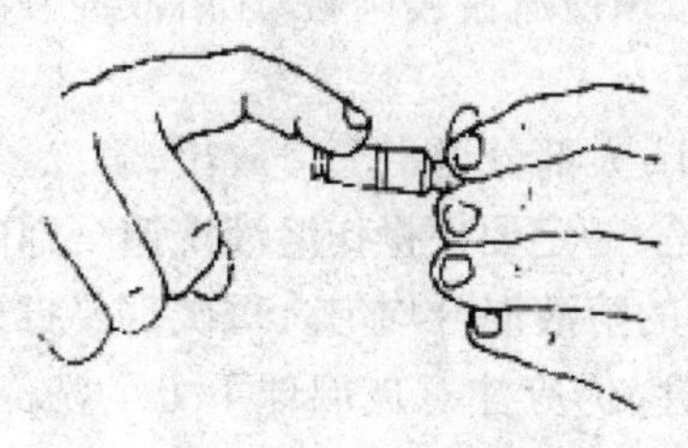

图1－15　活塞涂油

③用手指将油脂涂抹在活塞的两头或用手指把油脂涂在活塞的大头和活塞套小口的内侧（图1－15）。油脂涂得要适当。涂得太少，活塞转动不灵活，且易漏水；涂得太多，活塞孔容易被堵塞。油脂绝对不能涂在活塞孔的上下两侧，以免旋转时堵住活塞孔。

④将活塞插入活塞套中。插时，活塞孔应与滴定管平行，径直插入活塞套，不要转动活塞，这样避免将油脂挤到活塞孔中。然后向同一方向旋转活塞，直到活塞和活塞套上的油脂层全部透明为止。套上小橡皮圈。

经上述处理后，活塞应转动灵活，油脂层没有纹络。

(3)用自来水充满滴定管，将其放在滴定管架上垂直静置约2min，观察有无水滴漏下。然后将活塞旋转180°，再如前检查。如果漏水，应重新涂油。若出口管尖被油脂堵塞，可将它插入热水中温热片刻，然后打开活塞，使管内的水突然流下，将软化的油脂冲出。油脂排除后，即可关闭活塞。

管内的自来水从管口倒出，出口管内的水从活塞下端放出（注意，从管口将水倒出时，务必不要打开活塞，否则活塞上的油脂会冲入滴定管，使内壁重新被沾污）。然后用蒸馏水洗三次，第一次用10mL左右，第二及第三次各5mL左右。洗时，双手拿滴定管身两端无刻度处，边转动边倾斜滴定管，使水布满全管并轻轻振荡。然后直立，打开活塞将水放掉，同时冲洗出口管。也可将大部分水从管口倒出，再将余下的水从出口管放出。每次放掉水时应尽量不使水残留在管内。最后，将管的外壁擦干。

2. 碱式滴定管（碱管）的准备

使用前应检查乳胶管和玻璃珠是否完好。若胶管已老化，玻璃珠过大（不易操作）或过小（漏水），应予更换。碱管的洗涤方法和酸管相同。在需要用洗液洗涤时，可除去乳胶管，用塑料乳头堵住碱管下口进行洗涤。如必须用洗液浸泡，则将碱管倒夹在滴定管架上，管口插入洗液瓶中，乳胶管处连接抽气泵，用手捏玻璃珠处的乳胶管，吸取洗液，直到充满全管但不接触乳胶管，然后放开手，任其浸泡。浸泡完毕，轻轻捏乳胶管将洗液缓慢放出。

在用自来水冲洗或用蒸馏水清洗碱管时，应特别注意玻璃珠下方死角处的清洗。为此，在捏乳胶管时应不断改变方位，使玻璃珠的四周都洗到。

3. 操作溶液的装入

装入操作溶液前，应将试剂瓶中的溶液摇匀，使凝结在瓶内壁上的水珠混入溶液，这在天气比较热、室温变化较大时更为必要。混匀后将操作溶液直接倒入滴定管中，不得用其他容器（如烧杯、漏斗等）来转移。此时，左手前三指持滴定管上部无刻度处，并可稍微倾斜，右手拿住细口瓶往滴定管中倒溶液。小瓶可以手握瓶身（瓶签向手心），大瓶则仍放在桌上，手拿瓶颈使瓶慢慢倾斜，让溶液慢慢沿滴定管内壁流下。

用摇匀的操作将滴定管洗三次（第一次 10mL，大部分可由上口放出，第二、第三次各 5mL，可以从出口放出）。应特别注意的是，一定要使操作溶液洗遍全部内壁，并使溶液接触管壁 1 ~ 2min，以便与原来残留的溶液混合均匀。每次都要打开活塞冲洗出口管，并尽量放出残流液。对于碱管，仍应注意玻璃球下方的洗涤。最后，将操作溶液倒入，直到充满至零刻度以上为止。

注意检查滴定管的出口管是否充满溶液，酸管出口管及活塞透明，容易看出（有时活塞孔暗藏着的气泡，需要从出口管快速放出溶液时才能看见），碱管则需对光检查乳胶管内及出口管内是否有气泡或有未充满的地方。为使溶液充满出口管，在使用酸管时，右手拿滴定管上部无刻度处，并使滴定管倾斜约 30°，左手迅速打开活塞使溶液冲出（下面用烧杯盛接溶液，或到水池边使溶液放到水池中），这时出口管中应不再留有气泡。若气泡仍未能排出，可重复上述操作。如仍不能使溶液充满，可能是出口管未洗净，必须重洗。在使用碱管时，装满溶液后，右手拿滴定管上部无刻度处稍倾斜，左手拇指和食指拿住玻璃珠所在的位置并使乳胶管向上弯曲，出口管斜向上，然后在玻璃珠部位往一旁轻轻捏橡皮管，使溶液从出口管喷出（图 1 - 16）（下面用烧杯接溶液，同酸管排气泡），再一边捏乳胶管一边将乳胶管放直，注意当乳胶管放直后，再松开拇指和食指，否则出口管仍会有气泡。最后，将滴定管的外壁擦干。

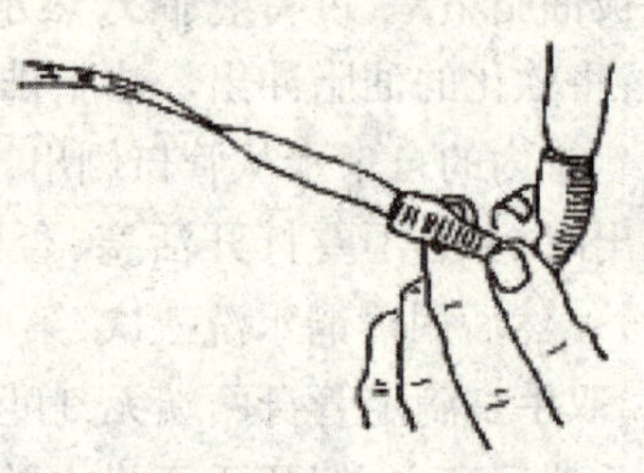

图 1 - 16 排气操作

4. 滴定管的读数

读数时应遵循下列原则。

（1）装满或放出溶液后，必须等 1 ~ 2min，使附着在内壁的溶液流下来，再进行读数。如果放出溶液的速度较慢（例如，滴定到最后阶段，每次只加半滴溶液时），等 0.5 ~ 1min 即可读数。每次读数前要检查一下管壁是否挂水珠，管尖是否有气泡。

（2）读数时，滴定管可以夹在滴定管架上，也可以用手拿滴定管上部无刻度处。不管用哪一种方法读数，均应使滴定管保持垂直。

(3)对于无色或浅色溶液,应读取弯月面下缘最低点,读数时,视线在弯月面下缘最低点处,且与液面成水平(图1-17);溶液颜色太深时,可读液面两侧的最高点,此时,视线应与该点成水平。注意初读数与终读数采用同一标准。

(4)必须读到小数点后第二位,即要求估计到0.01mL。注意,估计读数时,应该考虑到刻度线本身的宽度。

(5)为了便于读数,可在滴定管后衬一黑白两色的读数卡。读数时,将读数卡衬在滴定管背后,使黑色部分在弯月面下约1mm,弯月面的反射层即全部成为黑色(图1-18),读此黑色弯月下缘的最低点。但对深色溶液需读两侧最高点时,可以用白色卡为背景。

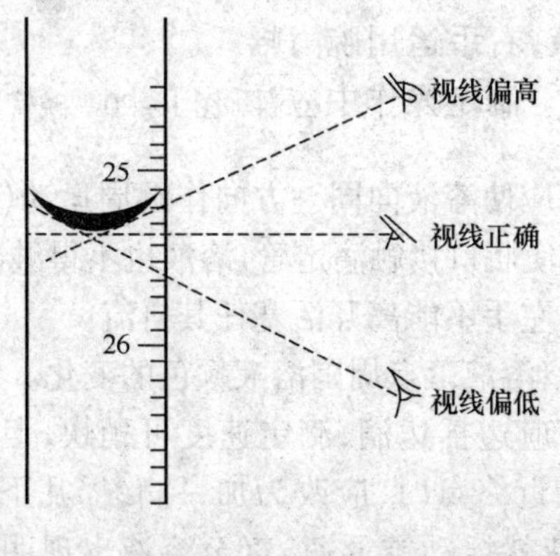

图1-17　滴定管读数

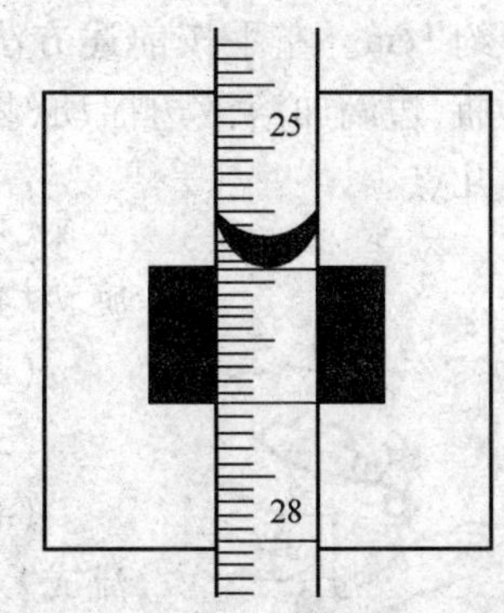

图1-18　读数卡使用

(6)若为乳白板蓝线衬背滴定管,应当取蓝线上下两尖端相对点的位置读数。

(7)读取初读数前,应将管尖悬挂着的溶液除去。滴定至终点时应立即关闭活塞,并注意不要使滴定管中的溶液有稍许流出,否则终读数便包括流出的半滴液。因此,在读取终读数前,应注意检查出口管尖是否悬挂溶液,如有,则此次读数不能取用。

5. 滴定管的操作方法

进行滴定时,应将滴定管垂直地夹在滴定管架上。如使用的是酸管,左手无名指和小手指向手心弯曲,轻轻地贴着出口管,用其余三指控制活塞的转动(图1-19)。但应注意不要向外拉活塞以免推出活塞造成漏水;也不要过分往里扣,以免造成活塞转动困难,不能操作自如。

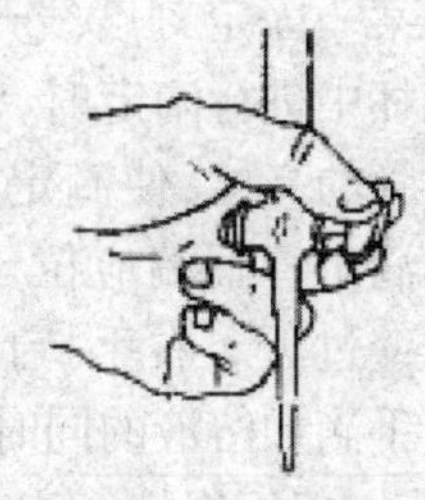

图1-19　酸管活塞操作

如使用的是碱管,左手无名指及小手指夹住出口管,拇指与食指在玻璃珠所在部位往一旁(左右均可)捏乳胶管，使溶液从玻璃珠旁空隙处流出（图 1－20）。注意：①不要用力捏玻璃珠，也不能使玻璃珠上下移动；②不要捏到玻璃珠下部的乳胶管；③停止滴定时，应先松开拇指和食指，最后再松开无名指和小指。

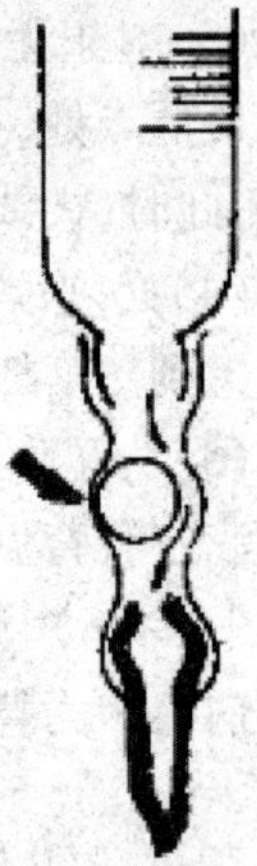

无论使用哪种滴定管，都必须掌握下面三种加液方法：①逐滴连续滴加；②只加一滴；③使液滴悬而未落，即加半滴。

图 1－20　碱管操作

6. 滴定操作

滴定操作可在锥形瓶和烧杯内进行，并以白瓷板作背景。

在锥形瓶中滴定时，用右手前三指拿住锥形瓶瓶颈，使瓶底离瓷板 2～3cm。同时调节滴管的高度，使滴定管的下端伸入瓶口约 1cm。左手按前述方法滴加溶液，右手运用腕力摇动锥形瓶，边滴加溶液边摇动（图 1－21）。滴定操作中应注意以下几点。

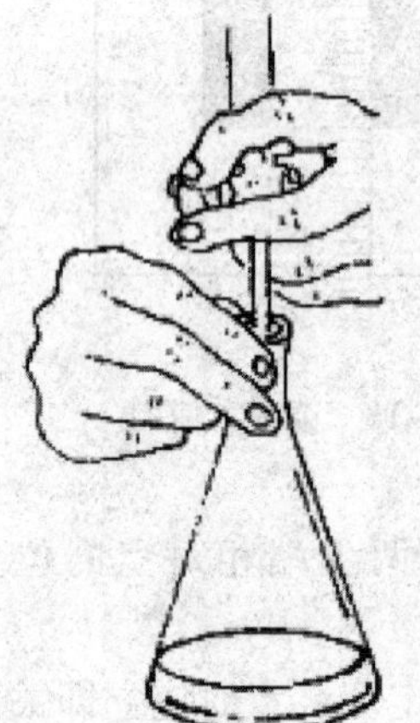

图 1－21　滴定操作

（1）摇瓶时，应使溶液向同一方向作圆周运动（左右旋转均可），但勿使瓶口接触滴定管，溶液也不得溅出。

（2）滴定时，左手不能离开活塞任其自流。

（3）注意观察溶液落点周围溶液颜色的变化。

（4）开始时，应边摇边滴，滴定速度可稍快，但不能流成“水线”。接近终点时，应改为加一滴，摇几下。最后，每加半滴溶液就摇动锥形瓶，直至溶液出现明显的颜色变化。加半滴溶液的方法如下：微微转动活塞，使溶液悬挂在出口管嘴上，形成半滴，用锥形瓶内壁将其沾落，再用洗瓶以少量蒸馏水吹洗瓶壁。

用碱管滴加半滴溶液时，应先松开拇指和食指，将悬挂的半滴溶液沾在锥形瓶内壁上，再放开无名指与小指。这样可以避免出口管尖出现气泡，使读数造成误差。

（5）每次滴定最好都从 0.00 开始（或从零附近的某一固定刻度线开始），这样可以减小误差。在烧杯中进行滴定时，将烧杯放在白瓷板上，调节滴定管的高度，使滴定管下端伸入烧杯内 1cm 左右。滴定管下端应位于烧杯中心的左后方，但不要靠壁过近。右手持搅拌棒在右前方搅拌溶液。在左手滴加溶液的同时（图 1－22），搅拌棒应作圆周搅动，但不得接触烧杯壁和底。

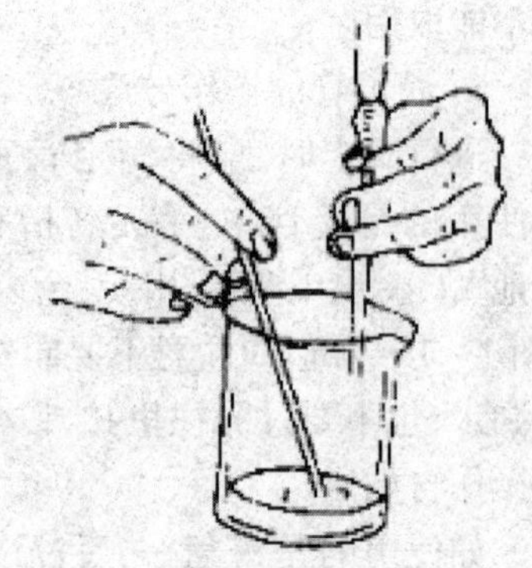

图 1－22　烧杯中滴定

当加半滴溶液时，用搅拌棒下端承接悬挂的半滴溶液，放入溶液中搅拌。注意，搅拌棒只能接触液滴，不能接触滴定管管尖。其他注意点同上。滴定结束后，滴定管内剩余的溶液应弃去，不得将其倒回原瓶，以免沾污整瓶操作溶液。随即洗净滴定管，并用蒸馏水充满全管，备用。

（三）移液管和吸量管

移液管用来准确移取一定体积的溶液。在标明的温度下，先使溶液的弯月面下缘与移液管标线相切，再让溶液按一定方法自由流出，则流出的溶液的体积与管上所标明的体积相同。吸量管一般只用于量取小体积的溶液。其上带有分度，可以用来吸取不同体积的溶液。上面所指的溶液均以水为溶剂，若为非水溶剂，则体积稍有不同。

(1)使用前，移液管和吸量管都应该洗净，使整个内壁和下部的外壁不挂水珠，为此，可先用自来水冲洗一次，再用铬酸洗液洗涤。以左手持洗耳球，将食指或拇指放在洗耳球的上方，右手手指拿住移液管或吸量管管颈标线以上的地方，将洗耳球紧接在移液管口上（图 1－23）。管尖贴在吸水纸上，用洗耳球打气，吹去残留水。然后排除洗耳球中空气，将移液管插入洗液瓶中，左手拇指或食指慢慢放松，洗液缓缓吸入移液管球部或吸量管约 1/4 处。移去洗耳球，再用右手食指按住管口，把管横过来，左手扶住管的下端，慢慢开启右手食指，一边转动移液管，一边使管口降低，让洗液布满全管。洗液从上口放回原瓶，然后用自来水充分冲洗。再用洗耳球吸取蒸馏水，将整个内壁洗三次，洗涤方法同前。但洗过的水应从下口放出。每次用水量：移液管以液面上升到球部或吸量管全长约 1/5 为度。也可用洗瓶从上口进行吹洗，最后用洗瓶吹洗管的下部外壁。

图 1－23　移液

(2)移取溶液前，必须用吸水纸将尖端内外的水除去，然后用待吸溶液洗三次。方法是：将待吸溶液吸至球部（尽量勿使溶液流回，以免稀释溶液）。以后的操作，按铬酸洗液洗涤移液管的方法进行，但用过的溶液应从下口放出弃去。

(3)移取溶液时，将移液管直接插入待吸溶液液面下 1～2cm 深处，不要伸入太浅，以免液面下降后造成吸空；也不要伸入太深，以免移液管外壁附有过多的溶液。移液时将洗耳球紧接在移液管口上，并注意容器液面和移液管尖的位置，应使移液管随液面下降而下降，当液面上升至标线以上时，迅速移去洗耳球，并用右手食指按住管口，左手改拿盛待吸液的容器。将移液管向上提，使其离开液面，并将管的下部伸入溶液的部分沿待吸液容器内壁转两圈，以除去管外壁上的溶液。然后使容器倾斜成约 45°，其内壁与移液管尖紧贴，移液管垂直，此时微微松动右手食指，使液面缓慢下降，直到视线平视时弯月面与标线相切时，立即按紧食指。左手改拿接收溶液的容器，将接收容器倾斜，使内壁紧贴移液管尖成45°倾斜。松开右手食指，使溶液自由地沿壁流下（图1－24）。待液面下降到管尖后，再等15s取出移液管。注意，除非特别注明需要"吹"的以外，管尖最后留有的少量溶液不能吹入接收器中，因为在检定移液管体积时，就没有把这部分溶液算进去。

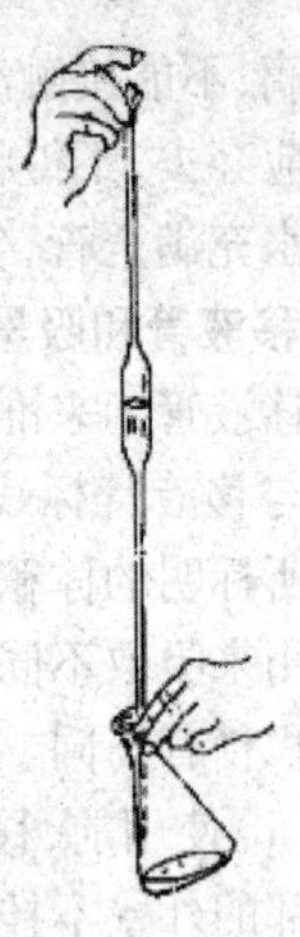
图1－24 放溶液

（4）用吸量管吸取溶液时，吸取溶液和调节液面至最上端标线的操作与移液管相同。放溶液时，用食指控制管口，使液面慢慢下降至与所需的刻度相切时按住管口，移去接收器。若吸量管的分度刻到管尖，管上标有"吹"字，并且需要从最上面的标线放至管尖时，则在溶液流到管尖后，立即从管口轻轻吹一下即可。还有一种吸量管，分度刻在离管尖尚差1～2cm处。使用这种吸量管时，应注意不要使液面降到刻度以下。在同一实验中应尽可能使用同一根吸量管的同一段，并且尽可能使用上面部分，而不用末端收缩部分。

（5）移液管和吸量管用完后应放在移液管架上。如短时间内不再用它吸取同一溶液时，应立即用自来水冲洗，再用蒸馏水清洗，然后放在移液管架上。

（四）量筒

量筒是用来量取液体体积的仪器。读数时，应使眼睛的视线和量筒内弯月面的最低点保持水平。

在进行某些实验时，如果不需要准确地量取液体试剂，不必每次都用量筒，可以根据在日常操作中所积累的经验来估量液体的体积。如普通试管容量是20mL，则4mL液体占试管总容量的1/5。又如滴管每滴出20滴约为1mL，可以用计算滴数的方法估计所取试剂的体积。

在滴定分析中，除了用到这几种玻璃仪器外，还要用到称量用的分析天平，常用的是电子天平。电子天平的使用在技能训练中述及。

思考题

1. 容量瓶使用前要做哪些准备工作？
2. 滴定管的读数应遵循哪些原则？
3. 滴定操作中应注意什么？
4. 酸式滴定管和碱式滴定管怎样赶气泡？
5. 移液管和吸量管的最后一滴溶液怎样处理？

四、滴定分析的标准溶液

(一)基准物质

滴定分析过程中，无论采用何种滴定方式，都离不开标准溶液，因为待测物质的含量是根据所消耗的标准溶液的浓度和体积计算出来的。因此，标准溶液的准确性是测定结果准确性的前提。正确地配制标准溶液及准确地标定其浓度是至关重要的。

用来直接配制标准溶液的物质称基准物质。作为基准物质应具备下列条件。

(1)试剂纯度高 其杂质含量少到可以忽略不计，一般要求基准物质的纯度应达到99.9%以上，杂质含量少到不影响分析结果的准确性。

(2)性质稳定 在一般情况下，其物理性质和化学性质非常稳定。如加热、干燥不分解，称量时不吸湿，不吸收空气中的CO_2，不挥发，不被空气氧化等。

(3)物质组成与化学式完全符合 如$Na_2B_4O_7 \cdot 10H_2O$、$H_2C_2O_4 \cdot 2H_2O$，物质的实际组成必须是10个结晶水和2个结晶水。

(4)摩尔质量大 因为摩尔质量越大，称取质量越多，可相应减少称量的相对误差。滴定分析中常用的基准物质见表1-14。

表1-14 滴定分析中常用的基准物质

名称	化学式	干燥条件/℃	标定对象
硼砂	$Na_2B_4O_7 \cdot 10H_2O$	放在装有NaCl和蔗糖饱和溶液的密闭器皿中	酸
二水合草酸	$H_2C_2O_4 \cdot 2H_2O$	室温空气干燥	碱或高锰酸钾
邻苯二甲酸氢钾	$KHC_8H_4O_4$	110~120	碱
重铬酸钾	$K_2Cr_2O_7$	140~150	还原剂
草酸钠	$Na_2C_2O_4$	130	氧化剂
三氧化二砷	As_2O_3	室温干燥器中保存	氧化剂
碳酸钙	$CaCO_3$	110	EDTA
锌	Zn	室温干燥器中保存	EDTA
氧化锌	ZnO	800	EDTA
氯化钠	NaCl	500~600	$AgNO_3$
氯化钾	KCl	500~600	$AgNO_3$
铜	Cu	室温干燥器中保存	还原剂
碳酸钠	Na_2CO_3	270~300	酸
溴酸钾	$KBrO_3$	150	还原剂

注：干燥条件在不同的文献上略有差异。

(二)标准溶液

1. 标准溶液浓度的表示方法

见项目一。

2. 标准溶液的配制和标定

配制标准溶液通常使用直接配制法和间接配制法。

(1)直接配制法　准确称取一定质量的基准物质,用蒸馏水溶解后,定量转移到容量瓶中,加蒸馏水稀释到刻度,根据物质的质量和容量瓶的体积,可以算出溶液的准确浓度。凡是基准物质均可用直接配制法,如 $Na_2B_4O_7 \cdot 10H_2O$。

(2)间接配制法　间接配制法又称标定法,有许多试剂不符合基准物质的条件,如不易提纯和保存,性质不稳定等,此时用间接配制法,即先用这类试剂配制成一近似于所需浓度的溶液,然后,选用一种基准物质或另一种物质的标准溶液来测定它的准确浓度。用基准物质或已知准确浓度的溶液测定标准溶液浓度的过程,称为标定。

标定标准溶液浓度的方法有两种:①用基准物质标定。用基准物质标定也称直接标定法,即准确称取一定质量的基准物质,溶解后,用待标定的标准溶液滴定,再根据基准物质的质量以及所消耗的待标定溶液的体积,就可以算出该溶液的准确浓度。②比较标定法。准确吸取一定体积的待标定溶液,用已知准确浓度的溶液滴定;或者准确吸取一定体积的标准溶液,用待标定的溶液进行滴定,再根据两种溶液所消耗的体积及标准溶液浓度可以算出待标定溶液的准确浓度。两种方法进行对比可知,用基准物质标定更加准确。

应该注意:不论用哪种方法进行标定,都要平行测定 3 ~ 4 次,至少也要测 2 ~ 3次,以保证其相对平均偏差不大于 0.2%。直接配制法所用仪器是移液管、分析天平、容量瓶等,而间接配制法使用精确度不高的仪器,如量筒、托盘天平等。

▌思考题

1. 基准物质应具备的条件?
2. 标定的方法有几种? 哪种的结果更准确? 为什么?
3. 常用来标定酸和碱的基准物质是什么?

五、酸碱指示剂

(一)酸碱指示剂的原理

1. 酸碱指示剂的变色原理

能够利用本身颜色的改变来指示溶液 pH 变化的指示剂,称为酸碱指示剂。

酸碱指示剂多是弱的有机酸或有机碱,其共轭酸碱对具有不同的结构,且颜

色不同。现以 HIn 表示指示剂的酸式型态,以 In^- 代表指示剂的碱式型态,则有如下的转化:

$$\underset{\text{酸式型态(酸式色)}}{HIn} \rightleftharpoons H^+ + \underset{\text{碱式型态(碱式色)}}{In^-}$$

增大溶液的 c_{H^+},则平衡向左移动,指示剂主要以酸式型态存在,溶液呈酸式色;减少溶液的 c_{H^+},指示剂主要以碱式型态存在,溶液呈碱式色。

例如,甲基橙在水溶液中有如下解离平衡和颜色变化:

$$(CH_3)_2N\text{-}C_6H_4\text{-}N{=}N\text{-}C_6H_4\text{-}SO_3^- \underset{OH^-}{\overset{H^+}{\rightleftharpoons}} (CH_3)_2\overset{+}{N}{=}C_6H_4{=}N\text{-}\overset{H}{N}\text{-}C_6H_4\text{-}SO_3^-$$

碱式型态(黄色) 酸式型态(红色)

可以看出,增大溶液的 c_{H^+},则平衡向右移动,甲基橙主要以酸式型态存在,溶液呈红色;减少溶液的 c_{H^+},甲基橙主要以碱式型态存在,溶液呈黄色。

指示剂颜色的改变,起因于溶液 pH 的变化,这是由于 pH 的变化,引起指示剂分子结构的改变,因而显示出不同的颜色。但是并不是溶液的 pH 稍有变化或任意改变,都能引起指示剂颜色的变化。指示剂的变色是在一定 pH 范围内进行的。

在式 $HIn \rightleftharpoons H^+ + In^-$ 中,如果以 K_{HIn} 表示指示剂的离解常数,则有:

$$K_{HIn} = \frac{c_{H^+} c_{In^-}}{c_{HIn}}$$

那么

$$\frac{K_{HIn}}{c_{H^+}} = \frac{c_{In^-}}{c_{HIn}}$$

当 $c_{H^+} = K_{HIn}$,$\frac{c_{In^-}}{c_{HIn}} = 1$,两者浓度相等,溶液表现出酸式色和碱式色的中间色,此时 $pH = pK_{HIn}$,称为指示剂的理论变色点。

一般说来,如果$\frac{c_{In^-}}{c_{HIn}} \geqslant 10$,观察到的是碱式($In^-$)颜色,当$\frac{c_{In^-}}{c_{HIn}} = 10$ 时,可在 In^- 的颜色中稍稍看到 HIn 的颜色,此时 $pH = pK_{HIn} + 1$;当$\frac{c_{In^-}}{c_{HIn}} \leqslant \frac{1}{10}$时,观察到的是酸式(HIn)颜色,当$\frac{c_{In^-}}{c_{HIn}} = \frac{1}{10}$时,可在 HIn 的颜色中稍稍看到 In^- 的颜色,此时 $pH = pK_{HIn} - 1$。

由上述讨论可知,指示剂的理论变色范围为 $pH = pK_{HIn} \pm 1$,此范围应为 2 个 pH 单位。但实际观察到的大多数指示剂的变色范围不是 2 个 pH 单位,上下略有变化,且指示剂的理论变色点不是变色范围的中间点。这是由于人眼对不同颜色的敏感程度不同,再加上两种颜色互相掩盖而导致的。常见酸碱指示剂列表于 1 -15中。

表 1-15 常用的酸碱指示剂

指示剂	变色范围	颜色变化	pK_{HIn}	浓度	用量/(滴/10mL 试液)
百里酚蓝	1.2~2.8	红~黄	1.65	0.1%的20%酒精溶液	1~2
甲基橙	3.1~4.4	红~黄	3.4	0.1%或0.05%水溶液	1
溴酚蓝	3.0~4.6	黄~紫	4.1	0.1%的20%酒精溶液或其钠盐水溶液	1
甲基红	4.4~6.2	红~黄	5.0	0.1%的60%酒精溶液或其钠盐水溶液	1
中性红	6.8~8.0	红~黄橙	7.4	0.1%的60%酒精溶液	1
酚酞	8.0~10.0	无~红	9.1	1%的90%酒精溶液	1~3
溴百里酚蓝	6.2~7.6	黄~蓝	7.3	0.1%的20%酒精溶液或其钠盐水溶液	1
百里酚酞	9.4~10.6	无~蓝	10.0	0.1%的90%酒精溶液	1~2

2. 影响指示剂变色的因素

温度升高，变色范围变窄；在不同的溶剂中，离解常数 K_{HIn} 也各不相同，导致在不同溶液中变色范围不同；盐类的存在能影响指示剂的 K_{HIn}，使指示剂的变色范围发生移动，盐类还能吸收不同波长的光，从而影响指示剂变色的深度及变色的敏锐性；指示剂本身是弱酸或弱碱，如果用量多或浓度大，会参与酸碱反应而引起误差，因此，以能看清指示剂颜色变化为准，指示剂用量少一点为好；溶液的颜色一般由浅变深易于观察，如酚酞由无色变红色时，颜色变化敏锐，滴定误差小，反之，则引起较大的误差。

3. 混合指示剂

在某些酸碱滴定中，使用单一指示剂难以判断终点，此时可采用混合指示剂。混合指示剂利用颜色的互补原理使终点颜色变化敏锐，变色范围窄。混合指示剂可分为两类：一类是在某种指示剂中加入一种惰性染料，如由甲基橙和靛蓝组成的混合指示剂，靛蓝颜色不随 pH 改变而变化，只作甲基橙的颜色背景，此类指示剂能使颜色变化敏锐，但变色范围不变；另一类是由两种或两种以上的指示剂混合而成，如溴甲酚绿和甲基红组成的混合指示剂，此类指示剂能使颜色变化敏锐，变色范围窄。常用混合指示剂列于表 1-16 中。

表 1-16 常用混合酸碱指示剂

指示剂溶液的组成	变色时 pH	颜色变化(酸色~碱色)	备注
一份 0.1% 甲基橙水溶液 一份 0.25% 靛蓝二磺酸钠水溶液	4.1	紫~黄绿	
一份 0.1% 甲基黄酒精溶液 一份 0.1% 次甲基蓝酒精溶液	3.25	蓝紫~绿	pH 3.4 绿色 pH 3.2 蓝紫色

续表

指示剂溶液的组成	变色时 pH	颜色变化(酸色~碱色)	备注
二份 0.1% 百里酚酞酒精溶液 一份 0.1% 茜素黄酒精溶液	10.2	黄~紫	
三份 0.1% 溴甲酚绿酒精溶液 一份 0.2% 甲基红酒精溶液	5.1	酒红~绿	
一份 0.1% 中性红酒精溶液 一份 0.1% 次甲基蓝酒精溶液	7.0	蓝紫~绿	pH 7.0 紫蓝
一份 0.1% 百里酚蓝酒精溶液 三份 0.1% 酚酞酒精溶液	9.0	黄~紫	从黄到绿再到紫
一份 0.1% 溴甲酚绿钠盐水溶液 一份 0.1% 氯酚红钠盐水溶液	6.1	黄绿~蓝紫	pH 5.4 蓝紫色、5.8 蓝色、6.0 蓝带紫、6.2 蓝紫
一份 0.1% 甲酚红钠盐水溶液 三份 0.1% 百里酚蓝钠盐水溶液	8.3	黄~紫	pH 8.2 玫瑰色，8.4 清晰的紫色

(二)酸碱指示剂的选择

选择了合适的指示剂,就能减小酸碱滴定过程中的滴定误差。而指示剂的变色与溶液的 pH 有关,因此有必要研究滴定过程中溶液 pH 的变化,特别是化学计量点附近溶液 pH 的改变,从而选择一个刚好能在化学计量点附近变色的指示剂。以酸碱加入的体积(或被滴定的百分数)为横坐标,溶液的 pH 为纵坐标,描绘滴定过程中溶液 pH 的变化情况的曲线,称为酸碱滴定曲线。

1. 一元强酸强碱的相互滴定

以 0.1000mol/L NaOH 溶液滴定 20.00mL 0.1000mol/L 的 HCl 溶液为例,绘制滴定曲线。其反应为:

$$NaOH + HCl \xlongequal{} NaCl + H_2O$$

滴定过程分为四个阶段。

(1)滴定前　溶液的 pH 由 HCl 的酸度决定。$c_{H^+} = c_{HCl} = 0.1000mol/L$, pH = 1.00。

(2)滴定开始至化学计量点前 0.1% 处　溶液的 pH 由剩余的 HCl 酸度决定。

$c_{H^+} = c_{HCl(剩余)} = \dfrac{c_{HCl} V_{HCl(剩余)}}{V_{总}}$,由于 $c_{HCl} = c_{NaOH}$,所以 $c_{H^+} = \dfrac{c(V_{HCl} - V_{NaOH})}{V_{HCl} + V_{NaOH}}$。

当加入 NaOH 溶液 19.98 mL(-0.1 % 相对误差)时:$c_{H^+} = (20.00 \times 0.1000 - 19.98 \times 0.1000)/(20.00 + 19.98) = 5.0 \times 10^{-5}(mol/L)$, pH = 4.30。

由滴定开始至化学计量点前 0.1% 处其他各点的 pH 用同样的方法计算。

(3)化学计量点时　溶液的 pH 由生成的中和产物 NaCl 和 H_2O 决定。此时溶液呈中性,溶液中的 $c_{H^+} = c_{OH^-} = 10^{-7}$ mol/L,pH = 7.00。

(4)化学计量点后　溶液的 pH 由过量的 NaOH 决定,$c_{OH^-} = \frac{c_{NaOH}V_{NaOH} - c_{HCl}V_{HCl}}{V_{NaOH} + V_{NaOH}}$,由于 $c_{HCl} = c_{NaOH}$,所以,$c_{OH^-} = \frac{c(V_{NaOH} - V_{HCl})}{V_{NaOH} + V_{NaOH}}$

计算 20.02mL NaOH 溶液(+0.1% 相对误差)时的 pH,c_{OH^-} = (20.02 × 0.1000 - 20.00 × 0.1000)/(20.02 + 20.00) = 5.0 × 10^{-5}(mol/L),pOH = 4.30,则 pH = 9.70。

以同样的方法再计算其他各点的 pH,将数据列于表 1-17 中。

表 1-17　0.1000mol/L 的 NaOH 滴定 20.00mL 0.1000mol/L 的 HCl 溶液的 pH 变化

加入 NaOH 的体积/mL	HCl 被滴定百分数	c_{H^+}	pH	备注
0.00		1.00×10^{-1}	1.00	
18.00	90.00	5.26×10^{-3}	2.28	
19.80	99.00	5.02×10^{-4}	3.30	
19.98	99.90	5.00×10^{-5}	4.30	相对误差为 -0.1%
20.00	100.00	1.00×10^{-7}	7.00	化学计量点
20.02	100.1	2.00×10^{-10}	9.70	相对误差为 +0.1%
20.20	101.0	2.01×10^{-11}	10.70	
22.00	110.0	2.10×10^{-12}	11.68	
40.00	200.0	3.00×10^{-13}	12.52	

以 HCl 溶液被滴定的百分数为横坐标,以其对应的 pH 为纵坐标,绘制滴定曲线,见图 1-25(实线)。可以看出:在滴定过程中的不同阶段,加入单位体积的滴定剂,溶液 pH 变化的快慢是不相同的。滴定开始时,曲线比较平坦,随着 NaOH 不断滴入,pH 逐渐增大,当 NaOH 的加入量从 19.98mL(相对误差为 -0.1%)到 20.02mL(相对误差为 +0.1%),仅 0.04mL(约一滴溶液),溶液的 pH 由 4.30 急剧升高到 9.70,改变了 5.4 个单位。人们把化学计量点前后相对误差为 ±0.1% 范围溶液 pH 的变化范围,称酸碱滴定的突跃范围。在滴定分析中,滴定突跃范围是选择指示剂的依据:凡变色范围全部或部分落在突跃范围之内的指示剂,均可作为该滴定的指示剂。对 0.1000mol/L NaOH 滴定 0.1000mol/L 的 HCl 溶液来说,酚酞(8.0 ~ 10.0)、甲基橙(3.1 ~ 4.4)、甲基红(4.4 ~ 6.2)均可作为该滴定的指示剂。如果使用 0.1000mol/L 的 HCl 滴定等浓度的 NaOH[图 1-25(虚线)],滴定曲线与前者方向相反,呈对称。

滴定突跃范围的大小与滴定剂和被滴定溶液的浓度有关,如图 1-26 所示。酸碱溶液浓度愈大,突跃范围也愈大,可供选择的指示剂愈多。但浓度太大,在化学计量点附近少加或多加半滴酸(碱)产生的误差较大,并且标准溶液及样品实际的消耗量也较大,造成不必要的浪费;反之,酸碱浓度愈稀,突跃范围愈小,太小难以找到合适的指示剂。通常把标准溶液的浓度控制在0.01 ~ 1.00mol/L。

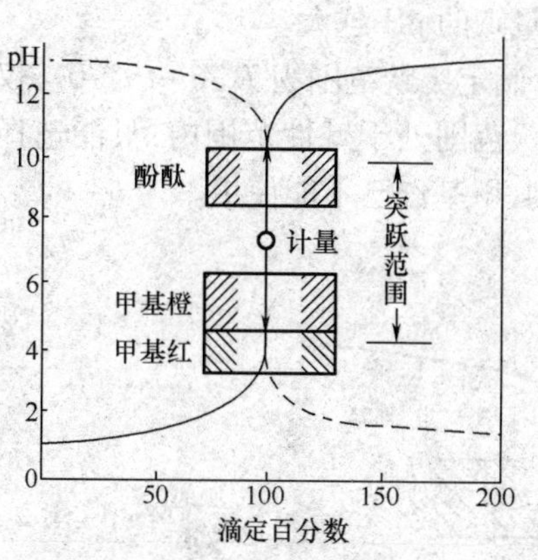

图1-25　NaOH与HCl滴定曲线

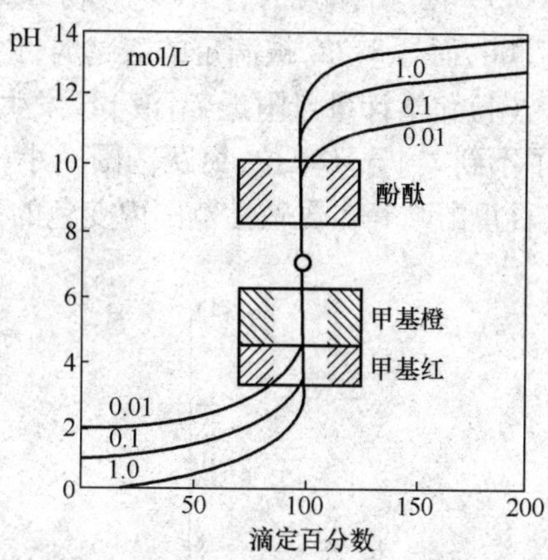

图1-26　浓度对强酸强碱滴定突跃范围的影响

2. 强碱(酸)滴定一元弱酸(碱)

强碱(酸)滴定一元弱酸(碱)也可把滴定过程分为滴定前、化学计量点前、化学计量点时和化学计量点后四个阶段进行讨论。以0.1000mol/L NaOH溶液滴定20.00mL的0.1000mol/L的HAc($K_a = 1.8 \times 10^{-5}$)溶液为例,将滴定过程中各点的pH列于表1-18中。滴定曲线见图1-27。

表1-18　NaOH溶液滴定HAc溶液pH的变化

加NaOH体积/mL	HAc被滴定的百分数	溶液组成	pH	备注
0.00		HAc	2.88	
18.00	90.00	$HAc + Ac^-$	5.71	
19.98	99.90		7.76	相对误差为-0.1%
20.00	100.0	Ac^-	8.73	化学计量点
20.02	100.1	$OH^- + Ac^-$	9.70	相对误差为+0.1%
20.20	101.0		10.70	
22.00	110.0		11.68	
40.00	200.0		12.52	

比较图1-25和图1-27,可以看出强碱滴定一元弱酸有以下特点。

(1)滴定前,pH比强酸高,这是由于HAc电离出的H^+比同浓度的HCl少。

(2)滴定开始至化学计量点前0.1%处,曲线变化较复杂。其间溶液组成为

HAc 和 Ac^-,属于缓冲体系。但曲线两端的缓冲比值或者很大(>10:1),或者很小(<1:10),所以缓冲能力小,随着 NaOH 的加入,pH 变化明显;而曲线中段,缓冲比接近于 1:1,缓冲能力大,曲线变化幅度不大。

(3)化学计量点时,因滴定产物 NaAc 的水解,溶液呈碱性,理论终点的 pH 不为 7.00,而是 8.72,被滴定的酸越弱,化学计量点的 pH 越大。

(4)化学计量点附近,溶液 pH 发生突跃,滴定突跃范围为 7.76 ~ 9.70。仅改变了不到 2 个 pH 单位,突跃范围减小,且突跃范围处于碱性范围内,只能选择酚酞、百里酚酞等在弱碱性范围内变色的指示剂,甲基红已不能使用。

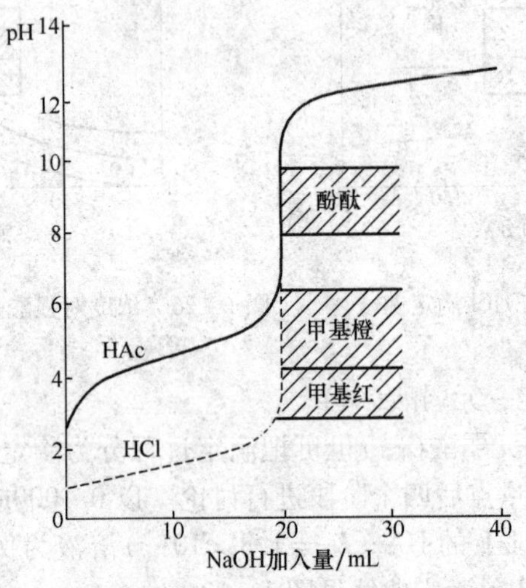

图 1-27 NaOH 与 HAc 滴定曲线

与强酸强碱相互间的滴定类似,用强碱滴定弱酸的滴定也与溶液的浓度有关。浓度越大,滴定突跃范围大,浓度小滴定突跃范围也越小。除此之外,还与弱酸的电离常数 K_a 有关,如图 1-28 所示。当弱酸浓度一定时,弱酸的 K_a 值越小,滴定突跃范围越小,甚至不能用合适的指示剂确定终点。因此强碱滴定弱酸是有条件的,当 $cK_a \geqslant 10^{-8}$ 时,滴定曲线才能有较明显的突跃,此可作为弱酸能否被强碱溶液准确滴定的条件。

强酸滴定一元弱碱的情况与强碱滴定一元弱酸的情况相似。在滴定过程中溶液 pH 的变化方向及滴定曲线的形状正好相反。强酸滴定弱碱的突跃范围也较小,化学计量点落在弱酸性区域,应选用在弱酸性范围内变色的指示剂,通常也以 $cK_b \geqslant 10^{-8}$ 为判断弱碱能否直接被准确滴定的依据。

3. 混合酸碱的滴定

由于多元弱酸(碱)存在分步离解,其滴定较为复杂。在多元酸碱中能实现分级滴定的极少;有些多元酸碱可以滴总量。在混合酸碱中能进行分别滴定的也不多,其中最有实际意义而又能达到一定准确程度的是混合碱的测定。

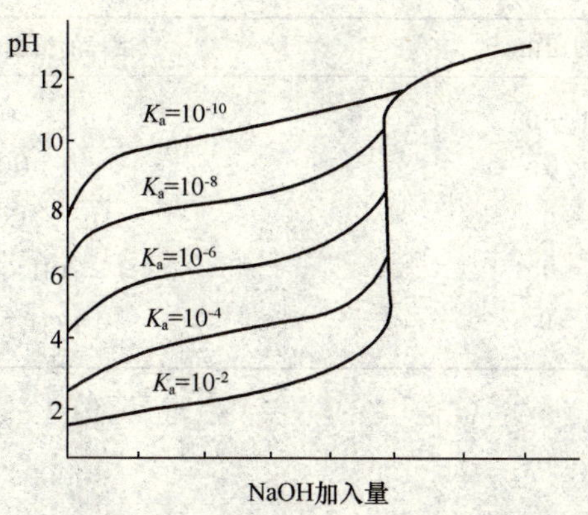

图 1－28　NaOH 与不同 K_a 一元弱酸滴定曲线

烧碱 NaOH 在生产和贮藏时，能吸收空气中的 CO_2，而产生 Na_2CO_3；食用纯碱 Na_2CO_3 常作为添加剂或酸碱调节剂应用于食品工业，在制造和存放中常有副产品 $NaHCO_3$。NaOH 和 Na_2CO_3、Na_2CO_3 和 $NaHCO_3$ 均称为混合碱。下面介绍双指示剂法测定混合碱 Na_2CO_3 和 $NaHCO_3$ 的含量。所谓双指示剂法是指在滴定中用两种指示剂来确定两个不同终点的方法。

用酚酞作指示剂，HCl 只能将 Na_2CO_3 滴定为 $NaHCO_3$，用去 HCl 标准溶液为 V_1(mL)。

$$Na_2CO_3 + HCl = NaCl + NaHCO_3$$

再加入甲基红作指示剂，继续用 HCl 溶液滴定至终点，溶液中所有 $NaHCO_3$ 都被滴定，用去 HCl 标准溶液 V_2(mL)。

$$NaHCO_3 + HCl = NaCl + H_2O + CO_2 \uparrow$$

过程如下：

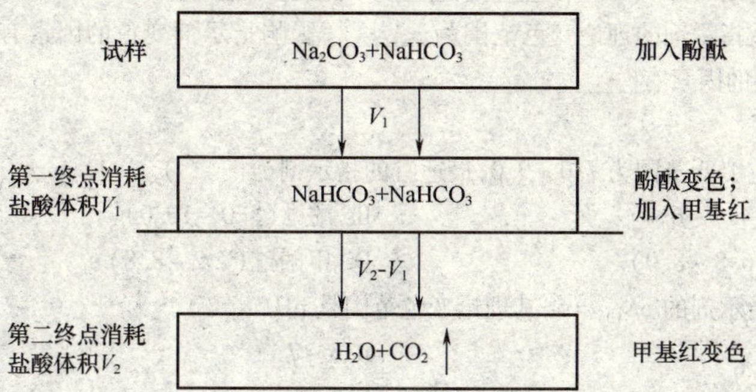

双指示剂法不仅用于混合碱的定量分析，还可以用于未知试样(碱)的定性分析。设第一种指示剂、第二种指示剂变色时，标准溶液所用的体积分别为 V_1 和 V_2，如表 1－19 所示。

表 1-19 双指示剂法测定混合碱含量消耗体积与对应碱混合物组成关系

V_1和V_2的变化	试样的组成(以离子表示)
$V_1 \neq 0$, $V_2 = 0$	OH^-
$V_1 = 0$, $V_2 \neq 0$	HCO_3^-
$V_1 = V_2 \neq 0$	CO_3^{2-}
$V_1 > V_2 > 0$	$OH^- + CO_3^{2-}$
$V_2 > V_1 > 0$	$HCO_3^- + CO_3^{2-}$

思考题

1. 指示剂的变色原理?
2. 酸碱滴定的突跃范围?
3. 酸碱的浓度对突越范围有何影响?
4. 如何选择一个滴定的指示剂?
5. 指示剂为什么不是加的越多越好?

自我测试

一、填空题

1. 分析化学是获取物质的______,研究物质的______状态和______的科学。按照测定原理可以分为______和______。

2. 按取样量滴定分析分为______、______、______和______。

3. 作为滴定分析的化学反应的条件是______、______、______、______。

4. 滴定分析法的方式主要有______、______、______和______四种。

5. 基准物质指示剂的理论变色范围为______。影响指示剂变色的因素有______,影响滴定突跃范围大小的因素有______、______。

二、选择题

1. 酸碱滴定突跃范围为 7.0~9.0,最适宜的指示剂为(　　)。

A. 甲基红(4.4~6.4)　　B. 酚酞(8.0~10.0)

C. 中性红(6.8~8.0)　　D. 甲酚红(7.2~8.8)

2. 某酸碱指示剂的 $pK_{HIn}=5$,其理论变色范围是 pH(　　)。

A. 2~8　　B. 3~7

C. 4~6　　D. 5~7

3. 下列弱酸或弱碱能用酸碱滴定法直接准确滴定的是(　　)。

A. 0.1mol/L 苯酚,$K_a = 1.1 \times 10^{-10}$

B. 0.1mol/L H_3BO_3,$K_a = 7.3 \times 10^{-10}$

C. 0.1mol/L 羟胺，$K_b = 1.07 \times 10^{-8}$

D. 0.1mol/L HF，$K_a = 3.5 \times 10^{-4}$

4. 下列酸碱滴定反应中，其化学计量点 pH 等于 7.00 的是（　　）。

A. NaOH 滴定 HAc　　B. HCl 溶液滴定 $NH_3 \cdot H_2O$

C. HCl 溶液滴定 Na_2CO_3　　D. NaOH 溶液滴定 HCl

5. 标定 HCl 和 NaOH 溶液常用的基准物质是（　　）。

A. 硼砂和 EDTA　　B. 草酸和 $K_2Cr_2O_7$

C. $CaCO_3$ 和草酸　　D. 硼砂和邻苯二甲酸氢钾

6. 测定 $(NH_4)_2SO_4$ 中的氮时，不能用 NaOH 直接滴定，这是因为（　　）。

A. NH_3 的 K_b 太小　　B. $(NH_4)_2SO_4$ 不是酸

C. NH_4^+ 的 K_a 太小　　D. $(NH_4)_2SO_4$ 中含游离 H_2SO_4

7. 滴定分析法主要适合于（　　）。

A. 微量分析法　　B. 痕量分析法

C. 微量成分分析　　D. 常量成分分析

8. 用 0.1mol/L HCl 滴定 0.1mol/L NaOH 时的 pH 突跃范围是 9.7～4.3，用 0.01mol/L HCl 滴定 0.01mol/L NaOH 的突跃范围是（　　）。

A. 9.7～4.3　　B. 8.7～4.3

C. 8.7～5.3　　D. 10.7～3.3

9. 滴定分析中，一般利用指示剂颜色的突变来判断等量点的到达。在指示剂变色时停止滴定的这一点称为（　　）。

A. 化学计量点　　B. 滴定误差

C. 滴定　　D. 滴定终点

10. 量取 10.00mL 溶液，可采用的仪器是（　　）。

A. 10mL 量筒　　B. 25 mL 烧杯

C. 移液管　　D. 10.00 mL 移液管

三、简答题

1. 简述基准物质的条件。

2. 什么是滴定突跃。如何根据滴定突跃选择滴定的指示剂？

3. 定量分析一般按照怎样的步骤进行？

4. 标准溶液配制的两种方法是什么，为什么用比较法的结果不如基准物质标定的结果准确？

5. 对于盐酸滴定氢氧化钠，试分析用甲基橙和酚酞作指示剂的滴定结果有何不同？

四、判断题

1. 移液管的半滴溶液是否吹出需要根据管上的标识进行操作。（　　）

2. 容量瓶和滴定管均需要用自来水、蒸馏水和待装液进行洗涤。（　　）

3. 指示剂的用量越多变色越明显。（　　）

4. 对于强酸滴定弱碱采用甲基红和酚酞作指示剂产生的误差是不一样的。（　　）

5. 只要有一定的化学计量式就可以用滴定的方法测定某种物质的含量。（　　）

6. 氢氧化钠和碳酸钠都可以直接配制标准溶液。（　　）

7. 酸式滴定管只能盛放酸，碱式滴定管只能盛放碱。（　　）

8. 强酸滴定弱碱达到化学计量点时 pH >7。(　　)

9. $cK_a \geqslant 10^{-8}$ 是弱酸可以被直接滴定的条件。(　　)

10. 只要选择合适的指示剂就可以使滴定误差减小到零。(　　)

五、计算题

称取基准物质 Na_2CO_3 0.3576g，加适量水溶解，用 HCl 溶液滴定至终点，用甲基橙为指示剂，消耗 30.00mL。计算 HCl 溶液的浓度(已知碳酸钠的摩尔质量为 106.0g/mol)。

技能训练一　玻璃仪器的洗涤与使用

一、实验目的

(1)学会一般玻璃仪器的洗涤方法。

(2)掌握移液管、滴定管、容量瓶等的洗涤和使用方法。

二、实验仪器

容量瓶，滴定管，移液管，锥形瓶，烧杯，试管等。

三、实验步骤

在化学实验中，玻璃仪器的洗涤是基本的操作技能。熟练掌握这些技能对于实验习惯的养成和实验结果的准确性都是至关重要的。

(一)试管和烧杯

为了使实验结果正确，必须将实验仪器洗涤干净。现以洗涤试管为例，说明洗涤方法。

在试管内装入约 1/4 的水，振荡片刻，倒掉，再装水振荡，倒掉；若管壁能均匀地被水所湿润而不沾附水珠，可认为基本上已洗涤清洁。洗涤时也可使用试管刷。刷洗时注意将试管刷前部的毛捏住后放入管内，以免铁丝顶端将试管戳破。如有需要，可用去污粉刷洗(但不要用去污粉刷洗有刻度的量器，以免擦伤器壁)。按上法洗净后，需再用去离子水(或蒸馏水)洗涤，以除去沾附在器壁上的普通水。洗涤的方法一般是从洗瓶向仪器内壁挤入少量水，同时转动仪器或变换洗瓶水流方向，使水能充分淋洗内壁，每次用水量不需太多。如此洗涤 2～3 次后，即可使用。

如果仪器沾污得很厉害，可先用洗涤液处理。在实验室中较常用的是由重铬酸钾和浓硫酸所配成的溶液，称作洗液。一般可将需要洗涤的仪器浸泡在热的(70℃左右)洗液中约十几分钟，取出后，再用水冲洗。用过的洗液如果不显绿色(Cr^{3+} 颜色)，一般仍可倒回原瓶再用(不要随便废弃)。洗液有强烈的腐蚀性，使用时必须小心，防止它溅在皮肤或衣服上。有油渍的仪器可先用热的氢氧化钠或碳酸钠溶液处理。

(二)容量瓶的试漏、洗涤练习。

容量瓶是准确配制一定浓度溶液时用到的仪器之一。容量瓶有各种规格，在常量分析中常用的是 250mL、500mL 的。其他还有 5mL、10mL、25mL、50mL、

100mL、200mL、1000mL 等。在使用容量瓶时一要注意看清容量瓶上的标示，包括使用温度、容量大小等；二是必须对容量瓶进行试漏；三要对容量瓶进行洗涤。试漏、洗涤及使用方法见项目二。

（三）移液管（吸量管）的洗涤和移液练习

移液管是准确移取一定体积的溶液所需要的量器。移液管是一种量出式仪器，只用来测量它所放出溶液的体积。

常用的移液管有 5、10、25 和 50mL 等规格。通常又把具有刻度的直形玻璃管称为吸量管。常用的吸量管有 1、2、5 和 10mL 等规格。移液管和吸量管所移取的体积通常可准确到 0.01mL。洗涤、使用方法见项目二。

（四）滴定管的试漏洗涤

滴定管是化学分析中用来精确测量滴定溶液体积的仪器，为一细长而内径均匀、表面有刻度的玻璃管。下端有一活塞的为酸式滴定管，装除碱液以外的溶液；下端有玻璃珠的称碱式滴定管，装除氧化性溶液以外的液体。常用的滴定管规格为 25mL、50mL。刻度的每一大格为 1mL，每一大格又分为 10 小格，故每一小格为 0.1mL。精确度是百分之一，即可精确到 0.01mL。酸碱式滴定管的使用见项目二。

四、思考题

（1）洗涤玻璃仪器时，怎么正确选用洗涤液？

（2）酸式滴定管在涂油时应该注意什么问题？

（3）酸式和碱式滴定管应该怎样正确读取数据？

（4）移液管和吸量管的作用有何异同呢？

技能训练二　容量仪器的校准

一、实验目的

（1）理解容量仪器校准的原理。

（2）学会容量仪器的校准。

二、实验原理

1. 量器使用中的几个名称及其含义

（1）标准温度　量器的容积与温度有关，规定一个共同的温度 293K。

（2）标称容量（293K）　量器上标出的标线和数字。

（3）量器的容量允差（293K）　允许存在的最大差值。

（4）流出时间　通过排液嘴自然流出水从最高标线至最低标线所需时间。等待时间：水自然流出至标线以上约 5mm 处时需要等待的时间。

2. 量器的校正

量器的实际容量与标称容量并不完全一致，因而要校正。常有相对校正、绝对校正两种方法。

(1)绝对校正的原理　用分析天平称量被较量器中量入和量出的纯水的质量m,再根据纯水的密度ρ计算出被较量器的实际容量。由于玻璃的热胀冷缩，所以在不同温度下,量器的容积也不同。因此,规定使用玻璃量器的标准温度为20℃。各种量器上表出的刻度和容量,称为在标准温度20℃量器时的标称容量。

在实际校准工作中,容器中水的质量是在室温下和空气中称量的。因此必须考虑如下三方面的影响:

①由于空气浮力使质量改变的校正;

②由于水的密度随温度而改变的校正;

③由于玻璃容器本身容积随温度而改变的校正。

考虑了上述的影响,可得出20℃容量为1L的玻璃容器,在不同温度时所盛水的质量(见表1-20)。根据此计算量器的校正值十分方便。

表1-20　不同温度下1L水(20℃)的质量(在空气中用黄铜砝码称量)

t/℃	m/g	t/℃	m/g	t/℃	m/g
10	998.39	19	997.34	28	995.44
11	998.33	20	997.18	29	995.18
12	998.24	21	997.00	30	9954.91
13	998.15	22	996.80	31	994.64
14	998.04	23	996.60	32	994.34
15	997.92	24	996.38	33	994.06
16	997.78	25	996.17	34	993.75
17	997.64	26	995.93	35	993.45
18	997.51	27	995.69	36	—

(2)相对校正原理　两件量器配套使用,如用容量瓶配制溶液后,用吸管取出其中一部分进行测定。此时,重要的不是要知道这二者的准确容量,而是二者的容量是否为准确的整倍数关系,这就需要对这两件量器进行相对校正。此法简单,实用。两件量器配套使用,要知两者的容量是否为准确的整倍数关系时就用此法。

三、实验仪器

25mL移液管,250mL容量瓶,50mL酸式滴定管,50mL具塞锥形瓶,电子天平,100mL烧杯,250mL烧杯。

四、实验步骤

(一)容量瓶与吸量管的相对校正

用25mL吸量管移取纯水至容量瓶中,重复9次,检查液面与容量瓶刻度线是否一致,若不一致,在弯月面最低点相切处贴上一纸条。

（二）吸量管的校正

将外壁擦干的洁净的50mL具塞锥形瓶在分析天平上准确称重，用待校正的25mL吸量管移取25mL纯水至锥形瓶中，再次称量，用温度计测定水温。重复校正一次。

测量纯水的体积/mL	水的质量/g	真实容量/mL	校正值/mL	平均校正值/mL

（三）滴定管的校正

调整滴定管的液面在0.00处或稍低于零分度，读数记录。称量具塞锥形瓶质量，记录。旋开旋塞任水自然流出至锥形瓶中，待液面下降到10mL以上5mm处，关闭旋塞，等待30s后，在10s内调整至10mL，读数记录。塞上瓶塞，准确称重，记录。用同样方法分别称取20、30、40、50mL水的质量。重复上述操作一次。

滴定管读数/mL	水的体积/mL	水的质量/g	真实容量/mL	校正值/mL	总校正值/mL

五、思考题

（1）量器校正的原因是什么？有哪些校正方法？

（2）校正时，为什么称量只要称准到毫克？

（3）分段校正滴定管时，滴定管每次放出的纯水体积是否一定要整数？应该注意什么？

相对校正中，为什么要用干燥的容量瓶，如何干燥？

技能训练三　电子天平的使用

一、实验目的

(1)学会电子天平的校准。

(2)学会常用称量方法,直接称量法、固定质量称量法和递减称量法。

二、实验原理

电子天平是最新一代的天平,是根据电磁力平衡原理,直接称量,全量程不需砝码。放上称量物后,在几秒钟内即达到平衡,显示读数,称量速度快,精度高。

按电子天平的精度可分为以下几类:超微量电子天平、微量天平、半微量天平、常量电子天平。

三、实验用品

电子天平,称量瓶,氯化钠。

四、实验步骤

(一)电子天平的校准

电子天平在称量过程中会因为摆放位置不平而产生测量误差,称量精度越高误差就越大(如精密分析天平、微量天平),为此大多数电子天平都提供了调整水平的功能。

电子天平都有一个水准泡。水准泡必须位于液腔中央,否则称量不准确。调好之后,应尽量不要搬动,否则,水准泡可能发生偏移,又需重调。电子天平一般有 2 个调平底座,一般位于后面,也有位于前面的。旋转这两个调平基座,就可以调整天平水平。

首先,旋转左或右调平底座,把水准泡先调到液腔左右的中间。单独旋转一个左或右调平底座,其实是调整天平的倾斜度,肯定可以将水准泡调到液腔左右的中间。关键是调哪一个调平底座。初学者可以这样判断,先手动倾斜天平,使水准泡达到液腔左右的中间,然后看调平底座,哪一个高了,或者低了,调整其中一个调平底座的高矮,就可以使水准泡移动到液腔左右的中间。

注意,同时旋转两个调平底座,两手幅度必须一致,都须顺时针或者逆时针,让水准泡在液腔左右的中间线前后移动,最终移动到液腔中央,调平底座同时顺时针或者逆时针旋转,则天平倾斜度不变,这样水准泡就不会脱离液腔左右的中间线,只要旋转方向没有问题,就肯定可以达到液腔中央。

同时顺时针或者逆时针旋转:双手同时旋转调平底座(一只手向胸前,一只手向胸外,方向相反,一般就是同时顺时针或者逆时针旋转底座)。

方向问题:初学者不大容易判断方向。可手动抬高底座或另一个支座,使水泡向中央移动,再观察调平底座的位置,看是需要调高还是需要调低。

(二)电子天平的使用

(1)接通电源预热 20 ~ 30min。

(2)轻按"on"键开启电子天平显示器。

(3)校准天平

采用外校准(有的电子天平具有内校准功能),由"TAR"键清零及"CAL"键、100g 校准砝码完成。

轻按"CAL"键,当显示器出现"CAL -"时,即松手,显示器就出现"CAL - 100",其中"100"为闪烁码,表示校准砝码需用 100g 的标准砝码。此时就把准备好的"100g"校准砝码放上秤盘,显示器即出现"……"等待状态,经较长时间后显示器出现"100.0000g",拿去校准砝码,显示器应出现"0.0000g"。若出现不是为零,则再清零,重复以上校准操作(注意:为了得到准确的校准结果最好重复以上校准)。

(4)称量方法　常用的称量方法有直接称量法、固定质量称量法和递减称量法。

①直接称量法:此法是将称量物直接放在天平盘上直接称量物体的质量。

②固定质量称量法:此法又称增量法,用于称量某一固定质量的试剂(如基准物质)或试样。这种称量操作的速度很慢,适于称量不易吸潮、在空气中能稳定存在的粉末状或小颗粒(最小颗粒应小于 0.1mg,以便容易调节其质量)样品。

③递减称量法:又称减量法,用于称量一定质量范围的样品或试剂。在称量过程中样品易吸水、易氧化或易与 CO_2 等反应时,可选择此法。由于称取试样的质量是由两次称量之差求得,故也称差减法。

(5)称量练习

①用固定质量称量法称量一支笔的质量,记录数据。

②用增重法称量 0.3000g NaCl 的质量。

③用减量法称量 0.2 ~ 0.3g NaCl 样品三份。

五、思考题

(1)电子天平的外校准需要怎样进行。

(2)若连续称量需要及时关闭电子天平吗?

技能训练四　盐酸标准溶液的配制和标定(用基准物质标定)

一、实验目的

(1)巩固一般溶液的配制方法。

(2)学会用基准物质标定盐酸溶液。

(3)熟练掌握滴定操作。

二、实验原理

盐酸是滴定分析经常用到的试剂,因为其易挥发,所以其标准溶液需先粗略配制然后再进行标定。标定盐酸的方法有两种，一种是用基准物质标定；另一种是用标准溶液标定。

三、实验用品

仪器：电子天平，称量瓶，试剂瓶，锥形瓶，酸式滴定管，烧杯。

试剂：浓盐酸，无水碳酸钠（固体基准物），溴甲酚绿－甲基红混合指示剂。

四、实验步骤

（一）250mL 0.1mol/L HCl 的配制。

（1）计算　配制 250mL0.1mol/L HCl 所需要的浓盐酸的体积。

（2）量取　用量筒量取所需体积的盐酸。

（3）溶解　将量取的盐酸注入烧杯中，烧杯中事先加入少量蒸馏水。加水至 250mL 刻度线，用玻璃棒搅拌。

（二）标定

用称量瓶按递减称量法称取在 270～300℃ 灼烧至恒重的基准无水碳酸钠 0.15～0.22g（称准至 0.0002g），放入 250mL 锥形瓶中，以 50mL 蒸馏水溶解，加溴甲酚绿－甲基红混合指示剂 10 滴（或以 25mL 蒸馏水溶解，加甲基橙指示剂 1～2 滴），用 0.1mol/L HCl 溶液滴定至溶液由绿色变为暗红色（或由黄色变为橙色）。加热煮沸 2min，冷却后继续滴定至溶液呈暗红色（或橙色）为终点。平行测定 3 次，同时做空白实验。以上平行测定 3 次的 算术平均值为测定结果。

五、数据处理

$$c_{HCl}=\frac{m\times 1000}{(V_1-V_0)\times 52.99}$$

式中　m——基准无水碳酸钠的质量，g；

V_1——盐酸溶液的用量，mL；

V_0——空白试验中盐酸溶液的用量，mL；

52.99——1/2 Na_2CO_3的摩尔质量，g/mol；

c_{HCl}——HCl 标准溶液的浓度，mol/L。

六、思考题

（1）在配制盐酸时为什么要在烧杯中事先加入少量的水？

（2）标定盐酸除了碳酸钠外还可以选用什么基准物质？

技能训练五　盐酸标准溶液的配制和标定（用标准溶液标定）

一、实验目的

（1）学会用标准溶液标定盐酸溶液。

（2）巩固滴定操作。

（3）熟练进行数据记录和处理。

二、实验原理

根据酸碱中和反应原理，强酸盐酸可以用标准氢氧化钠溶液来标定其准确浓度。终点时溶液的 pH 为 7.00，可以选用酚酞或者甲基红作指示剂。

三、实验用品

仪器：酸式滴定管，移液管，锥形瓶。

药品：待标定盐酸溶液，标准氢氧化钠溶液，酚酞指示剂。

四、实验步骤

用移液管移取 25.00mL 氢氧化钠标准溶液于锥形瓶中，滴加 3 滴酚酞指示剂；将酸式滴定管装满待标定的盐酸溶液，调节液面为“0”，滴定至红色变为无色，半分钟之内颜色不复出。平行测定 3 次，同时做空白实验。以上平行测定 3 次的算术平均值为测定结果。

五、数据处理

按下式计算盐酸的浓度

$$c_{HCl} = \frac{c_{NaOH} V_{NaOH}}{V_{HCl} - V_0}$$

式中 c_{NaOH}——NaOH 的浓度；

V_{HCl}——HCl 溶液的用量，mL；

V_{NaOH}——NaOH 的体积，mL；

V_0——空白试验中 HCl 溶液的用量，mL。

六、思考题

(1)用基准物质标定盐酸和用标准溶液标定哪个结果更准确？

(2)本实验用酚酞作指示剂会产生何种误差？改用甲基红呢？

技能训练六 氢氧化钠标准溶液的配制和标定（用基准物质标定）

一、实验目的

(1)学会用基准物质标定氢氧化钠的浓度。

(2)巩固酸碱滴定技术，滴定终点的确定。

(3)巩固减量法称量。

二、实验原理

氢氧化钠标准溶液是酸碱滴定过程中经常用的一种试剂，因为其性质不稳定，易吸收空气中的水、二氧化碳而造成称量结果不准确导致浓度不准确，所以，其标准溶液需要粗略配制后标定。标定方法也有两种：一种是用基准物质标定，另一种是用与标准溶液比较的方法标定。

三、实验用品

1. 仪器

电子天平,称量瓶,碱式滴定管,锥形瓶,烧杯,洗瓶,量筒。

2. 药品

氢氧化钠,酚酞指示剂。

四、实验步骤

准确称取在110~120℃烘至恒重的基准邻苯二甲酸氢钾0.5~0.6g(称准至0.0002g),放入250mL三角瓶中,加入250mL的蒸馏水溶解,加酚酞指示剂2滴,用0.1mol/L NaOH溶液滴定至由无色变为红色30s不退色为终点。平行测定3次,同时作空白试验。

五、数据处理

$$c_{NaOH}=\frac{m\times 1000}{(V_1-V_0)\times 204.22}$$

式中 m——邻苯二甲酸氢钾的质量,g;

V_1——NaOH溶液的用量,mL;

V_0——空白试验NaOH溶液的用量,mL;

204.22——邻苯二甲酸氢钾的摩尔质量,g/mol;

c_{NaOH}——NaOH标准溶液的浓度,mol/L。

六、思考题

(1)标定氢氧化钠的基准物质除了邻苯二甲酸氢钾外还有什么?

(2)本实验产生误差的原因有哪些?

技能训练七 氢氧化钠标准溶液的配制和标定(用标准溶液标定)

一、实验目的

(1)学会用标准溶液标定氢氧化钠溶液。

(2)巩固滴定操作及滴定终点的判断。

(3)熟练进行数据记录和处理。

二、实验原理

根据酸碱中和反应原理,强碱性氢氧化钠可以用标准盐酸溶液来标定其准确浓度。滴定终点时溶液的pH为7.00,可以选用酚酞或者甲基红作指示剂。

三、实验用品

仪器:碱式滴定管,移液管,锥形瓶。

药品:待标定氢氧化钠溶液,标准盐酸溶液,甲基红指示剂。

四、实验步骤

用移液管移取25.00mL盐酸标准溶液于锥形瓶中,滴加1滴甲基红指示剂;

将碱式滴定管装满待标定氢氧化钠溶液，调节液面为"0"，滴定至溶液颜色由红色变为黄色，半分钟之内颜色不复出。平行测定3次，同时做空白实验。以上平行测定3次的算术平均值为测定结果。

五、数据处理

按下式计算盐酸的浓度

$$c_{NaOH}=\frac{c_{HCl}V_{HCl}}{V_{NaOH}-V_0}$$

式中 c_{NaOH}——NaOH的浓度；

V_{HCl}——标准HCl的体积，mL；

V_{NaOH}——NaOH的体积，mL；

V_0——空白试验中HCl溶液的用量，mL。

六、思考题

(1)本实验是用盐酸滴定氢氧化钠来测定其浓度，如果改用氢氧化钠滴定盐酸可以吗？对结果有无影响？

(2)盛放溶液的锥形瓶需不需要干燥？为什么？

技能训练八 食醋中总酸度的测定

一、实验目的

(1)巩固标准溶液的配制与标定技术。

(2)巩固滴定终点的判断。

(3)学会酸性样品的测定和数据处理技术。

二、实验原理

食醋的主要成分是醋酸，醋酸的电离常数常温下是1.75×10^{-5}，能够满足$pK_a\geqslant10^{-8}$，所以，可以用标准碱液直接测定其含量。

$$OH^-+HAc=Ac^-+H_2O$$

三、实验用品

仪器：碱式滴定管，移液管，容量瓶，锥形瓶，分析天平，台秤。

药品：NaOH，食醋，酚酞指示剂，邻苯二甲酸氢钾($KHC_8H_4O_4$)。

四、实验步骤

(一)氢氧化钠标定

(1)用不含CO_2的蒸馏水配制0.1mol/L的NaOH溶液250mL。

(2)用分析天平差减法准确称取基准物质邻苯二甲酸氢钾2.0~2.2g，放于小烧杯中溶解，转移至100mL容量瓶定容。

(3)用25.00mL移液管分别移取三份$KHC_8H_4O_4$于三个锥形瓶中。

(4)碱式滴定管装待标定的NaOH，以酚酞为指示剂滴定三份基准物质至终点。

(5)正确读取每份基准物所用 NaOH 量并记录，算出 NaOH 浓度。

(二)食醋总酸度测定

(1)碱式滴定管装入标准 NaOH 溶液，调至零点。

(2)用移液管移取 25mL 食醋于 250mL 容量瓶中，用不含 CO_2 的蒸馏水稀释至刻度。

(3)用 25.00mL 移液管分别移取三份稀释后的食醋于三个锥形瓶中，加入酚酞指示剂并加水 20mL。

(4)用标准 NaOH 溶液滴定至终点。

(5)记录所用 NaOH 用量，算出食醋总酸度。

五、数据处理

项目		1	2	3
m_{KHP}/g				
c_{KHP}/(mol/L)				
NaOH 体积/mL	终读数			
	初读数			
	V_{NaOH}			
c_{NaOH}/(mol/L)				
平均浓度				
相对平均偏差				
V_{HAc}/mL		25.00	25.00	25.00
NaOH 体积/mL	终读数			
	初读数			
	V_{NaOH}			
g/L				
相对平均偏差				

NaOH 标准溶液标定的数据处理公式：

$$c_{NaOH}=\frac{m_{KHC_8H_4O_4}}{M_{KHC_8H_4O_4}V_{NaOH}}\times\frac{25.00}{100.00}$$

NaOH 测定食醋的处理公式：

$$\rho_{HAc}=\frac{c_{NaOH}V_{NaOH}M_{HAc}}{10.0}$$

六、思考题

(1)本实验加入 20mL 蒸馏水的作用是什么？

(2)本实验为什么使用酚酞作指示剂？

技能训练九 牛乳新鲜度的测定(酸度)

一、实验目的

(1)学会酸碱滴定法测定鲜牛乳的总酸度。

(2)能够根据实验结果判断鲜牛乳的新鲜程度。

二、实验原理

牛乳的酸度是反映牛乳新鲜程度和热稳定性的重要指标。酸度高的牛乳新鲜度低,热稳定性差;酸度低的牛乳新鲜度高,热稳定性也高。正常的新鲜牛乳的滴定酸度为 14~20°T,一般为 16~18°T[我国滴定酸度用吉尔涅尔度表示,简称°T(TepHep 度)或用乳酸质量分数(乳酸%)来表示]。

°T 是指滴定 100mL 牛乳所消耗 0.1mol/L NaOH 的体积(mL),或滴定 10mL 牛乳所消耗 0.1mol/L NaOH 的体积(mL)乘以 10,即为牛乳的酸度°T。

$$RCOOH + NaOH \longrightarrow RCOONa + H_2O$$

滴定终点生成弱酸强碱盐,水解显碱性。选用酚酞作指示剂。

三、实验用品

仪器:碱式滴定管,锥形瓶,烧杯,玻璃棒,电子天平,铁架台,吸量管。

药品:氢氧化钠,酚酞。

供试品:牛乳。

四、实验步骤

(一)0.1mol/L NaOH 的配制与标定

(1)用电子天平称取约 1 g 氢氧化钠于烧杯中,加少量水溶解,再加水至 250mL。

(2)用递减法称取邻苯二甲酸氢钾 0.3~0.4g(精确到 0.0001)于 250mL 锥形瓶中,加入 100mL 水溶解,再加入 2 滴酚酞,用以上配好的氢氧化钠溶液滴定至浅红色并 30s 不褪色,记录数据。

NaOH 溶液的标定

	1	2	3
消耗 NaOH 始读数			
消耗 NaOH 终读数			
邻苯二甲酸氢钾样品质量			
NaOH 浓度			
平均浓度			

(二)牛乳酸度测定

在 250mL 锥形瓶中注入 10mL 牛乳,加 20mL 蒸馏水,加 0.5% 酚酞指示液 2

滴,小心混匀,用 0.1mol/L NaOH 标准溶液滴定,直至浅红色在 30s 内不消失为止。消耗 0.1mol/L NaOH 标准溶液的体积(mL)乘以 10,即得酸度。平行三次。

牛乳样品滴定数据记录及结果计算

序号	始读数/mL	终读数/mL	计算结果/°T
1			
2			
3			

五、数据处理

$$牛乳酸度(°T) = V \times 10$$

六、思考题

本实验滴定速度越慢,则消耗碱液越多,误差大,最好在 20 ~ 30s 完成滴定。试分析其原因。

技能训练十　碳酸钠 - 碳酸氢钠含量的测定

一、实验目的

(1)学会双指示剂法测定混合碱的含量。

(2)了解强酸滴定弱酸盐滴定过程中 pH 的变化及其在酸碱滴定过程中的应用。

二、实验原理

烧碱 NaOH 在生产和贮藏时,能吸收空气中的 CO_2,而产生 Na_2CO_3;食用纯碱 Na_2CO_3 常作为添加剂或酸碱调节剂应用于食品工业,在制造和存放中常有副产品 $NaHCO_3$, NaOH 和 Na_2CO_3、Na_2CO_3 和 $NaHCO_3$ 均称为混合碱。本实验用双指示剂法测定其含量。

先用酚酞作指示剂,HCl 将 Na_2CO_3 滴定为 $NaHCO_3$,用去 HCl 标准溶液为 V_1(mL)。

$$Na_2CO_3 + HCl = NaCl + NaHCO_3$$

再加入甲基红作指示剂,继续用 HCl 溶液滴定至终点,溶液中所有 $NaHCO_3$ 都被滴定,用去 HCl 标准溶液 V_2(mL)。

$$NaHCO_3 + HCl = NaCl + H_2O + CO_2\uparrow$$

根据两步滴定所消耗的盐酸的体积求出混合碱的含量。

三、实验用品

仪器:分析天平,称量瓶,酸式滴定管,锥形瓶。

药品:混合碱试样,甲基红,酚酞。

四、实验步骤

准确称取 0.15 ~ 0.2g 混合碱试样三份，分别置于 250mL 锥形瓶中，各加入 50mL 蒸馏水、2 滴酚酞指示剂后溶液呈红色，用 0.1mol/L HCl 标准溶液（技能训练五）滴定到无色，记下用去 HCl 体积 V_1（mL）。第一终点后再加 2 滴甲基红指示剂，继续用 HCl 滴定，到溶液由黄色转变为橙色为止。记下第二次用去的 HCl 体积 V_2（mL）。计算 Na_2CO_3、$NaHCO_3$的含量。

记录项目	1	2	3
试样质量（倒出前的质量 - 倒出后的质量）/g			
HCl 净用量 V_1（第一终点的读数 - 初读数）/mL			
HCl 净用量 V_2（第二终点的读数 - 初读数）/mL			
Na_2CO_3质量分数/%			
平均值			
$NaHCO_3$质量分数/%			
平均值			
Na_2CO_3、$NaHCO_3$相对平均偏差			

五、数据处理

$$Na_2CO_3\ 质量分数(\%)=\frac{c_{HCl}(2V_1)M_{Na_2CO_3}}{m_{试样}\times 2\times 1000}\times 100\%$$

$$NaHCO_3\ 质量分数(\%)=\frac{c_{HCl}(V_2-V_1)M_{NaHCO_3}}{m_{试样}\times 1000}\times 100\%$$

六、思考题

（1）该实验要求在滴定过程中剧烈摇动锥形瓶，为什么？

（2）试思考双指示剂法的原理。

模块二 氧化还原滴定技术

背景知识 氧化还原反应

一、氧化值

1.元素的氧化值(氧化数)

某元素一个原子的电荷数。假设把每一个化学键中的电子指定给电负性更大的原子而求得。

2.确定氧化值的一般规则

(1)单质中元素的氧化值为零。

(2)中性分子中各元素的正负氧化值代数和为零。多原子离子中各元素原子正负氧化值的代数和等于离子电荷数。

(3)在共价化合物中,共用电子对偏向于电负性大的元素的原子,原子的"形式电荷数"即为它们的氧化值。

(4)化合物中,氧的氧化值一般为 -2,在过氧化物(如 H_2O_2、Na_2O_2等)中为 -1,在超氧化合物(如 KO_2)中为 $-\frac{1}{2}$,在 OF_2中为 +2。在化合物中氢的氧化值一般为 +1,仅在与活泼金属生成的离子型氢化物(如 NaH、CaH_2)中为 -1。

(5)所有卤化合物中卤素的氧化值均为 -1;碱金属、碱土金属在化合物中的氧化值分别为 +1、+2。

[例2-1] 求 NH_4^+ 中 N 的氧化值。

解:已知 H 的氧化值为 +1。设 N 的氧化值为 x。

根据多原子离子中各元素氧化值代数和等于离子的总电荷数的规则可以列出:

$$x+(+1)\times 4=+1$$
$$x=-3$$

所以 N 的氧化值为 -3。

［例 2－2］　求 Fe_3O_4 中 Fe 的氧化值。

解:已知 O 的氧化值为 -2。设 Fe 的氧化值为 x,则

$$3x+4\times(-2)=0,$$

$$x=+\frac{8}{3}$$

所以 Fe 的氧化值为 $+\frac{8}{3}$。

氧化值为正或为负,可以是整数、分数或小数。

二、氧化与还原

氧化还原反应:凡化学反应中,反应前后元素的原子氧化值发生了变化的一类反应。如 $Cu^{2+}+Zn=Cu+Zn^{2+}$。

氧化是元素的原子或离子失去电子氧化值升高的过程。如 $Zn-2e^-=Zn^{2+}$。

还原是元素的原子或离子得到电子氧化值降低的过程。如 $Cu^{2+}+2e^-=Cu$。

还原剂是在反应中氧化值升高的物质,如 Zn;氧化剂是在反应中氧化值降低的物质,如 Cu^{2+}。

氧化态物质是氧化数高的物质,如 Cu^{2+}、Zn^{2+};还原态物质是氧化数低的物质,如 Cu、Zn。

三、氧化还原反应方程式的配平

(一)氧化数法

1. 基本依据

在配平的氧化－还原反应中,氧化数的总升高值等于氧化数的总降低值。

2. 步骤

以 $P_4+HClO_3\longrightarrow HCl+H_3PO_4$ 为例。

(1)正确书写反应物和生成物的分子式或离子式。

(2)找出还原剂分子中所有原子的氧化数总升高值和氧化剂分子中所有原子的氧化数总降低值。

$$4P:4\times(+5-0)=+20\quad Cl:-1-(+5)=-6$$

(3)根据(2)中两个数值,找出它们的最小公倍数(60),求出氧化剂、还原剂分子前面的系数(10,3),即

$$3P_4+10HClO_3\longrightarrow 12H_3PO_4+10HCl$$

(4)用质量守恒定律来检查在反应中不发生氧化数变化的分子数目,以达到方程式两边所有原子相等。上式中右边比左边多 36 个 H 原子和 18 个 O 原子,所以左边要添加 18 个 H_2O 分子。

$$3P_4+10HClO_3+18H_2O=\!=\!=12H_3PO_4+10HCl$$

例，$As_2S_3 + HNO_3 —— H_3AsO_4 + H_2SO_4 + NO$

$2As:2 \times (5-3) = +4$
$3S:3 \times [6-(-2)] = +24$ $> 28 \times 3$
$N:2-5=-3 \times 28$

$$3As_2S_3 + 28HNO_3 + 4H_2O = 6H_3AsO_4 + 9H_2SO_4 + 28NO$$

(二)离子－电子法

1. 基本依据

(1)反应过程中氧化剂所夺得的电子数必须等于还原剂失去的电子数；

(2)根据质量守恒定律，反应前后各元素的原子总数相等。

2. 具体步骤

以 $H^+ + NO_3^- + Cu_2O \longrightarrow Cu^{2+} + NO + H_2O$ 为例。

(1)先将反应物和产物以离子形式列出(难溶物、弱电解质和气体均以分子式表示)。

(2)将反应式分成两个半反应：

$$Cu_2O \longrightarrow Cu$$
$$NO_3^- \longrightarrow NO$$

(3)加一定数目的电子和介质，使半反应两边的原子个数和电荷数相等。

$$Cu_2O + 2H^+ \longrightarrow 2Cu^{2+} + H_2O + 2e^- \quad ①$$
$$NO_3^- + 4H^+ \longrightarrow NO + 2H_2O - 3e^- \quad ②$$

(4)根据氧化还原反应中得失电子必须相等，将两个半反应乘以相应的系数，合并成一个配平的离子方程式：

①×3＋②×2 得：

$$3Cu_2O + 2NO_3^- + 14H^+ = 6Cu^{2+} + 2NO + 7H_2O$$

(三)举例

(1)用离子－电子法配平反应 $ClO_3^- + As_2S_3 \longrightarrow H_2AsO_4^- + SO_4^{2-} + Cl^-$

$$ClO_3^- + 6H^+ \longrightarrow Cl^- + 3H_2O - 6e^- \quad ①$$
$$As_2S_3 + 20H_2O \longrightarrow 2H_2AsO_4^- + 3SO_4^{2-} + 36H^+ + 28e^- \quad ②$$

①×14＋②×3 得：

$$14ClO_3^- + 3As_2S_3 + 18H_2O = 14Cl^- + 6H_2AsO_4^- + 9SO_4^{2-} + 24H^+$$

(2)用离子－电子法配平反应 $ClO^- + Cr(OH)_4^- \longrightarrow Cl^- + CrO_4^{2-}$

$$ClO^- + H_2O \longrightarrow Cl^- + 2OH^- - 2e^- \quad ①$$
$$Cr(OH)_4^- + 4OH^- \longrightarrow CrO_4^{2-} + 4H_2O + 3e^- \quad ②$$

①×3＋②×2 得：

$$3ClO^- + 2Cr(OH)_4^- + 2OH^- = 3Cl^- + 2CrO_4^{2-} + 5H_2O$$

(四)注意事项

(1)每个半反应两边的电荷数与电子数的代数和相等，原子数相等。

(2)正确添加介质：在酸性介质中，去氧加 H^+，添氧加 H_2O；在碱性介质中，去

氧加 H_2O,添氧加 OH^-。

(3)根据弱电解质存在的形式,可以判断离子反应是在酸性还是在碱性介质中进行。

项目一
原电池及电动势

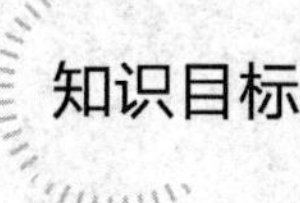

知识目标

1. 掌握原电池的基本概念。
2. 理解电极电势的概念。
3. 熟练地应用能斯特方程解决相关问题。
4. 掌握元素电势图的应用。

技能目标

1. 能正确熟练地书写原电池符号。
2. 能根据给定的条件计算电极电势。
3. 能判断氧化还原反应进行的方向。

一、原电池与电极电势

(一)原电池

将 Zn 片插入 $CuSO_4$溶液中,则 Zn 片开始溶解,而铜从溶液中析出。其离子方程式为:

$$Zn_{(s)} + Cu^{2+}_{(aq)} \longrightarrow Cu_{(s)} + Zn^{2+}_{(aq)}$$

这是一个可自发进行的氧化还原反应,由于氧化剂和还原剂直接接触,电子直接从还原剂转移到氧化剂,无法产生电流。要将氧化还原反应的化学能转化为电能,必须使氧化剂和还原剂的电子转移通过一定的外电路做定向运动,这就要求反应过程中氧化剂和还原剂不能直接接触,因此需要一种特殊的装置来实现上述过程。图 2-1 是原电池装置,能够产生电流现象。

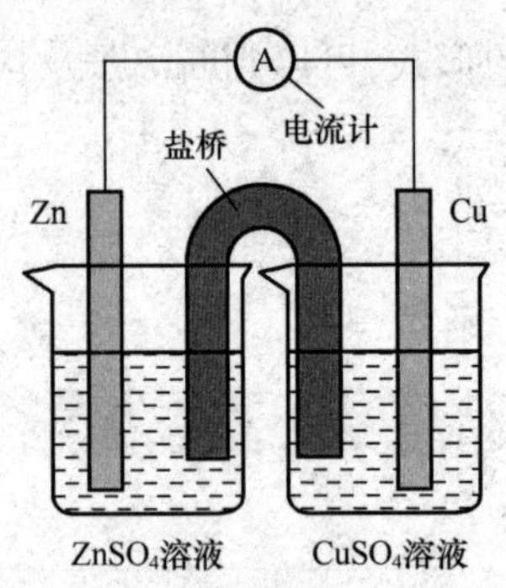

图2－1　铜－锌电池

1. 电极反应

锌极：电子流出，$Zn - 2e^- \rightarrow Zn^{2+}$，负极。

铜极：电子流入，$Cu^{2+} + 2e^- \rightarrow Cu$，正极。

2. 盐桥的作用

金属晶格中有金属离子和自由移动的电子存在（金属得失电子的能力与其本质有关），由于金属离子可以在两相（固、液）间移动，因此会在界面处形成双电子层，达到平衡（进入液相的金属离子聚集于金属的表面与晶格中的电荷达到动态平衡）。

当把金属 M 插入其盐溶液时，金属表面上的正离子受极性水分子的吸引，有一种进入溶液变成水合离子 $M^{n+}_{(aq)}$ 的趋向，而相应的电子仍留在金属上，这种倾向随金属性的增强而增强。另一方面盐溶液中 $M^{n+}_{(aq)}$ 离子有一种从金属 M 表面获得电子而沉积在金属表面的倾向，金属越不活泼，离子浓度越大，则这种倾向越大。

$$M \longrightarrow M^{n+}_{(aq)} + ne^-$$

（在溶液中）（在金属上）

如：金属离子进入溶液的倾向大于溶液中金属离子沉积的倾向，达到平衡后，金属带负电荷，溶液带正电荷。

金属离子进入溶液的倾向小于溶液中金属离子沉积的倾向，达到平衡后，金属带正电荷，溶液带负电荷。

"双电层"的存在，产生了金属和盐溶液的电势差，叫电极电势。电极电势是产生电流的直接原因，这种电势差的差异可以通过盐桥来平衡。

盐桥是用琼脂和饱和 KCl 溶液制成的冻胶，其中 K^+、Cl^- 能自由移动，向溶液扩散。显然，KCl 溶液中 K^+、Cl^- 减少，电池内阻增大，电流减少。

这种借助于氧化还原反应使化学能转化为电能的装置，称为原电池。

在原电池中，组成原电池的导体（如铜片和锌片）称为电极，同时规定电子进入的电极称为正极，电子流出的电极称为负极。原电池正极发生还原反应，负极发生氧化反应。

负极：　$Zn-2e^{-}=Zn^{2+}$

（氧化态升高）

正极：　$Cu^{2+}+2e^{-}=Cu$

（氧化态降低）

上述铜－锌原电池可表示为：

$$(-)Zn|Zn^{2+}(c_1)||Cu^{2+}(c_2)|Cu(+)$$

上式中，“||”表示盐桥，两边是两个半电池；“|”表示界面（导体和溶液），导体写在两侧。

书写原电池符号时，负极写在左边，正极写在右边，并且要注明溶液（或气体）的浓度（或分压）。

原电池是由半电池组成的，每一个半电池都是由同一种元素不同氧化值的两种物质所构成。一种是处于低氧化值的可作为还原剂的物质，如锌半电池中的Zn、铜半电池中的Cu；另一种是处于高氧化值的可作为氧化剂的物质，如锌半电池中的 Zn^{2+}、铜半电池中的 Cu^{2+}。这种同一种元素的氧化型物质和其对应的还原型物质的构成，称为氧化还原电对。氧化还原电对习惯上常用符号氧化型/还原型来表示，如 Cu^{2+}/Cu、Zn^{2+}/Zn。非金属单质及其相应的离子也可以构成氧化还原电对，如 H^{+}/H_2。

氧化型物质和还原型物质在一定条件下，可以互相转化：

$$氧化型(Ox)+ne^{-}\rightleftharpoons 还原型(Red)$$

式中 n 表示互相转化时得失电子数。这种表示氧化型物质和还原型物质之间相互转化的关系式，称为半反应或电极反应。电极反应包括参加反应的所有物质，不仅仅是有氧化值变化的物质。

3. 常见的电极

①金属（同时充当导体）和它的离子：如 Ag^{+}/Ag，

负极：$(-)Ag|Ag^{+}(c)$

正极：$Ag^{+}|Ag(+)$

②同一元素的两种离子：如 Fe^{2+}/Fe^{3+}。导体可选 Pt、石墨（惰性不参加反应）。

负极：$(-)Pt|Fe^{2+}(c_1),Fe^{3+}(c_2)$

正极：$Fe^{2+}(c_1),Fe^{3+}(c_2)|Pt(+)$

类似还有 $Cr_2O_7{}^{2-}/Cr^{3+}$、$MnO_4{}^{-}/Mn^{2+}$。

③离子和气体：如 H^{+}/H_2、$Pt,H_2(p)|H^{+}(c)$

Cl_2/Cl^{-}、$Pt,Cl_2(p)|Cl^{-}(c)$

④离子和难溶盐：如 AgCl/Ag，$AgCl+e^{-}\longrightarrow Ag+Cl^{-}$

负极：$(-)Ag,AgCl_{(s)}|Cl^{-}(c)$

正极：$Cl^{-}|Ag,AgCl(+)$

甘汞电极：(Hg_2Cl_2/Hg)，$Hg_2Cl_2 + 2e^- \longrightarrow 2Hg + 2Cl^-$

负极：$(-)Pt, Hg_{(1)}, Hg_2Cl_{2(糊浆状)} | KCl$(饱和溶液)

正极：KCl(饱和)$| Hg_{(1)}, Hg_2Cl_{2(糊浆状)}, Pt(+)$

[例2-3] 由已知的氧化还原反应，写出电极反应，组成原电池符号：

$$MnO_4^- + 5Fe^{2+} + H^+ \longrightarrow Mn^{2+} + 5Fe^{3+} + 4H_2O$$

解题关键：找出氧化剂电对和还原剂电对

氧化剂电对　　正极　　MnO_4^-/Mn^{2+}

还原剂电对　　负极　　Fe^{3+}/Fe^{2+}

电极反应：$MnO_4^- + 8H^+ + 5e^- \longrightarrow Mn^{2+} + 4H_2O(+)$

$Fe^{2+} - e^- \longrightarrow Fe^{3+}(-)$

电池符号

$(-)Pt|Fe^{2+}(c_1), Fe^{3+}(c_2)||MnO_4^-(c_3), Mn^{2+}(c_4), H^+(c_5)|Pt(+)$

(二)电极电势

电子在原电池的正负极间流动，表明两极间存在电势差，且正极电势较负极电势高。电极电势产生的原因是在金属与其盐溶液的界面处有“双电层”的形成所致。

电极电势的绝对值不能测定。为了比较电势的高低，化学上通常选用“标准氢电极”，其他电极电势以此为基准求其绝对值。

1.标准氢电极

组成 H^+/H_2，(Pt)，$2H^+(mol/L) + 2e^- \rightleftharpoons H_2(101325Pa)$

$$Pt, H_2(101325Pa)|H^+(1mol/L)$$

“标准”电极反应中各物质均处于标准态。规定：标准氢电极在298.15K时，其电极电势为零或表示为 $\varphi^{\ominus}_{H^+/H_2} = 0.000(V)$

2.标准电极电势的测定

(1)概念　标准电极电势中的“标准”是指由该电子对对应的电极反应中各物质均处于标准态，也就是组成半电池的各物质均处于标态。

如：Ag^+/Ag，　$Ag^+(1mol/L) + e^- \longrightarrow Ag$　$\varphi^{\ominus}_{Ag^+/Ag}$

$AgCl/Ag$，$AgCl_{(s)} + e^- \longrightarrow Ag + Cl^-(1mol/L)$，$\varphi^{\ominus}_{AgCl/Ag}$

(2)测量方法　在298.15K时，标准氢电极和待测电极组成原电池，测组成原电池的电动势。

例如，$(-)Pt, H_2(p^{\ominus})|H^+(c^{\ominus})||Cu^{2+}(c^{\ominus})|Cu(+)$

$$E^{\ominus} = \varphi^{\ominus}_{Cu^{2+}/Cu} - \varphi^{\ominus}_{H^+/H_2} = 0.335V,\ \varphi^{\ominus}_{Cu^{2+}/Cu} = +0.335V$$

$$(-)Zn|Zn^{2+}(c^{\ominus})||H^+(c^{\ominus})|H_2(p^{\ominus}), Pt(+)$$

$$E^{\ominus} = \varphi^{\ominus}_{H^+/H_2} - \varphi^{\ominus}_{Zn^{2+}/Zn} = 0.763V,\ \varphi^{\ominus}_{Zn^{2+}/Zn} = -0.763V$$

实例测量时，有时也采用甘汞电极作参比电极。电极电势也可用热力学函数$(\Delta G^{\ominus})$计算而得。

3. 电极电势的理论确定

原电池提供做功的本领来自于化学反应，电池的电动势 $E(E^{\ominus})$ 是电池作功的推动力，$\Delta G_T^{\ominus}(\Delta G_T)$ 是化学反应自发进行的推动力，两者间有着内在的联系。

$E^{\ominus}$ 和 $\Delta G^{\ominus}$ 的关系如下。

有 $n$mol 的电子由负极流向正极，电池所做的最大功

$$W_{max} = nFE$$

式中　F——法拉第常数，96485C/mol。

原电池在恒温恒压下产生电流，如果在此过程中化学能全部转化为电能无其他能量损失，则反应的吉布斯函数变（$-\Delta G$）等于原电池可能做的最大功。

$$\Delta G = -W_{max} = -nFE$$

标态下：$E^{\ominus} = -\Delta G^{\ominus}/nF = -(\varphi^{\ominus}_{正} - \varphi^{\ominus}_{负})/nF$

注意几点：①E、$E^{\ominus}$ 分别对应非标态、标态的电动势，ΔG 和 $\Delta G^{\ominus}$ 对应电池反应的自由能（吉布斯函数）变。②n 是电池反应中电子转移的摩尔数。

4. 影响电极电势的因素

影响电极电势的因素除了有内部因素（电对的本性）外，温度和浓度也是影响因素。以下仅讨论浓度影响。

对于电极反应，氧化态 $+ ne^- \rightleftharpoons$ 还原态。

在 298.15K 条件下，φ 和浓度的关系可以用能斯特方程式表示如下：

$$\varphi = \varphi^{\ominus} - \frac{0.0592}{n}\lg(\text{氧化态/还原态})$$

说明：n、Q 是对应还原半反应，Q 由半电池反应（电极反应写出，电子不列入），要求：反应式要配平，包括电极反应中的所有物质，气体用相对分压，溶液用溶质的相对浓度。例如：

$$Cr_2O_7^{2-} + 14H^+ + 6e^- = 2Cr^{3+} + 7H_2O$$

电对　$Cr_2O_7^{2-}/Cr^{3+}$

电极电势　$\varphi_{(Cr_2O_7^{2-}/Cr^{3+})}$，$\varphi^{\ominus}_{(Cr_2O_7^{2-}/Cr^{3+})}$

当　$c_{Cr_2O_7^{2-}} = 0.1$mol/L，pH = 3，$c_{Cr^{3+}} = 0.1$mol/L 时，

$$\varphi_{(Cr_2O_7^{2-}/Cr^{3+})} = \varphi^{\ominus}(Cr_2O_7^{2-}/Cr^{3+}) - \frac{0.0592}{6}\lg\frac{2c_{Cr^{3+}}/c^{\ominus}}{(c_{Cr_2O_7^{2-}}/c^{\ominus}) \times 14(c_{H^+}/c^{\ominus})}$$

$$= 1.33 - \frac{0.0592}{6}\lg\frac{2 \times 0.1}{0.1 \times 14 \times 10^{-3}}$$

$$= 0.925\text{V}$$

（三）能斯特方程

电极电势的大小与电极本性有关，也受外界条件如温度和电解质溶液浓度的影响。电极电势与浓度、温度的关系可用能斯特方程表示。

对于任一电池反应：$a\text{Ox}_1 + b\text{Red}_2 = d\text{Red}_1 + e\text{Ox}_2$

根据化学等温式：$\Delta_r G_m = \Delta_r G_m^{\ominus} + RT\ln Q$

将 $\Delta_r G_m = -nFE$, $\Delta_r G_m^{\ominus} = -nFE^{\ominus}$ 代入上式 得：

$$-nFE = -nFE^{\ominus} + RT\ln Q$$

$$E = E^{\ominus} - \frac{RT}{nF}\ln Q$$

代入常数，得能斯特方程

$$E = E^{\ominus} - \frac{0.0592}{n}\ln Q$$

对于氧化型$(Ox)^{n+} + H_2(p^{\ominus})$══还原型$(Red)^{(n-2)+} + 2H^+(1mol/kg)$的反应而言：

$\varphi_{Ox/Red} - 0 = \varphi_{Ox/Red}{}^{\ominus} - 0 - \frac{0.0592}{2}\lg\frac{c_{Red}}{c_{Ox}}$，则对于任何电极在非标准状态条件下的还原电位可用下式计算：

$$\varphi_{Ox/Red} = \varphi_{Ox/Red}{}^{\ominus} - \frac{0.0592}{n}\lg\frac{c_{Red}}{c_{Ox}}$$

该公式指出了还原电位与电解质溶液的浓度、气体的压强和温度之间的定量关系。

在使用能斯特方程时，必须注意以下几点。

①运用能斯特方程可计算任意温度、浓度和压力条件下电极电位。若 $T=298.15K$，能斯特方程可改写为：

$$E = E^{\ominus} - \frac{0.0592}{n}\ln Q$$

$$E = E^{\ominus} - \frac{0.0592}{n}\lg\frac{(c_{Red})^q}{(c_{Ox})^p}$$

第一个 n 表示电池反应中电子转移的电子数，第二个 n 表示电极反应中电子转移的电子数（与电池反应中的 n 不同）。

②严格意义上，应该用活度进行计算。为方便计算，一般用浓度 c 来代替活度 a 进行计算。

③若在电极或电池反应中除氧化型和还原型物质外，还有 H^+、OH^- 参加，必须把 H^+、OH^- 浓度按照其在反应中的作用，表示在能斯特方程中，参与计算。

④在有纯固体、纯液体参与的反应中，因其浓度表现为常数，常以 1 代入。

⑤如电极或电池反应中有气体参加，则按气体在电池或电极反应中的作用，以分压 p 与标准压力 $p^{\ominus}$（通常取 100kPa）之比，代入能斯特方程式中进行计算。

思考题

1. 盐桥有什么作用？
2. 原电池符号的写法有哪些规定？
3. 何谓电极电势？能否测定电极的绝对电极电势？何谓标准电极电势？

二、电极电势的应用

(一)计算原电池的电动势

根据标准电极电势和能斯特方程,可以计算出任意两个电极所构成的原电池的电动势,以及相对氧化还原反应的标准自由能变(吉布斯函数)。

例如,(-)Pt|Sn^{2+}(0.1),Sn^{4+}(0.1)||$Cr_2O_7^{2-}$(0.1),Cr^{3+}(0.1),H^+(0.1)|Pt(+)

$$\varphi^{+} = \varphi_{(Cr_2O_7^{2-}/Cr^{3+})}$$

$$= \varphi^{\ominus}_{(Cr_2O_7^{2-}/Cr^{3+})} - \frac{0.0592}{6}\lg\frac{2c_{Cr^{3+}}/c^{\ominus}}{c_{Cr_2O_7^{2-}}(c_{H^+}/c^{\ominus})14}$$

$$(Cr_2O_7^{2-} + 14H^+ + 6e^- \longrightarrow 2Cr^{3+} + 7H_2O)$$

$$\varphi_{(Cr_2O_7^{2-}/Cr^{3+})} = 1.33 - \frac{0.0592}{6}\lg\frac{0.1\times 2}{0.1\times 0.1\times 14} = 1.2V$$

$$\varphi^{-} = \varphi_{(Sn^{4+}/Sn^{2+})} = \varphi^{\ominus}_{(Sn^{4+}/Sn^{2+})} - \frac{0.0592}{2}\lg\frac{c_{Sn^{2+}}/c^{\ominus}}{c_{Sn^{4+}}/c^{\ominus}}$$

$$(Sn^{4+} + 2e^- \rightleftharpoons Sn^{2+})$$

$$\varphi_{(Sn^{4+}/Sn^{2+})} = \varphi^{\ominus}_{(Sn^{4+}/Sn^{2+})} - \frac{0.0592}{2}\lg\frac{0.1}{0.1}$$

$$= 0.15 - \frac{0.0592}{2}\lg 1 = 0.15V$$

$$\therefore E = \varphi^{+} - \varphi^{-} = \varphi_{(Cr_2O_7^{2-}/Cr^{3+})} - \varphi_{(Sn^{4+}/Sn^{2+})} = 1.20 - 0.15 = 1.05V$$

注意:①写出正负极对应的电极反应(氧化态 + ne^- ⇌ 还原态);②能斯特方程中应注意系数(指数),气体 $p_i/p^{\ominus}$,液体 $c_i/c^{\ominus}$,电极反应中所有物质的 $c_{氧化态}/c_{还原态}$;③电子数(mol)。

(二)判断氧化剂和还原剂的相对强弱

电极电势的大小反映了氧化还原电对中的氧化态物质和还原态物质在水溶液中氧化还原能力的相对强弱。若氧化还原电对的电极电势代数值越小,则该电对中的还原态物质越易失去电子,是越强的还原剂;其对应的氧化态物质就越难得到电子,是越弱的氧化剂。若电极电势的代数值越大,则该电对中氧化态物质就是越强的氧化剂,其对应的还原态物质就是越弱的还原剂。

Li^+,Zn^{2+},H^+,Cu^{2+},Cl_2,F_2,从左⟶右得电子能力增强;

Li,Zn,H,Cu,Cl^-,F^-,从左⟶右失电子能力减弱。

$\varphi^{\ominus}$/V 分别为:-3.045,-0.76,0,+0.337,+1.36,+2.87。

由此可见:①每个电对中有两种物质,氧化型物质具有氧化性,还原型物质具有还原性。②$\varphi^{\ominus}$越大,氧化型物质的氧化能力越强;$\varphi^{\ominus}$越小,还原型物质的还原能力越强。③φ(非标态)表示电对中氧化型物质的氧化性和还原型物质的还原性,φ越大电对中氧化型物质的氧化性越强,φ越小还原型物质的还原能力越强。

例如,$\varphi^{\ominus}_{(Cr_2O_7^{2-}/Cr^{3+})} = 1.33V$,$\varphi^{\ominus}_{(MnO_4^-/Mn^{2+})} = 2.01V$,$\varphi^{\ominus}_{(Br_2/Br^-)} = 0.77V$,

$\varphi^{\ominus}_{(I_2/I^-)} = +0.15V$。电对中氧化型物质的氧化性 $MnO_4^- > Cr_2O_7^{2-} > Br_2 > I_2$。

(三)判断氧化还原反应进行的方向

判断氧化还原反应进行的方向,可以把氧化还原反应排成原电池,并计算原电池的电动势。按照化学反应的自发判据,$\Delta G^{\ominus} < 0$,那么对水溶液中的氧化还原反应,则有 $\Delta G^{\ominus} = -nFE^{\ominus} < 0$。即如果 $E^{\ominus} > 0$,说明该氧化还原反应按照原指定的方向进行;如果 $E^{\ominus} < 0$,说明该氧化还原反应不能按照原指定方向进行(而是按逆方向进行)。

实际上用氧化剂和还原剂的相对强弱来判断氧化还原反应的方向更为方便。欲判断反应能否自左向右进行,只要比较与它们有关的电极电势。

例如,$Ag^+(1mol/L) + Fe^{2+}(1mol/L) \longrightarrow Ag + Fe^{3+}(1mol/L)$

$\varphi_{(Ag^+/Ag)} = 0.799V$, $\varphi_{(Fe^{3+}/Fe^{2+})} = 0.77V$

因 $\varphi_{(Ag^+/Ag)} > \varphi_{(Fe^{3+}/Fe^{2+})}$,说明在该系统中作为氧化剂的 Ag^+ 和 Fe^{3+} 中,Ag^+ 是较强的氧化剂;作为还原剂的 Ag 和 Fe^{2+} 中,Fe^{2+} 是较强的还原剂。在氧化还原反应中,总是较强的氧化剂和较强的还原剂相互作用,生成较弱的氧化剂和较弱的还原剂。所以,在该反应中是 Fe^{2+} 给出电子,Ag^+ 接受电子,故上述反应能自发地自左向右进行。

(四)电势图及应用

大多数非金属元素和过渡元素可以存在几种氧化值,各氧化值之间都有相应的标准电极电势。可将其各种氧化值按从高到低(或从低到高)的顺序排列,在两种氧化值之间用直线连接起来并在直线上标明相应电极反应的标准电极电势值。以这样的图形表示某一元素各种氧化值之间电极电势变化的关系图称为元素电势图,因是拉特默首创,故又称为拉特默图。书写某一元素的电势图时,既可以将全部氧化值列出,也可以根据需要列出其中的一部分。图 2-2 为氯的元素电势图。

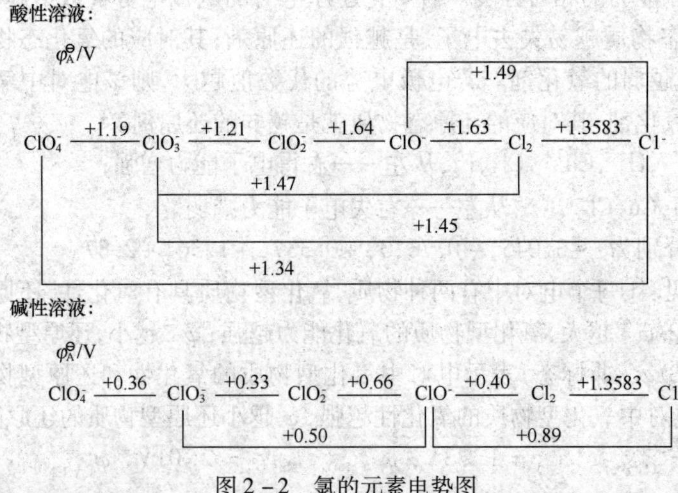

图 2-2 氯的元素电势图

在元素电位图的最右端是还原型物质,如 Cl^-,最左端是氧化型物质,如 ClO_4^-。中间的物质,相对于右端的物质是氧化型,相对于左端的物质是还原型,如 Cl_2 相对于 Cl^- 是氧化型,相对于 ClO^- 是还原型。

1. 判断歧化反应是否能够进行

歧化反应即自身氧化还原反应,它是指在氧化还原反应中,氧化作用和还原作用是发生在同种分子内部同一氧化值的元素上,也就是说该元素的原子(或离子)同时被氧化和还原。

由某元素不同氧化值的三种物质所组成两个电对,按其氧化值高低排列为从左至右氧化值降低。

$$A \xrightarrow{\varphi^{\ominus}_{左}} B \xrightarrow{\varphi^{\ominus}_{右}} C$$

假设 B 能发生歧化反应,那么这两个电对所组成的电池电动势:

$$E^{\ominus} = \varphi^{\ominus}_{正极} - \varphi^{\ominus}_{负极}$$

B 变成 C 是获得电子的过程,应是电池的正极;B 变成 A 是失去电子的过程,应是电池的负极,所以

$$E^{\ominus} = \varphi^{\ominus}_{右} - \varphi^{\ominus}_{左} > 0 \quad 即 \varphi^{\ominus}_{右} > \varphi^{\ominus}_{左}$$

假设 B 不能发生歧化反应,同理:

$$E^{\ominus} = \varphi^{\ominus}_{右} - \varphi^{\ominus}_{左} < 0 \quad 即 \varphi^{\ominus}_{右} < \varphi^{\ominus}_{左}$$

由上两例可推广为一般规律:

在元素电势图 $A \xrightarrow{\varphi^{\ominus}_{左}} B \xrightarrow{\varphi^{\ominus}_{右}} C$ 中,若 $\varphi^{\ominus}_{右} > \varphi^{\ominus}_{左}$,物质 B 将自发地发生歧化反应,产物为 A 和 C;若 $\varphi^{\ominus}_{右} < \varphi^{\ominus}_{左}$,当溶液中有 A 和 C 存在时,将自发地发生歧化反应的逆反应,产物为 B。

2. 从已知电对求未知电对的标准电极电势

假设有一元素的电势图:

$$A \xrightarrow[n_1]{\varphi_1^{\ominus}} B \xrightarrow[n_2]{\varphi_2^{\ominus}} C \xrightarrow[n_3]{\varphi_3^{\ominus}} D$$

则 $\varphi^{\ominus}$ 值可以由下式求出:

$$\varphi^{\ominus} = \frac{n_1\varphi_1^{\ominus} + n_2\varphi_2^{\ominus} + n_3\varphi_3^{\ominus}}{n_1 + n_2 + n_3}$$

思考题

1. 如何计算原电池的电动势?
2. 如何用电极电势判断氧化剂和还原剂的强弱?
3. 何谓电势图?电势图有哪些应用?

项目二 氧化还原滴定技术

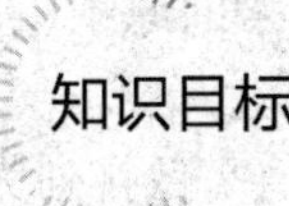

知识目标

1. 理解氧化还原滴定法的基本原理。
2. 掌握氧化还原滴定法的应用。
3. 理解氧化还原反应速率的影响因素。
4. 了解氧化还原滴定的指示剂。

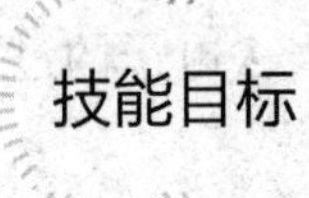

技能目标

1. 能正确熟练地进行滴定仪器使用前的准备工作。
2. 能熟练进行氧化还原滴定操作，会进行一滴溶液和半滴溶液的操作；能准确判断滴定终点。
3. 准确进行实验数据的记录和数据的处理。
4. 能规范写出实验报告。

一、氧化还原滴定法的原理

氧化还原滴定法是以氧化还原反应为基础的滴定分析法，是滴定分析中广泛应用的方法之一。

氧化还原滴定法依据所使用的氧化剂的不同可分为高锰酸钾法、重铬酸钾法、碘量法、溴酸盐法、矾酸盐法等。下面着重介绍前三种方法。

（一）高锰酸钾法

高锰酸钾法是以 $KMnO_4$ 作为标准溶液的氧化还原滴定法。它的优点是 $KMnO_4$ 氧化能力强，本身呈深紫色，用它滴定无色或浅色溶液时，一般不需另加指示剂，应用广泛。高锰酸钾法的主要缺点是试剂常含有少量杂质，使溶液不够稳定；又由于 $KMnO_4$ 的氧化能力强，可以和很多还原性物质发生作用，所以干扰比较严重。

$KMnO_4$ 是一种强氧化剂，它的氧化能力和还原产物与溶液的酸度有关。在强酸性溶液中，MnO_4^- 还原为 Mn^{2+}：

$$MnO_4^- + 8H^+ + 5e^- \longrightarrow Mn^{2+} + 4H_2O \quad E^{\ominus} = 1.51V$$

在弱酸性、中性或弱碱性溶液中，MnO_4^- 被还原为 MnO_2：

$$MnO_4^- + 2H_2O + 3e^- \longrightarrow MnO_2 + 4OH^- \quad E^{\ominus} = 0.59V$$

在强碱性溶液中，如 NaOH 浓度大于 2mol/L 的碱性溶液中，MnO_4^- 能被很多有机物还原为 MnO_4^{2-}：

$$MnO_4^- + e^- \rightleftharpoons MnO_4^{2-} \quad E^\ominus = 0.564V$$

由于 $KMnO_4$在强酸性溶液中有更强的氧化能力，同时生成近乎无色的 Mn^{2+}，便于滴定终点的观察，因此一般都在强酸性条件下使用。但是在碱性条件下，$KMnO_4$氧化有机物的反应速率比在酸性条件下更快，所以在用高锰酸钾法测定有机物时，大都在碱性溶液中进行。

应用高锰酸钾法时，可根据待测物质的性质采用不同的方法。许多还原性物质如 Fe^{2+}，As^{3+}，Sb^{3+}，H_2O_2，$C_2O_4^{2-}$，NO^{2-}等，可用 $KMnO_4$标准溶液直接滴定。某些非氧化还原物质可以利用间接滴定法进行测定。例如，测定 Ca^{2+}时，可首先将 Ca^{2+}沉淀 CaC_2O_4，再用稀 H_2SO_4将所得沉淀溶解，用 $KMnO_4$标准溶液滴定溶液中的 $C_2O_4^{2-}$，从而间接求得 Ca^{2+}的含量。有些氧化性物质不能用 $KMnO_4$溶液直接滴定，可用返滴定法。例如，测定 MnO_2的含量时，可在 H_2SO_4溶液中加入一定过量的 $Na_2C_2O_4$标准溶液，待 MnO_2与 $C_2O_4^{2-}$作用完毕后，用 $KMnO_4$标准溶液滴定过量的 $C_2O_4^{2-}$。

1. $KMnO_4$标准溶液的配制和标定

市售 $KMnO_4$的纯度仅在质量分数 99% 左右，其中常含有少量 MnO_2和其他杂质。同时，蒸馏水中常含有微量还原性物质如尘埃、有机物等，这些物质都能使 $KMnO_4$还原而生成 $Mn(OH)_2$沉淀；这些生成物以及热、光、酸、碱等外界条件的改变均会促进 $KMnO_4$的分解，因而 $KMnO_4$标准溶液不能直接配制。必须先配制近似浓度的溶液，然后再用基准物质进行标定。

为了配制比较稳定的 $KMnO_4$溶液，常采用下列措施。

①称取稍多于理论量的 $KMnO_4$，溶解在一定体积的蒸馏水中。

②将配好的 $KMnO_4$溶液加热至沸，并保持微沸约 1h，然后放置 2 ~ 3 天，使溶液中可能存在的还原性物质完全氧化。

③用玻璃砂芯漏斗过滤，除去析出的沉淀。

④将过滤后的 $KMnO_4$溶液贮存于棕色试剂瓶中，并存放于暗处，以待标定。如需要浓度较稀的 $KMnO_4$溶液，可用蒸馏水将 $KMnO_4$溶液临时稀释和标定后使用，但不宜长期贮存。

标定 $KMnO_4$溶液的基准物质有$Na_2C_2O_4$、$H_2C_2O_4 \cdot 2H_2O$、$(NH_4)_2Fe(SO_4)_2 \cdot 6H_2O$、$As_2O_3$和纯铁丝等。其中最常用的是 $Na_2C_2O_4$，它易于提纯，性质稳定，不含结晶水。$Na_2C_2O_4$在 105 ~ 110℃烘干约 2h，冷却后就可以使用。

在 H_2SO_4溶液中，MnO_4^-与 $C_2O_4^{2-}$的反应为：

$$2MnO_4^- + 5C_2O_4^{2-} + 16H^+ \rightleftharpoons 2Mn^{2+} + 10CO_2\uparrow + 8H_2O$$

为了使这个反应能够较快的进行，应该注意下列条件。

温度　在室温下，这个反应的速率缓慢，因此常将 $Na_2C_2O_4$溶液加热至 75 ~ 85℃时进行滴定。温度不宜超过 90℃，否则会使部分 $H_2C_2O_4$分解：

$$H_2C_2O_4 \rightleftharpoons CO_2\uparrow + CO\uparrow + H_2O$$

(1)酸度　溶液应保持足够大的酸度,一般滴定酸度应控制在0.5～1 mol/L。如果酸度不足,$KMnO_4$易分解为MnO_2;酸度过高,会促使$H_2C_2O_4$发生分解。

(2)滴定速度　开始滴定时速度不宜过快,否则加入的$KMnO_4$来不及与$C_2O_4^{2-}$反应,即在热的酸性溶液中发生分解。一旦反应开始有Mn^{2+}生成后,Mn^{2+}对该反应有催化作用,滴定速度即可适当加快。

$$4MnO_4^- + 12H^+ \xlongequal{} 4Mn^{2+} + 5O_2\uparrow + 6H_2O$$

(3)催化剂　开始加入的几滴$KMnO_4$溶液退色较慢,随着滴定产物Mn^{2+}的生成,反应速率逐渐加快。因此,可在滴定前加入几滴$MnSO_4$作为催化剂。

(4)终点　用$KMnO_4$溶液滴定至溶液出现淡红色30s不退色即为终点。放置的时间过长,空气中的还原性气体和灰尘都能使$KMnO_4$还原而退色。

标定好的$KMnO_4$溶液在放置一段时间后,若发现有沉淀出现,应过滤并重新标定。

2. 高锰酸钾法应用实例

(1)H_2O_2的测定(直接滴定法)　高锰酸钾氧化能力很强,能直接滴定许多还原性物质。以H_2O_2的测定为例,过氧化氢在酸性溶液中能定量地还原MnO_4^-。

此反应在室温下于H_2SO_4介质中即可顺利进行。开始时反应较慢,随着Mn^{2+}的生成而加速反应,也可以先加入少量Mn^{2+}作为催化剂。但是H_2O_2中含有有机物质,也会消耗$KMnO_4$,致使分析结果偏高。这时可采用碘量法或铈量法测定H_2O_2。

碱金属或碱土金属的过氧化物可采用同样的方法测定。

(2)钙的测定(间接滴定法)　Ba^{2+}、Ca^{2+}、Zn^{2+}、Th^{4+}和La^{3+}等金属离子在溶液中没有可变价态,但它们能与$C_2O_4^{2-}$定量地生成沉淀,可用高锰酸钾间接测定。

以Ca^{2+}的测定为例,在一定条件下使Ca^{2+}与$C_2O_4^{2-}$完全反应生成草酸钙沉淀,经过滤洗涤后,将$Ca_2C_2O_4$沉淀溶于热的稀H_2SO_4溶液中,最后用$KMnO_4$标准溶液滴定试液中的$H_2C_2O_4$,根据所消耗$KMnO_4$的量间接求得钙的含量。反应式如下。

$$Ca^{2+} + C_2O_4^{2-} \xlongequal{} CaC_2O_4\downarrow$$

$$CaC_2O_4 + 2H^+ \xlongequal{} Ca^{2+} + H_2C_2O_4$$

$$2MnO_4^- + 5H_2C_2O_4 + 6H^+ \xlongequal{} 2Mn^{2+} + 10CO_2\uparrow + 8H_2O$$

为了保证Ca^{2+}与$C_2O_4^{2-}$之间能定量反应完全,并获得颗粒较大的$C_2O_4^{2-}$沉淀以便于过滤洗涤,必须采取相应的措施:可先用HCl酸化,含Ca^{2+}试液的酸度至关重要。如果是在中性或弱碱性试液中进行沉淀反应,就有部分$Ca(OH)_2$或碱式草酸钙生成,造成测定结果偏低。

(3)MnO_2和有机物测定(返滴定法)　有些氧化性物质不能用$KMnO_4$直接滴定,可先加入一定量或过量的还原剂(如亚铁盐、草酸盐等)还原后,再在酸性条件下用$KMnO_4$标准溶液返滴剩余的还原剂。用此方法可测定MnO_4^-、MnO_2、

$Cr_2O_7^{2-}$、Ce^{4+}、PbO_2、Pb_3O_4和 ClO_3^- 等。

以软锰矿中 MnO_2 含量的测定为例，称取一定质量的矿样，准确加入定量过量的固体 $Na_2C_2O_4$，然后在 H_2SO_4 介质中缓慢加热，待 MnO_2 与 $C_2O_4^{2-}$ 作用完毕后，再用 $KMnO_4$ 标准溶液滴定剩余的 $C_2O_4^{2-}$，据消耗 $KMnO_4$ 标准溶液的体积即可求出样品中 MnO_2 的含量。反应式如下。

$$MnO_2 + C_2O_4^{2-} + 4H^+ = Mn^{2+} + 2CO_2\uparrow + 2H_2O$$

$$2MnO_4^- + 5H_2C_2O_4 + 6H^+ = 2Mn^{2+} + 10CO_2\uparrow + 8H_2O$$

（二）重铬酸钾法

重铬酸钾法是以 $K_2Cr_2O_7$ 作为标准溶液的氧化还原滴定法。它的优点是 $K_2Cr_2O_7$ 容易提纯（可达 99.99%），干燥后，可以作为基准物质，因而可用直接法配制 $K_2Cr_2O_7$ 标准溶液。$K_2Cr_2O_7$ 标准溶液非常稳定，可以长期保存在密闭容器中。$K_2Cr_2O_7$ 的氧化性不如 $KMnO_4$ 的强，在室温下，当 HCl 浓度低于 3mol/L 时，$Cr_2O_7^{2-}$ 不氧化 Cl^-，故可在 HCl 介质中进行滴定。

$K_2Cr_2O_7$ 是一种强氧化剂，它只能在酸性条件下与还原剂作用，$Cr_2O_7^{2-}$ 被还原为 Cr^{3+}。

$$Cr_2O_7^{2-} + 14H^+ + 6e^- = 2Cr^{3+} + 7H_2O \quad E^{\ominus} = 1.33V$$

在酸性介质中，橙色的 $Cr_2O_7^{2-}$ 的还原产物是绿色的 Cr^{3+}，颜色变化难以观察，故不能根据 $Cr_2O_7^{2-}$ 本身颜色的变化来确定终点，而需采用氧化还原指示剂确定滴定终点，如二苯胺磺酸钠等。

重铬酸钾法应用实例如下。

1. 铁矿石中全铁量的测定

重铬酸钾法是测定铁矿石中全铁量的经典方法。试样（铁矿石）一般用热浓盐酸溶解，加 $SnCl_2$ 趁热把 Fe^{3+} 还原为 Fe^{2+}，冷却后，过量的 $SnCl_2$ 用 $HgCl_2$ 氧化，溶液中析出 Hg_2Cl_2 丝状白色沉淀。然后在 $H_2SO_4 - H_3PO_4$ 混合酸中，以二苯胺磺酸钠作为指示剂，用 $K_2Cr_2O_7$ 标准溶液滴定至溶液由浅绿色变为紫红色，即为滴定终点。其主要反应如下：

$$Fe_2O_3 + 6HCl = 2FeCl_3 + 3H_2O$$

$$2Fe^{3+} + Sn^{2+} = 2Fe^{2+} + Sn^{4+}$$

$$Cr_2O_7^{2-} + 6Fe^{2+} + 14H^+ = 2Cr^{3+} + 6Fe^{3+} + 7H_2O$$

在滴定前加入 H_3PO_4 的目的是生成无色稳定的 $[Fe(HPO_4)_2]^-$，以消除 Fe^{3+}（黄色）的影响，同时降低溶液中 Fe^{3+} 的浓度，从而降低 Fe^{3+}/Fe^{2+} 的电极电位，因而滴定突越范围增大，使二苯胺磺酸钠指示剂变色的电位范围较好地落在滴定的电位突越范围之内，避免指示剂引起的终点误差。

2. 利用 $Cr_2O_7^{2-}$ 与 Fe^{2+} 的反应间接测定其他物质

$Cr_2O_7^{2-}$ 与 Fe^{2+} 的反应速率快，无副反应发生，计量关系明确，指示剂变色明显。此反应除了直接测定铁外，还可以利用它间接地测定许多物质。

(1)测定氧化剂　如 NO_3^- 在一定条件下可定量地氧化 Fe^{2+}：

$$NO_3^- + 3Fe^{2+} + 4H^+ = 3Fe^{3+} + NO\uparrow + 2H_2O$$

在试液中加入过量的 Fe^{2+} 标准溶液，待反应完全后，用 $K_2Cr_2O_7$ 标准溶液返滴剩余的 Fe^{2+}，即可间接求得 NO_3^- 的含量。

(2)测定非氧化还原性物质　如测定 Pb^{2+}、Ba^{2+} 等。先在一定条件下制得 $PbCrO_4$ 或 $BaCrO_4$ 沉淀，经过滤、洗涤后溶解于酸中，以 Fe^{2+} 标准溶液滴定生成的 $Cr_2O_7^{2-}$，从而间接求出 Pb^{2+} 或 Ba^{2+} 的含量。

$$2BaCrO_4 + 2H^+ = Cr_2O_7^{2-} + 2Ba^{2+} + H_2O$$

(3)化学需氧量(COD)的测定　对于工业废水，我国规定用重铬酸钾法进行测定。其方法是：在硫酸介质中，以硫酸银为催化剂，加入一定量过量的 $K_2Cr_2O_7$ 标准溶液，当加热煮沸时，$K_2Cr_2O_7$ 能完全氧化废水中的有机物质和其他还原性物质。反应完全后以邻二氮菲亚铁为指示剂，用硫酸亚铁铵标准溶液返滴剩余的 $K_2Cr_2O_7$。测定水样的同时，按同样步骤做空白试验，根据水样和空白消耗的 Fe^{2+} 标准溶液的差值，计算水样中的化学需氧量。

(三)碘量法

碘量法是以 I_2 作为氧化剂或以 I^- 作为还原剂进行测定的分析方法。固体 I_2 在水中的溶解度很小，易挥发，通常 I_2 在溶液中是以 I_3^- 配离子形式存在：

$$I_2 + I^- = I_3^-$$

为方便和明确化学计量关系，一般仍简写为 I_2，其半反应式为：

$$I_2 + 2e^- = 2I^- \qquad E^{\ominus} = +0.545V$$

由电对 I_2/I^- 电极电位的大小来看，I_2 是较弱的氧化剂，能与较强的还原剂作用；而 I^- 则是中等强度的还原剂，能与许多氧化剂作用。因此，碘量法测定可用直接法和间接法两种方式进行。

1. 直接碘量法(碘滴定法)

在酸性或中性溶液中，用 I_2 标准溶液直接滴定电极电位比 $E^{\ominus}(I_2/I^-)$ 小的较强的物质，如 S^{2-}、SO_3^{2-}、Sn^{2+}、$S_2O_3^{2-}$、As(Ⅲ)、Sb(Ⅲ)、维生素 C 等强还原剂的方法称为直接碘量法，又叫碘滴定法。

例如，钢铁中硫的测定，试样在近 1300℃ 的燃烧管中通 O_2 燃烧，使钢铁中的硫转化为 SO_2，再用 I_2 标准溶液直接滴定，其反应为：

$$I_2 + SO_2 + 2H_2O = 2I^- + SO_4^{2-} + 4H^+$$

采用淀粉质试剂，终点变色非常明显。

但是直接碘量法不能在碱性溶液中进行，当溶液的 pH > 8 时，部分 I_2 要发生歧化反应：

$$3I_2 + 6OH^- = IO_3^- + 5I^- + 3H_2O$$

会带来测定误差。在酸性溶液中，也只有少数还原能力强而不受 H^+ 浓度影响的物质才能发生定量反应。又由于电对 I_2/I^- 的标准电极电位不高，所以直接碘量法不如间接碘量法应用广泛。

2. 间接碘量法（滴定碘法）

电极电位比 $E^{\ominus}(I_2/I^-)$ 高的氧化性物质在一定条件下用 I^- 还原，定量析出的 I_2 可用 $Na_2S_2O_3$ 标准溶液进行滴定，这种方法称为间接碘量法，又称滴定碘法。间接碘量法可用于测定 Cu^{2+}、MnO_4^-、$Cr_2O_7^{2-}$、H_2O_2、AsO_4^{3-}、ClO_4^-、NO_2^-、IO_3^-、BrO_3^-、ClO^-、Fe^{3+} 等氧化性物质。

例如，铜的测定是将过量的 KI 与 Cu^{2+} 反应，定量析出 I_2，然后用 $Na_2S_2O_3$ 标准溶液滴定，其反应如下：

$$2Cu^{2+} + 4I^- \xlongequal{} 2CuI\downarrow + I_2$$

$$I_2 + 2S_2O_3^{2-} \xlongequal{} 2I^- + S_4O_6^{2-}$$

间接碘量法必须在中性或弱酸性溶液中进行，因为在碱性溶液中 I_2 与 $Na_2S_2O_3$ 将发生下列反应：

$$S_2O_3^{2-} + 4I_2 + 10OH^- \xlongequal{} 2SO_4^{2-} + 8I^- + 5H_2O$$

同时，I_2 在碱性溶液中发生歧化反应：

$$3I_2 + 6OH^- \xlongequal{} IO_3^- + 5I^- + 3H_2O$$

在强酸性溶液中，$Na_2S_2O_3$ 溶液会发生歧化分解反应：

$$S_2O_3^{2-} + 2H^+ \xlongequal{} SO_2 + S + H_2O$$

并且 I^- 在酸性溶液中易被空气中的 O_2 氧化。

3. 提高碘量法测定结果准确度的措施

碘量法的误差来源主要有两个方面：一是碘易挥发；二是在酸性溶液中 I^- 易被空气中的 O_2 氧化。为此，应采用适当的措施，以提高分析结果的准确度。

（1）防止碘挥发　①加入过量的 KI（一般比理论值大 2 ~ 3 倍），由于生成了 I_3^-，增大了 I_2 的溶解度，可减少 I_2 的挥发损失。②反应时溶液的温度不能高，一般在室温下进行。③滴定开始时不要剧烈震动溶液，尽量轻摇慢摇，以减少 I_2 与空气的接触。但是必须摇匀，因为局部过量的 $Na_2S_2O_3$ 会自行分解。④应注意淀粉指示剂的加入时间，应用间接碘量法时，一般要在 I_2 的黄色已经很浅临近终点时，加入淀粉指示液并充分摇动。若是加入太早，则大量的 I_2 与淀粉结合生成蓝色物质，这一部分 I_2 就不易与 $Na_2S_2O_3$ 溶液反应，将给滴定带来误差。

间接碘量法的滴定反应要在带有磨口玻璃塞的碘量瓶中进行。为使反应完全，加入 KI 后要放置一会儿（一般不超过 5min），放置时用水封住瓶口。

（2）防止 I^- 被空气中的 O_2 氧化　在酸性溶液中，用 I^- 还原氧化剂时，应避免阳光照射，可用棕色试剂瓶贮存 I^- 标准溶液；Cu^{2+}、NO_2^- 等可催化空气对 I^- 的氧化，应设法消除其干扰；析出 I_2 后，一般应立即用 $Na_2S_2O_3$ 标准溶液滴定；滴定速度要适当快些。

4. 碘量法标准溶液的制备

碘量法需要配制和标定 I_2、$Na_2S_2O_3$ 两种标准溶液，它们的配制和标定方法如下。

(1) $Na_2S_2O_3$标准溶液的配制和标定　固体 $Na_2S_2O_3 \cdot 5H_2O$ 容易风化，并含有少量 S、S^{2-}、SO_3^{2-}、CO_3^{2-} 和 Cl 等杂质，因此不能用直接称量法配制标准溶液。而且配好的 $Na_2S_2O_3$溶液也不稳定，易分解，这是由于在水中的微生物、水中溶解的 CO_2、空气中的氧作用下，发生下列反应：

$$Na_2S_2O_3 \xrightarrow{\text{微生物}} Na_2SO_3 + S\downarrow$$

$$S_2O_3^{2-} + CO_2 + H_2O = HSO_3^{-} + HCO_3^{-} + S\downarrow$$

$$S_2O_3^{2-} + \frac{1}{2}O_2 = SO_4^{2-} + S\downarrow$$

此外，水中微量的 Cu^{2+} 或 Fe^{3+} 等也能促进 $Na_2S_2O_3$ 溶液分解。因此，配制 $Na_2S_2O_3$溶液时，称取需要量的 $Na_2S_2O_3 \cdot 5H_2O$，溶于新煮沸（可以除去 CO_2和杀死细菌）且冷却的蒸馏水中，加入少量的 $Na_2S_2O_3$ 使溶液保持微碱性，可抑制微生物生长，防止 $Na_2S_2O_3$的分解。配制的 $Na_2S_2O_3$溶液应贮存在棕色瓶中，放置暗处以防光照分解，约一周后过滤再进行标定。这样配制的溶液也不易长期保存，应定期加以标定。若发现溶液变混浊或有硫析出，要过滤后再标定其浓度，或弃去重配。

$Na_2S_2O_3$溶液的准确浓度可用 $K_2Cr_2O_7$、KIO_3 等基准物质进行标定。$K_2Cr_2O_7$、KIO_3分别与 $Na_2S_2O_3$之间的 $E^{\ominus}$ 虽然相差较大，但它们之间的反应无定量关系，应采用间接的方法标定。称取一定量的 $K_2Cr_2O_7$，在酸性溶液中与过量 KI 作用，析出相当量的 I_2，然后以淀粉为指示剂，用 $Na_2S_2O_3$溶液滴定析出的碘。有关反应式如下：

$$Cr_2O_7^{2-} + 6I^{-} + 14H^{+} = 2Cr^{3+} + 3I_2\downarrow + 7H_2O$$

$$\text{或 } IO_3^{-} + 5I^{-} + 6H^{+} = 3I_2\downarrow + 3H_2O$$

$$I_2 + 2S_2O_3^{2-} = 2I^{-} + S_4O_6^{2-}$$

根据 $K_2Cr_2O_7$的质量及 $Na_2S_2O_3$溶液滴定时所消耗的量，可以计算出 $Na_2S_2O_3$溶液的准确浓度。

用 $K_2Cr_2O_7$为基准物标定 $Na_2S_2O_3$溶液时应注意以下几点。

①$K_2Cr_2O_7$与 KI 反应时，溶液的酸度愈大，反应速率愈快，但酸度过大时，I^-容易被空气中的 O_2氧化。溶液的酸度一般以 0.2～0.4mol/L 为宜。

②由于 $K_2Cr_2O_7$与 KI 的反应速率慢，应将溶液贮存于碘量瓶或锥形瓶（盖好表面皿），放置暗处 3～5min，待反应完全后，再以 $Na_2S_2O_3$溶液滴定。

若用 KIO_3作为基准物质来标定，只需稍过量的酸，即可与 KI 迅速反应，不必放置，宜及时滴定，这样空气氧化 I_2的机会很少。

③用 $Na_2S_2O_3$溶液滴定前，应先用蒸馏水稀释。一是降低酸度，可减少空气中

O_2对I^-的氧化，二是使Cr^{3+}的绿色减弱，便于观察滴定终点。但若滴定至溶液从蓝色变为无色后，又很快出现蓝色，这表明$K_2Cr_2O_7$与KI的反应还不完全，应重新标定。如果滴定到终点后，经过几分钟，溶液才出现蓝色，这是由于空气中的O_2氧化I^-所引起的，不影响标定结果。

④所用KI溶液不应含有KIO_3和I_2。如果KI溶液显黄色，则应事先用$Na_2S_2O_3$溶液滴定至无色后再使用。

(2)I_2溶液的配制和标定　I_2的挥发性很强，准确称量很困难，一般是配成大致浓度的溶液后再标定。

①配制：先用托盘天平称取碘，由于I_2几乎不溶于水，易溶于KI溶液，故配制时应将I_2、KI与少量的水在研钵中一起研磨后再用水稀释到一定体积，并保存于棕色试剂瓶中于暗处保存有待标定。注意防止溶液遇热、见光以及与橡皮等有机物接触，否则浓度会有所变化。

②标定：标定I_2溶液可用As_2O_3基准试剂，也可用已知浓度的$Na_2S_2O_3$标准溶液。As_2O_3难溶于水，但可以用NaOH溶液溶解，使之生成亚砷酸盐：

$$As_2O_3 + 6OH^- = 2AsO_3^{3-} + 3H_2O$$

标定时先酸化，再用$NaHCO_3$调节$pH \approx 8.0$，用I_2溶液滴定AsO_3^{3-}，反应定量而快速：

$$AsO_3^{3-} + H_2O + I_2 = AsO_4^{3-} + 2I^- + 2H^+$$

这个反应是可逆的。在中性或微碱性溶液中能定量向右进行。在酸性溶液中，则AsO_4^{3-}氧化I^-而析出I_2。

5. 碘量法应用实例

(1)海波含量的测定(直接碘量法)　$Na_2S_2O_3$俗称大苏打或海波，是无色透明的单斜晶体，易溶于水，水溶液呈弱碱性，有还原作用，可用作定影剂、去氯剂和分析试剂。

测定原理：样品溶于水后在$pH = 5.0$的HAc－NaAc缓冲溶液存在下，加入淀粉指示剂，可用I_2标准溶液直接滴定。加入甲醛以消除样品中可能存在的杂质(亚硫酸钠)的干扰，滴定至溶液变蓝为止。滴定反应：

$$I_2 + 2S_2O_3^{2-} = 2I^- + S_4O_6^{2-}$$

(2)铜合金中铜含量的测定(间接碘量法)　测量原理：将铜合金(黄铜或青铜)试样于$HCl + H_2O_2$的溶液中加热分解除去过量的H_2O_2。在弱酸性溶液中，铜与过量的KI作用析出相应量的I_2，用$Na_2S_2O_3$标准溶液滴定析出的I_2，即可求出铜的含量。其主要反应式如下：

$$Cu + 2HCl + H_2O_2 = CuCl_2 + 2H_2O$$

$$2Cu^{2+} + 4I^- = 2CuI + I_2$$

$$I_2 + 2S_2O_3^{2-} = 2I^- + S_4O_6^{2-}$$

加入过量KI，使Cu^{2+}的还原趋于完全。由于CuI沉淀强烈地吸附I_2，使测定结果偏低,故在近终点时,加入适量 KSCN,使 CuI($K_{sp}=1.1\times10^{-12}$)转化为溶解度更小的 CuSCN($K_{sp}=4.8\times10^{-15}$),转化过程中释放出 I_2,反应生成的 I^- 又可以利用,这样就可以使用较少的 KI 而使反应进行得更完全。其反应式:

$$CuI + SCN^- \longrightarrow CuSCN + I^-$$

(3)漂白粉中有效氯的测定(间接碘量法) 漂白粉的主要成分是 $Ca(ClO)_2$,其他还有 $CaCl_2$、$Ca(ClO_3)_2$ 及 CaO 等。漂白粉的质量以能释放出来的氯量来衡量,称为有效氯,以含 Cl 的质量分数表示。

测定原理:使试样溶于稀 H_2SO_4 介质中,加过量 KI,反应生成的 I_2 用 $Na_2S_2O_3$ 标准溶液滴定,其主要反应式为:

$$ClO^- + 2I^- + 2H^+ \longrightarrow I_2 + Cl^- + H_2O$$

$$ClO_2^- + 4I^- + 4H^+ \longrightarrow 2I_2 + Cl^- + 2H_2O$$

$$ClO_3^- + 6I^- + 6H^+ \longrightarrow 3I_2 + Cl^- + 3H_2O$$

$$I_2 + 2S_2O_3^{2-} \longrightarrow 2I^- + S_4O_6^{2-}$$

二、提高氧化还原反应速率的方法

(一)浓度对反应速率的影响

根据质量作用定律,反应速率与反应物浓度有关。由于氧化还原反应常是分步进行的,反应的总速率取决于反应历程中最慢的一步,反应速率与这一步的反应物浓度的乘积成正比。一般说来,增加反应物浓度可以加速反应的进行。

例如,在酸性溶液中,$K_2Cr_2O_7$ 和 KI 反应:

$$Cr_2O_7^{2-} + 6I^- + 14H^+ \longrightarrow 2Cr^{3+} + 3I_2 + 7H_2O$$

增大 I^- 的浓度或提高溶液的酸度,都可以使反应加速。但不能认为反应速率与反应物浓度的相应次方成正比。

(二)温度对反应速率的影响

温度对反应速率的影响是复杂的,对大多数反应来说,升高温度,可提高反应速率。一般,温度每升高 10℃,反应速率增加 2~4 倍。

例如,在酸性溶液中,MnO_4^- 和 $C_2O_4^{2-}$ 的反应:

$$2MnO_4^- + 5C_2O_4^{2-} + 16H^+ \longrightarrow 2Mn^{2+} + 10CO_2 + 8H_2O$$

在室温下,反应缓慢;如果将溶液加热,反应便大为加快。所以,用 $KMnO_4$ 滴定 $H_2C_2O_4$ 时,通常将溶液加热至 75~85℃。

应该注意,不是所有情况下都可以利用增加温度来增大反应速率,有些物质具有挥发性或加热时易被空气氧化等时,就不能采用加热的办法来提高反应速率,否则会带来误差。

(三)催化剂对反应速率的影响

催化剂对反应速率有很大影响。例如,上述 MnO_4^- 和 $C_2O_4^{2-}$ 的反应,在酸性溶液中,即使加热,最初阶段的反应仍然进行较慢;但随着反应的进行,生成物

Mn^{2+}逐渐增多，反应速率越来越快。经研究证明，Mn^{2+}是该反应的催化剂。

这种生成物本身就起催化剂作用的反应称作自动催化反应。自动催化反应有一个特点，就是开始时的反应速率比较慢，随着反应的不断进行，生成物（催化剂）的浓度逐渐增多，反应就逐渐加快。

在氧化还原反应中，不仅催化剂能影响反应的速率，而且有的氧化还原反应也能促进另一氧化还原反应的进行。例如，用高锰酸钾法测定铁时，主要利用下述反应：

$$MnO_4^- + 5Fe^{2+} + 8H^+ \longequal Mn^{2+} + 5Fe^{3+} + 4H_2O$$

在反应中要消耗大量 H^+，因此，测定应在强酸性溶液中进行。可是，实验结果表明，如果测定反应是在盐酸溶液中进行，就要消耗较多的高锰酸钾溶液，而使滴定结果偏高。这主要是由于一部分 MnO_4^- 和 Cl^- 发生了如下反应：

$$2MnO_4^- + 10Cl^- + 16H^+ \longequal Mn^{2+} + 5Cl_2 + 8H_2O$$

反应中生成的 Cl_2 从溶液中挥发逸出，因而消耗了过多的高锰酸钾。当溶液中不含 Fe^{2+} 时，在滴定反应的浓度条件下，MnO_4^- 和 Cl^- 间的反应进行得极其缓慢，实际上可以忽略不计；但当有 Fe^{2+} 存在时，Fe^{2+} 和 MnO_4^- 的反应能促进 MnO_4^- 和 Cl^- 的反应速率。这种由于另一种氧化还原反应的发生而得以加速进行的氧化还原反应，称为诱导反应。

▌思考题

1. 常用的氧化还原滴定方法有哪些？
2. 在碘量法中配制碘标准溶液为何要加入碘化钾？
3. 提高氧化还原速率的方法有哪些？
4. 高锰酸钾法中提供酸性介质的酸可以是硝酸或者盐酸吗？为什么？

三、氧化还原滴定的指示剂

（一）自身指示剂

在氧化还原滴定中，有些滴定液或待测组分其本身的氧化态和还原态颜色就有明显不同，滴定时无需另加指示剂，可以利用其两种颜色的变化指示滴定终点，这类指示剂称为自身指示剂。

例如，用 $KMnO_4$ 滴定液在酸性介质中滴定 $FeSO_4$，$KMnO_4$ 在反应中被还原为近于无色的 Mn^{2+}，化学计量点时，微过量的 $KMnO_4$ 可使溶液呈现浅红色，指示滴定终点。

（二）特殊指示剂

本身不具有氧化还原性质，不参与氧化还原反应，但可以与滴定液或被测物质的氧化态或还原态作用产生特殊的颜色，从而指示滴定终点，这类指示剂称为特殊指示剂(专属指示剂)。

例如,淀粉指示剂在碘量法中的应用:当碘液浓度达到 10^{-5} mol/L 时,能被淀粉指示剂吸附显深蓝色。

(三)氧化还原指示剂

氧化还原指示剂是一类弱氧化剂或弱还原剂,其氧化态与还原态颜色不同。在化学计量点附近,指示剂发生氧化反应或还原反应,氧化态与还原态发生相互转变,而引起溶液颜色的改变,从而指示滴定终点(表 2-1)。

表 2-1 常用的氧化还原指示剂的颜色变化

指示剂	还原态颜色	氧化态颜色
次甲基蓝	无色	蓝色
二苯胺	无色	紫色
二苯胺磺酸钠	无色	紫红
邻苯氨基苯甲酸	无色	紫红
邻二氮菲亚铁	红色	浅蓝
硝基邻二氮菲亚铁	紫红	浅蓝

思考题

1. 氧化还原指示剂的分类?
2. 常见的氧化还原指示剂的颜色变化?

自我测试

一、填空题

1. 书写电池符号时,习惯上将____写在左边,____写在右边;____表示盐桥,两边是两个半电池;____表示界面(导体和溶液),导体写在两侧。

2. 原电池就是__________,它由____组成。在原电池中,正极发生____反应。

3. 氧化还原反应中,氧化剂是 φ 值____的电对中的____物质;还原剂是 φ 值____的电对中的____物质。

4. 对原电池(-)Cu|$CuSO_4$(c_1)||$AgNO_3$(c_2)|Ag(+),若将 $CuSO_4$溶液稀释,则该原电池电动势将________;若在 $AgNO_3$溶液中滴加少量 NaCN 溶液,则原电池电动势将________。

5. Cu|$CuSO_{4(aq)}$ 和 Zn|$ZnSO_{4(aq)}$ 用盐桥连接构成原电池,它的正极是________,负极是________。在 $CuSO_4$溶液中加入过量氨水,溶液颜色变为________,这时电动势________,在 $ZnSO_4$溶液中加入过量氨水时电池的电动势____。

6. 一般说来，由于难溶化合物或配位化合物的形成，使氧化态物质浓度减小时，其电对的电极电势将________，氧化态物质的氧化能力________。

7. 间接碘法的基本反应是________________，所用的标准溶液是________，选用的指示剂是________。

8. 在操作无误的情况下，碘量法的主要误差来源是________和________。

二、选择题

1. 下列化合物中，氧呈现 +2 价氧化态的是(　　)。

A. Cl_2O_5　　B. BrO_2　　C. $HClO_2$　　D. F_2O

2. $KMnO_4 + HCl = Cl_2 + MnCl_2 + KCl + H_2O$ 配平后，方程式中 HCl 的系数是(　　)。

A. 8　　B. 16　　C. 18　　D. 32

3. 下列氧化还原电对 $\varphi^{\ominus}$ 值最大的是(　　)。

A. Ag^+/Ag　　B. AgCl/Ag　　C. AgBr/Ag　　D. AgI/Ag

4. 某氧化还原反应的标准吉布斯自由能变为 $\Delta_r G_m^{\ominus}$，平衡常数为 $K^{\ominus}$，标准电动势为 $E^{\ominus}$，则下列对 $\Delta_r G_m^{\ominus}$，$K^{\ominus}$ 的值判断合理的一组是(　　)。

A. $\Delta_r G_m^{\ominus} > 0, E^{\ominus} < 0, K^{\ominus} < 1$　　B. $\Delta_r G_m^{\ominus} > 0, E^{\ominus} < 0, K^{\ominus} > 1$

C. $\Delta_r G_m^{\ominus} < 0, E^{\ominus} < 0, K^{\ominus} > 1$　　D. $\Delta_r G_m^{\ominus} < 0, E^{\ominus} > 0, K^{\ominus} < 1$

5. 电极电势与 pH 无关的电对是(　　)。

A. H_2O_2/H_2O　　B. IO_3^-/I^-　　C. MnO_2/Mn^{2+}　　D. MnO_4^-/MnO_4^{2-}

6. 有关标准氢电极的叙述中不正确的是(　　)。

A. 标准氢电极是指将吸附纯氢气(分压 101.325kPa)达饱和的镀铂黑的铂片浸在 H^+ 活度为 1mol/L 的酸溶液中组成的电极

B. 温度指定为 298K

C. 任何一个电极的电势绝对值均无法测得，电极电势是指定标准氢电极的电势为零而得到的相对电势

D. 使用标准氢电极可以测定所有金属的标准电极电势

7. 为了使 $Na_2S_2O_3$ 标准溶液稳定，正确配制的方法是(　　)。

A. 将 $Na_2S_2O_3$ 溶液煮沸 1h，放置 7 天，过滤后再标定

B. 用煮沸冷却后的纯水配制 $Na_2S_2O_3$ 溶液后，即可标定

C. 用煮沸冷却后的纯水配制，放置 7 天后再标定

D. 用煮沸冷却后的纯水配制，且加入少量 Na_2CO_3，放置 7 天后再标定

8. 在 $K_2Cr_2O_7$ 测定铁矿石中全铁含量时，把高价铁还原为 Fe，应选用的还原剂是(　　)。

A. Na_2WO_3　　B. $SnCl_2$　　C. KI　　D. Na_2S

三、简答题

1. 什么是氧化数？它与化合价有何异同点？

2. 举例说明什么是歧化反应？

3. 举例说明常见电极的类型和符号。

4. 如何判断氧化还原反应进行的方向？

5. 什么是高锰酸钾法？怎么判断终点？

四、判断题

1. 氧化数在数值上就是元素的化合价。(　　)

2. 氧化数发生改变的物质不是还原剂就是氧化剂。(　　)

3. 任何一个氧化还原反应都可以组成一个原电池。(　　)

4. 在设计原电池时，$\varphi^{\ominus}$值大的电对应是正极，而$\varphi^{\ominus}$值小的电对应为负极。(　　)

5. 金属铁可以置换$CuSO_4$溶液中的Cu^{2+}，因而$FeCl_3$溶液不能与金属铜反应。(　　)

6. 标准电极电势表中的$\varphi^{\ominus}$值是以氢电极作参比电极而测得的电势值。(　　)

7. 在一定温度下，电动势$E^{\ominus}$只取决于原电池的两个电极，而与电池中各物质的浓度无关。(　　)

8. 在氧化还原反应中，两电对的电极电势的相对大小，决定氧化还原反应速率的大小。(　　)

9. 任何一个原电池随着反应的进行，电动势E在不断降低。(　　)

10. 电对的φ和$\varphi^{\ominus}$值的大小都与电极反应式的写法无关。(　　)

11. 对于一个反应物与生成物都确定的氧化还原反应，由于写法不同，反应转移的电子数n不同，则按能斯特方程计算而得的电极电势的值也不同。(　　)

12. 电池电动势等于发生氧化反应电极的电极电势减去发生还原反应电极的电极电势。(　　)

13. 溶液中同时存在几种氧化剂，若它们都能被某一还原剂还原，一般说来，电极电势差值越大的氧化剂与还原剂之间越先反应，反应也进行得越完全。(　　)

五、计算题

1. 已知$NO_3^- + 3H^+ + 2e^- \rightleftharpoons HNO_2 + H_2O$反应的标准电极电势为0.94V，水的离子积为$K_w = 10^{-14}$，$HNO_2$的电离常数为$K_a^{\ominus} = 5.1 \times 10^{-4}$。试求反应$NO_3^- + H_2O + 2e^- \rightleftharpoons NO_2^- + 2OH^-$在298K时的标准电极电势。

2. 用30.00mL某$KMnO_4$标准溶液恰能氧化一定的$KHC_2O_4 \cdot H_2O$，同样质量的此$KMnO_4$又恰能与25.20mL浓度为0.2012mol/L的KOH溶液反应。计算此$KMnO_4$溶液的浓度。

3. 某$KMnO_4$标准溶液的浓度为0.02484mol/L，求滴定度：(1)$T_{KMnO_4/Fe}$；(2)T_{KMnO_4/Fe_2O_3}；(3)$T_{KMnO_4/FeSO_4 \cdot 7H_2O}$。

4. 准确称取含有PbO和PbO_2混合物的试样1.234g，在其酸性溶液中加入20.00mL 0.2500mol/L $H_2C_2O_4$溶液，将PbO_2还原为Pb^{2+}。所得溶液用氨水中和，使溶液中所有的Pb^{2+}均沉淀为PbC_2O_4。过滤，滤液酸化后用0.04000mol/L $KMnO_4$标准溶液滴定，用去10.00mL，然后将所得PbC_2O_4沉淀溶于酸后，用0.04000mol/L $KMnO_4$标准溶液滴定，用去30.00mL。计算试样中PbO和PbO_2的质量分数。

技能训练一　高锰酸钾标准溶液的配制和标定

一、实验目的

(1)掌握高锰酸钾标准溶液的配制方法和保存条件。

(2)掌握用草酸钠基准试剂标定高锰酸钾浓度的原理和方法。

二、实验原理

高锰酸钾因容易混入杂质且氧化能力很强，所以其标准溶液需要先粗略配制后再标定。溶液配制用水要煮沸，配好溶液要保存在棕色瓶中。$KMnO_4$易与水中的还原性物质发生反应生成 $MnO_2 \cdot nH_2O$，$KMnO_4$易在光线作用下生成 $MnO_2 \cdot nH_2O$，$MnO_2 \cdot nH_2O$ 能促进 $KMnO_4$的分解。因此配制 $KMnO_4$ 溶液时要保持微沸 1h 或在暗处放置数天，待 $KMnO_4$把还原性杂质充分氧化后，过滤除去杂质，保存于棕色瓶中，标定其准确浓度。

标定高锰酸钾选择还原性的基准物质草酸钠。

$$5C_2O_4^{2-} + 2MnO_4^{-} + 16H^{+} = 10CO_2 + 2Mn^{2+} + 8H_2O$$

(1)反应要在酸性、较高温度和有 Mn^{2+}作催化剂的条件下进行。滴定初期反应很慢，$KMnO_4$溶液必须逐滴加入，如过快，部分 $KMnO_4$在热溶液中将按下式分解而造成误差：

$$4KMnO_4 + 2H_2SO_4 = 4MnO_2 + 2K_2SO_4 + 2H_2O + 3O_2$$

(2)在滴定过程中逐渐生成的 Mn^{2+}有催化作用，结果使反应速率逐渐加快。

(3)因为 $KMnO_4$溶液本身具有特殊的紫红色，极易察觉，故用它作为滴定剂时，不需要另加指示剂。

三、实验用品

仪器：酸式滴定管，250mL 棕色试剂瓶，50mL 量筒，10mL 量筒，25mL 移液管，1mL 吸量管，250mL 锥形瓶，250mL 容量瓶，电子天平，水浴锅，电炉，玻璃砂芯漏斗。

试剂：高锰酸钾(A. R.)，草酸钠(基准试剂)，3mol/L 硫酸溶液，1mol/L $MnSO_4$。

四、实验步骤

(一)0.02mol/L $KMnO_4$溶液的配制

方法一：称取高锰酸钾(M=158g/mol)0.8～1.0g 于烧杯中，加入适量蒸馏水煮沸加热溶解后倒入洁净的 250mL 棕色试剂瓶中，用水稀释至 250mL，摇匀，塞好，静置 7～10d 后将上层清液用玻璃砂芯漏斗过滤，残余溶液和沉淀倒掉，把试剂瓶洗净，将滤液倒回试剂瓶，摇匀，待标定。

方法二：称取 0.8～1.0g 的高锰酸钾溶于大烧杯中，加 250mL 水，盖上表面皿，加热至沸，保持微沸状态 1h，则不必长期放置，冷却后用玻璃砂芯漏斗过滤除去二氧化锰等杂质后，将溶液贮于 250mL 棕色试剂瓶，可直接用于标定。

(二)$KMnO_4$浓度的标定

精确称取 0.1300～0.1600g 预先干燥过的 $Na_2C_2O_4$三份，分别置于 250mL 锥形瓶中，各加入 10mL 蒸馏水和 10mL 3mol/L H_2SO_4使其溶解，水浴慢慢加热直到锥形瓶口有蒸气冒出(75～85℃)。趁热用待标定的 $KMnO_4$溶液进行滴定。

开始滴定时，速度宜慢，在第一滴 $KMnO_4$溶液滴入后，不断摇动溶液，当紫红色退去后再滴入第二滴。待溶液中有 Mn^{2+}产生后，反应速率加快，滴定速度也就可适当加快，但也决不可使 $KMnO_4$溶液连续流下（为了使反应加快，可以先在高锰酸钾溶液中加一两滴 1mol/L $MnSO_4$）。

近终点时，应减慢滴定速度同时充分摇匀。最后滴加半滴 $KMnO_4$溶液，在摇匀后半分钟内仍保持微红色不退，表明已达到终点。记下最终读数并计算 $KMnO_4$溶液的浓度。平行实验三次。

五、数据处理

实验序号	1	2	3
$m_{Na_2C_2O_4}$/g			
滴定管终读数/mL			
滴定管始读数/mL			
V_{KMnO_4}/mL			
c_{KMnO_4}/(mol/L)			
$\bar{c}_{KMnO_4}$/(mol/L)			
RSD（相对偏差）			

$$c_{KMnO_4}=\frac{2\times\frac{m}{M}}{5\times V}$$

六、思考题

(1)本实验为什么要控制滴定速度先慢再快再慢？

(2)酸化为什么要选择硫酸？硝酸和盐酸可以么？

技能训练二　双氧水含量的测定（高锰酸钾法）

一、实验目的

(1)掌握高锰酸钾法实验条件的控制。

(2)学习测定双氧水的含量。

二、实验原理

在酸性高锰酸钾存在的条件下，双氧水作为还原剂可以被氧化，发生如下反应：

$$2MnO_4^- + 5H_2O_2 + 6H^+ = 2Mn^{2+} + 5O_2\uparrow + 8H_2O$$

三、实验用品

酸式滴定管，锥形瓶，吸量管，双氧水，高锰酸钾标准溶液。

四、实验步骤

1.3% H_2O_2溶液的配制

量取 30% H_2O_2样品溶液 10.00mL，定量地转移至 100mL 容量瓶中，加水稀释至刻度，摇匀。

2. H_2O_2含量测定

准确吸取 10.00mL 待测样品，置 250mL 锥形瓶中，加 1mol/L 的 H_2SO_4溶液 20mL，用 0.02mol/L $KMnO_4$标准溶液滴定至显微红色，30s 不退，即达终点。记录数据。

$V_{H_2O_2}$/mL		10.00	10.00	10.00
$KMnO_4$/mL	终读数			
	初读数			
	V_{KMnO_4}			
H_2O_2含量/(g/L)				
相对平均偏差				

五、数据处理

按下式计算双氧水的含量

$$H_2O_2(\%) = \frac{(cV)_{KMnO_4} \times 5 \times M_{H_2O_2}/1000}{2 \times 10mL} \times 10$$

六、思考题

(1)在本测定过程中，如果酸度过高对结果会造成什么样的影响?

(2)若滴定速度过快会造成什么样的后果?

技能训练三　$Na_2S_2O_3$标准溶液的配制和标定

一、实验目的

(1)掌握 $Na_2S_2O_3$标准溶液及 $K_2Cr_2O_7$标准溶液的配制方法。

(2)熟悉置换碘量法的原理。

(3)学习使用碘量瓶。

二、实验原理

$Na_2S_2O_3 \cdot 5H_2O$ 结晶通常含有 S、Na_2SO_3、Na_2SO_4等杂质，易风化或潮解，只能用间接法配制。即使配好的 $Na_2S_2O_3$溶液，由于 CO_2和微生物的作用及 O_2的氧化作用，会使浓度发生改变，所以需用新鲜煮沸放冷的蒸馏水配制 $Na_2S_2O_3$溶液，并加入 Na_2CO_3保持溶液呈弱碱性，放置 7 ~ 8 天，过滤，用 $K_2Cr_2O_7$标定。淀粉做指示剂。

$$Cr_2O_7^{2-} + 6I^- + 14H^+ \rightleftharpoons 3I_2 + 2Cr^{3+} + 7H_2O \quad 酸度:c(H^+) \approx 1mol/L$$

$$2S_2O_3^{2-} + I_2 \rightleftharpoons S_4O_6^{2-} + 2I^- \quad 酸度:c(H^+)0.2 \sim 0.4mol/L$$

三、实验用品

仪器:电子天平,酸式滴定管,碘量瓶,锥形瓶,容量瓶。

药品:重铬酸钾,碳酸钠,硫代硫酸钠,碘化钾,盐酸。

四、实验步骤

(1)在150mL新煮沸放冷的蒸馏水中加入3mL 1%的Na_2CO_3溶液及4g $Na_2S_2O_3 \cdot 5H_2O$,完全溶解,放置一周后,过滤,标定。

(2)称取$K_2Cr_2O_7$____g,溶解,转移,定容至100.0mL。

(3)精密吸取$K_2Cr_2O_7$溶液20.00mL于碘量瓶中,加10%的KI溶液20mL,再加5mL(1:1)HCl溶液,立即密塞,摇匀,封水;在暗处放置10min。

(4)加蒸馏水50mL稀释,用$Na_2S_2O_3$溶液滴定至接近终点(淡黄绿色),加淀粉溶液2mL,继续滴定至蓝色刚好消失,即达到终点,记录终点读数。平行滴定3次。

项目	1	2	3
$m_{K_2Cr_2O_7}$/g			
$c_{K_2Cr_2O_7}$/(mol/L)			
$V_{Na_2S_2O_3}$/mL			
$c_{Na_2S_2O_3}$/(mol/L)			
$\bar{c}_{Na_2S_2O_3}$/(mol/L)			
RSD/%			

五、数据处理

$$c_{Na_2S_2O_3}=\frac{6c_{K_2Cr_2O_7}V_{K_2Cr_2O_7}}{V_{Na_2S_2O_3}}$$

六、思考题

(1)为什么每份待测溶液暗处放置时间长短要一致?

(2)滴定开始轻摇快滴,加淀粉指示剂后要大力振摇,慢滴。为什么?

技能训练四 葡萄糖含量的测定(碘量法)

一、实验目的

(1)学会间接碘量法测定葡萄糖含量的方法原理,进一步掌握返滴定法的技能。

(2)进一步熟悉酸滴定管的操作,掌握有色溶液滴定时体积的正确读法。

二、实验原理

I_2与NaOH作用可生成次碘酸钠(NaIO),次碘酸钠可将葡萄糖($C_6H_{12}O_6$)分子中的醛基定量地氧化为羧基。未与葡萄糖作用的次碘酸钠在碱性溶液中歧化生成 NaI 和 $NaIO_3$，当酸化时 $NaIO_3$ 又恢复成 I_2 析出，用 $Na_2S_2O_3$ 标准溶液滴定析出的 I_2，从而可计算出葡萄糖的含量。涉及的反应如下：

(1) I_2 与 NaOH 作用生成 NaIO 和 NaI：

$$I_2 + 2OH^- = IO^- + I^- + H_2O$$

(2) $C_6H_{12}O_6$ 和 NaIO 定量作用：

$$C_6H_{12}O_6 + IO^- = C_6H_{12}O_7 + I^-$$

总反应式为：$I_2 + C_6H_{12}O_6 + 2OH^- = C_6H_{12}O_7 + 2I^- + H_2O$

(3) 未与葡萄糖作用的 NaIO 在碱性溶液中歧化成 NaI 和 $NaIO_3$：

$$3IO^- = IO_3^- + 2I^-$$

(4) 在酸性条件下，$NaIO_3$ 又恢复成 I_2 析出：

$$IO_3^- + 5I^- + 6H^+ = 3I_2 + 3H_2O$$

(5) 用 $Na_2S_2O_3$ 滴定析出的 I_2：

$$I_2 + 2S_2O_3^{2-} = S_4O_6^{2-} + 2I^-$$

因为 1mol 葡萄糖与 1mol I_2 作用，而 1mol IO^- 可产生 1mol I_2，从而可以测定出葡萄糖的含量。

三、实验用品

仪器：分析天平，台秤，烧杯，酸式滴定管，碱式滴定管，容量瓶(250mL)，移液管(25mL)，锥形瓶(250mL)，碘量瓶(250mL)。

药品：I_2(s)(A. R.)，KI(s)(A. R.)，$Na_2S_2O_3$(s)(A. R.)，Na_2CO_3(s)(A. R.)，$K_2Cr_2O_7$(s) A. R.，于 140℃电烘箱中干燥 2h，贮于干燥器中备用，KI(20%)，HCl(6mol/L)，淀粉溶液(0.5%)，NaOH(2mol/L)，葡萄糖试样(0.05%)。

四、实验步骤

移取 25.00mL 葡萄糖试液于碘量瓶中，从酸式滴定管中加入 25.00mL I_2 标准溶液。一边摇动，一边缓慢加入 2mol/L NaOH 溶液，直至溶液呈浅黄色。将碘量瓶加塞放置 10 ~ 15min 后，加 2mL 6mol/L HCl 使成酸性，立即用 $Na_2S_2O_3$ 溶液滴定至溶液呈淡黄色时，加入 2mL 淀粉指示剂，继续滴定蓝色消失即为终点。平行测定三次，计算试样中葡萄糖的含量(以 g/L 表示)，要求相对平均偏差小于 0.3%。

五、数据处理

$$葡萄糖含量 = C_{I_2}V_{I_2} \times \frac{1000}{25.00}(g/L)$$

六、思考题

(1) 配制 I_2 溶液时加入过量 KI 的作用是什么？将称得的 I_2 和 KI 一起加水到一定体积是否可以？

(2) I_2 溶液应装入何式滴定管中？为什么？装入滴定管后弯月面看不清，应如何读数？

模块三　沉淀分析技术

背景知识　称量分析法简介

在科学实验和生产实践中,常利用沉淀的生成或溶解进行物质的提纯、制备、分离以及组成的测定等。以沉淀溶解平衡反应为基础,形成了沉淀滴定法和重量分析法。

称量分析法是经典的化学分析方法之一,是通过适当的方法把被测组分从试样中离析出来,转化为可准确称量的形式,然后用称量的方法测定该组分含量的分析方法。掌握影响沉淀生成与溶解平衡的有关因素,才能有效地控制沉淀反应的进行;基本搞清沉淀形成的机理,才有可能控制一定的沉淀条件,获得良好而且纯净的沉淀,或实现有效的分离,或得到准确的测定结果。

一、称量分析法的分类和特点

(一)分类

称量分析法是用适当的方法先将试样中的待测组分与其他组分分离,然后用称量的方法测定该组分的含量。根据分离方法的不同,称量分析法常分为三类。

1. 沉淀法

沉淀法是称量分析法中的主要方法。这种方法是利用试剂与待测组分生成溶解度很小的沉淀,经过滤、洗涤、烘干或灼烧成为组成一定的物质,然后称其质量,再计算待测组分的含量。例如,测定试样中 SO_4^{2-} 含量时,在试液中加入过量 $BaCl_2$溶液,使 SO_4^{2-} 完全生成难溶的 $BaSO_4$沉淀,经过滤、洗涤、烘干、灼烧后,称量 $BaSO_4$的质量,再计算试样中的 SO_4^{2-} 含量。

2. 汽化法

汽化法又称挥发法,是利用物质的挥发性质,通过加热或其他方法使试样中的待测组分挥发逸出,然后根据试样质量的减少,计算该组分的含量;或者用吸收剂吸收逸出的组分,根据吸收剂质量的增加计算该组分的含量。例如,测定氯化钡晶体($BaCl_2 \cdot 2H_2O$)中结晶水的含量,可将一定质量的氯化钡试样加热,使水分逸出,根据氯化钡质量的减轻称出试样中水分的含量。也可以用吸湿剂(高氯酸镁)吸收逸出的水分,根据吸湿剂质量的增加来计算水分的含量。

3. 电解法

利用电解的方法使待测金属离子在电极上还原析出,然后称量,根据电极增加的质量,求得其含量。

(二)特点

称量分析法是经典的化学分析法,它通过直接称量得到分析结果,不需要从容量器皿中引入许多数据,也不需要标准试样或基准物质作比较。

对高含量组分的测定,称量分析比较准确,一般测定的相对误差不大于0.1%。对高含量的硅、磷、钨、镍、稀土元素等试样的精确分析,至今仍常使用称量分析法。

但称量分析法的不足之处是操作较繁琐,耗时多,不适于生产中的控制分析;对低含量组分的测定误差较大。

二、沉淀法对沉淀形式和称量形式的要求

利用沉淀法进行分析时,首先将试样分解为试液,然后加入适当的沉淀剂使其与被测组分发生沉淀反应,并以"沉淀形"沉淀出来。沉淀经过过滤、洗涤,在适当的温度下烘干或灼烧,转化为"称量形",再进行称量。根据称量形的化学式计算被测组分在试样中的含量。"沉淀形"和"称量形"可能相同,也可能不同,例如:

$$Ba^{2+} \xrightarrow{\text{沉淀}} BaSO_4 \xrightarrow{\text{灼烧}} BaSO_4$$

被测组分　沉淀形　称量形

$$Fe^{3+} \xrightarrow{\text{沉淀}} Fe(OH)_3 \xrightarrow{\text{灼烧}} Fe_2O_3$$

被测组分　沉淀形　称量形

在称量分析法中,为获得准确的分析结果,沉淀形和称量形必须满足以下要求。

(一)对沉淀形的要求

1. 沉淀要完全,沉淀的溶解度要小

要求测定过程中沉淀的溶解损失不应超过分析天平的称量误差。一般要求溶解损失应小于0.1mg。例如,测定Ca^{2+}时,以形成$CaSO_4$和CaC_2O_4两种沉淀形式作比较,$CaSO_4$的溶解度较大($K_{sp}=2.45\times10^{-5}$)、CaC_2O_4的溶解度小($K_{sp}=1.78\times10^{-9}$)。显然,用$(NH_4)_2C_2O_4$作沉淀剂比用硫酸作沉淀剂沉淀得更完全。

2. 沉淀必须纯净,并易于过滤和洗涤

沉淀纯净是获得准确分析结果的重要因素之一。颗粒较大的晶体沉淀(如$MgNH_4PO_4 \cdot 6H_2O$)其表面积较小,吸附杂质的机会较少,因此沉淀较纯净,易于

过滤和洗涤。颗粒细小的晶形沉淀(如 CaC_2O_4、$BaSO_4$),由于某种原因其比表面积大,吸附杂质多,洗涤次数也相应增多。非晶形沉淀[如 $Al(OH)_3$、$Fe(OH)_3$]体积庞大疏松、吸附杂质较多,过滤费时且不易洗净。对于这类沉淀,必须选择适当的沉淀条件以满足对沉淀形式的要求。

3. 沉淀形应易于转化为称量形

沉淀经烘干、灼烧时,应易于转化为称量形式。如 Al^{3+} 的测定,若沉淀为 8-羟基喹啉铝[$Al(C_9H_6NO)_3$],在 130℃烘干后即可称量;而沉淀为 $Al(OH)_3$,则必须在 1200℃灼烧才能转变为无吸湿性的 Al_2O_3后,方可称量。因此,测定 Al^{3+} 时选用前法比后法好。

(二)对称量形的要求

1. 称量形的组成必须与化学式相符

称量形的组成必须与化学式相符,这是定量计算的基本依据。如测定 PO_4^{3-},可以形成磷钼酸铵沉淀,但组成不固定,无法利用它作为测定 PO_4^{3-} 的称量形。若采用磷钼酸喹啉法测定 PO_4^{3-},则可得到组成与化学式相符的称量形。

2. 称量形要有足够的稳定性

称量形要有足够的稳定性,不易吸收空气中的 CO_2、H_2O。如测定 Ca^{2+} 时,若将 Ca^{2+} 沉淀为 $CaC_2O_4 \cdot H_2O$,灼烧后得到 CaO,易吸收空气中的 H_2O 和 CO_2,因此,CaO 不宜作为称量形式。

3. 称量形的摩尔质量应尽可能大

称量形的摩尔质量应尽可能大,这样可增大称量形的质量,以减小称量误差。如在铝的测定中,分别用 Al_2O_3 和 8-羟基喹啉铝[$Al(C_9H_6NO)_3$]两种称量形进行测定,若被测组分 Al 的质量为 0.1000g,则可分别得到 0.1888g Al_2O_3 和 1.7040g $Al(C_9H_6NO)_3$。两种称量形由称量误差所引起的相对误差分别为 ±1% 和 ±0.1%。显然,以 $Al(C_9H_6NO)_3$ 作为称量形比用 Al_2O_3 作为称量形测定 Al 的准确度高。

三、沉淀剂的选择

根据上述对沉淀形和称量形的要求,选择沉淀剂时应考虑如下几点。

1. 选用具有较好选择性的沉淀剂

所选的沉淀剂只能和待测组分生成沉淀,而与试液中的其他组分不起作用。例如,丁二酮肟和 H_2S 都可以沉淀 Ni^{2+},但在测定 Ni^{2+} 时常选用前者。又如沉淀锆离子时,选用在盐酸溶液中与锆有特效反应的苦杏仁酸作沉淀剂,这时即使有钛、铁、钡、铝、铬等十几种离子存在,也不发生干扰。

2. 选用能与待测离子生成溶解度最小的沉淀的沉淀剂

所选的沉淀剂应能使待测组分沉淀完全。例如,生成难溶的钡的化合物有 $BaCO_3$、$BaCrO_4$、BaC_2O_4 和 $BaSO_4$。根据其溶解度可知,$BaSO_4$ 溶解度最小。因此以

$BaSO_4$的形式沉淀 Ba^{2+} 比生成其他难溶化合物好。

3. 尽可能选用易挥发或经灼烧易除去的沉淀剂

这样沉淀中带有的沉淀剂即便未洗净，也可以借烘干或灼烧而除去。一些铵盐和有机沉淀剂都能满足这项要求。例如，用氯化物沉淀 Fe^{3+} 时，选用氨水而不用 NaOH 作沉淀剂。

4. 选用溶解度较大的沉淀剂

用此类沉淀剂可以减少沉淀对沉淀剂的吸附作用。例如，利用生成难溶钡化合物沉淀 SO_4^{2-} 时，应选 $BaCl_2$ 作沉淀剂，而不用 $Ba(NO_3)_2$。因为 $Ba(NO_3)_2$ 的溶解度比 $BaCl_2$ 小，$BaSO_4$ 吸附 $Ba(NO_3)_2$ 比吸附 $BaCl_2$ 严重。

思考题

1. 称量分析有几种方法?
2. 沉淀形与称量形有何区别?
3. 称量分析法中对沉淀形与称量形各有什么要求?
4. 如何选择沉淀剂?

四、沉淀的类型和形成过程

(一)沉淀的类型

沉淀按其物理性质的不同，可粗略地分为晶形沉淀和无定形沉淀两大类。

1. 晶形沉淀

晶形沉淀是指具有一定形状的晶体，其内部排列规则有序，颗粒直径约为 0.1 ~ 1μm。这类沉淀的特点是：结构紧密，具有明显的晶面，沉淀所占体积小、沾污少、易沉降、易过滤和洗涤。例如，$MgNH_4PO_4$、$BaSO_4$ 等典型的晶形沉淀。

2. 无定形沉淀

无定形沉淀是指无晶体结构特征的一类沉淀。如 $Fe_2O_3 \cdot nH_2O$、$P_2O_3 \cdot nH_2O$ 是典型的无定形沉淀。无定形沉淀是由许多聚集在一起的微小颗粒（直径小于 0.02μm）组成的，内部排列杂乱无章、结构疏松、体积庞大、吸附杂质多，不能很好的沉降，无明显的晶面，难于过滤和洗涤。它与晶形沉淀的主要差别在于颗粒大小不同。

介于晶形沉淀与无定形沉淀之间，颗粒直径在 0.02 ~ 0.1μm 的沉淀（如 AgCl）称为凝乳状沉淀，其性质也介于两者之间。

在沉淀过程中，究竟生成的沉淀属于哪一种类型，主要取决于沉淀本身的性质和沉淀的条件。

(二)沉淀的形成过程

沉淀的形成是一个复杂的过程，一般来讲，沉淀的形成要经过晶核形成和晶核长大两个过程。

1. 晶核的形成

将沉淀剂加入待测组分的试液中，溶液是过饱和状态时，构晶离子由于静电作用而形成微小的晶核。晶核的形成可以分为均相成核和异相成核。

均相成核是指过饱和溶液中构晶离子通过缔合作用，自发地形成晶核的过程。不同的沉淀，组成晶核的离子数目不同。例如，$BaSO_4$的晶核由 8 个构晶离子组成，Ag_2CrO_4的晶核由 6 个构晶离子组成。

异相成核是指在过饱和溶液中，构晶离子在外来固体微粒的诱导下，聚合在固体微粒周围形成晶核的过程。溶液中的“晶核”数目取决于溶液中混入固体微粒的数目。随着构晶离子浓度的增加，晶体将成长得大一些。

当溶液的相对过饱和程度较大时，异相成核与均相成核同时作用，形成的晶核数目多，沉淀颗粒小。

2. 晶形沉淀和无定形沉淀的生成

晶核形成时，溶液中的构晶离子向晶核表面扩散，并沉积在晶核上，晶核逐渐长大形成沉淀微粒。在沉淀过程中，由构晶离子聚集成晶核的速度称为聚集速度；构晶离子按一定晶格定向排列的速度称为定向速度。如果定向速度大于聚集速度较多，溶液中最初生成的晶核不很多，有更多的离子以晶核为中心，并有足够的时间依次定向排列长大，可形成颗粒较大的晶形沉淀。反之聚集速度大于定向速度，则很多离子聚集成大量晶核，溶液中没有更多的离子定向排列到晶核上，于是沉淀就迅速聚集成许多微小的颗粒，因而得到无定形沉淀。

定向速度主要取决于沉淀物质的本性，极性较强的物质，如$BaSO_4$、$MgNH_4PO_4$和CaC_2O_4等，一般具有较大的定向速度，易形成晶形沉淀。AgCl 的极性较弱，逐步生成凝乳状沉淀。氢氧化物，特别是高价金属离子的氢氧化物，如$Fe(OH)_3$、$Al(OH)_3$等，由于含有大量水分子，阻碍了离子的定向排列，一般生成无定形胶状沉淀。

聚集速度不仅与物质的性质有关，同时主要由沉淀的条件决定，其中最重要的是溶液中生成沉淀时的相对过饱和度。聚集速度与溶液的相对过饱和度成正比，溶液相对过饱和度越大，聚集速度越大，晶核生成多，易形成无定形沉淀。反之，溶液相对过饱和度小，聚集速度小，晶核生成少，有利于生成颗粒较大的晶形沉淀。因此，通过控制溶液的相对过饱和度，可以改变形成沉淀颗粒的大小，有可能改变沉淀的类型。

五、影响沉淀纯度的因素

在称量分析中，要求获得的沉淀是纯净的。但是，沉淀从溶液中析出时，总会或多或少地夹杂溶液中的其他组分。因此必须了解影响沉淀纯度的各种因素，找出减少杂质混入的方法，以获得符合称量分析要求的沉淀。

影响沉淀纯度的主要因素有共沉淀现象和继沉淀现象。

(一)共沉淀

当沉淀从溶液中析出时,溶液中的某些可溶性组分也同时沉淀下来的现象称为共沉淀。共沉淀是引起沉淀不纯的主要原因,也是称量分析误差的主要来源之一。共沉淀现象主要有以下三类。

1. 表面吸附

由于沉淀表面离子电荷的作用力未达到平衡,因而产生自由静电力场。由于沉淀表面静电引力作用吸引了溶液中带相反电荷的离子,使沉淀微粒带有电荷,形成吸附层。带电荷的微粒又吸引溶液中带相反电荷的离子,构成电中性的分子。因此,沉淀表面吸附了杂质分子。例如,加过量$BaCl_2$到H_2SO_4的溶液中,生成$BaSO_4$晶体沉淀。沉淀表面上的SO_4^{2-}由于静电引力强烈地吸引溶液中的Ba^{2+},形成第一吸附层,使沉淀表面带正电荷;然后它又吸引溶液中带负电荷的离子,如Cl^-离子,构成电中性的双电层。双电层能随颗粒一起下沉,因而使沉淀被污染。

显然,沉淀的总表面积越大,吸附杂质就越多;溶液中杂质离子的浓度越高,价态越高,越易被吸附。由于吸附作用是一个放热反应,所以升高溶液的温度,可减少杂质的吸附。

2. 吸留和包藏

吸留是被吸附的杂质机械地嵌入沉淀中。包藏常指母液机械地包藏在沉淀中。这些现象的发生,是由于沉淀剂加入太快,使沉淀急速生长,沉淀表面吸附的杂质来不及离开就被随后生成的沉淀所覆盖,使杂质离子或母液被吸留或包藏在沉淀内部。这类共沉淀不能用洗涤的方法将杂质除去,可以借改变沉淀条件或重结晶的方法来减免。

3. 混晶

当溶液杂质离子与构晶离子半径相近,晶体结构相同时,杂质离子将进入晶核排列中形成混晶。例如,Pb^{2+}和Ba^{2+}半径相近,电荷相同,在用H_2SO_4沉淀Ba^{2+}时,Pb^{2+}能够取代$BaSO_4$中的Ba^{2+}进入晶核形成$PbSO_4$与$BaSO_4$的混晶共沉淀。又如$AgCl$和$AgBr$、$MgNH_4PO_4 \cdot 6H_2O$和$MgNH_4AsO_4$等都易形成混晶。为了减免混晶的生成,最好在沉淀前先将杂质分离出去。

(二)继沉淀

在沉淀析出后,当沉淀与母液一起放置时,溶液中某些杂质离子可能慢慢地沉积到原沉淀上,放置时间越长,杂质析出的量越多,这种现象称为继沉淀。

例如,Mg^{2+}存在时以$(NH_4)_2C_2O_4$沉淀Ca^{2+},Mg^{2+}易形成稳定的草酸盐过饱和溶液而不立即析出。如果把形成的CaC_2O_4沉淀过滤,则发现沉淀表面上吸附有少量镁。若将含有Mg^{2+}的母液与CaC_2O_4沉淀一起放置一段时间,则MgC_2O_4沉淀的量将会增多。

由继沉淀引入杂质的量比共沉淀要多,且随沉淀在溶液中放置时间的延长而增多。因此为防止继沉淀的发生,某些沉淀的陈化时间不宜过长。

六、减少沉淀中杂质的方法

为了提高沉淀的纯度,可采用下列措施。

1. 采用适当的分析程序

当试液中含有几种组分时,首先应沉淀低含量组分,再沉淀高含量组分。反之,由于大量沉淀析出,会使部分低含量组分掺入沉淀,产生测定误差。

2. 降低易被吸附杂质离子的浓度

对于易被吸附的杂质离子,可采用适当的掩蔽方法或改变杂质离子的价态来降低其浓度。例如,将 SO_4^{2-} 沉淀为 $BaSO_4$ 时,Fe^{3+} 易被吸附,可把 Fe^{3+} 还原为不易被吸附的 Fe^{2+},或加酒石酸、EDTA 等,使 Fe^{3+} 生成稳定的配位离子,以减小沉淀对 Fe^{3+} 的吸附。

3. 选择沉淀条件

沉淀条件包括溶液浓度、温度、试剂的加入次序和速度、陈化与否等,对不同类型的沉淀,应选用不同的沉淀条件,以获得符合称量分析要求的沉淀。

4. 再沉淀

必要时将沉淀过滤、洗涤、溶解后,再进行一次沉淀。再沉淀时,溶液中杂质的量大为降低,共沉淀和继沉淀现象自然减小。

5. 选择适当的洗涤液洗涤沉淀

吸附作用是可逆过程,用适当的洗涤液通过洗涤交换的方法,可洗去沉淀表面吸附的杂质离子。例如,$Fe(OH)_3$ 吸附 Mg^{2+},用 NH_4NO_3 稀溶液洗涤时,被吸附在表面的 Mg^{2+} 与洗涤液的 NH_4^+ 发生交换,吸附在沉淀表面的 NH_4^+,可在燃烧沉淀时分解除去。

为了提高洗涤沉淀的效率,同体积的洗涤液应尽可能分多次洗涤,通常称为"少量多次"的洗涤原则。

6. 选择合适的沉淀剂

无机沉淀剂选择性差,易形成胶状沉淀,吸附杂质多,难于过滤和洗涤。有机沉淀剂选择性高,常能形成结构较好的晶形沉淀,吸附杂质少,易于过滤和洗涤。因此,在可能的情况下,尽量选择有机试剂做沉淀剂。

七、沉淀的条件

在称量分析中,为了获得准确的分析结果,要求沉淀完全、纯净、易于过滤和洗涤,并应减小沉淀的溶解损失。因此,对于不同类型的沉淀,应当选用不同的沉淀条件。

(一)晶形沉淀

为了形成颗粒较大的晶形沉淀,采取以下沉淀条件。

1. 在适当稀、热溶液中进行

在稀、热溶液中进行沉淀,可使溶液的相对过饱和度保持较低状态,以利于生成晶形沉淀,同时也有利于得到纯净的沉淀。对于溶解度较大的沉淀,溶液不能太稀,否则沉淀溶解损失较多,影响结果的准确度。在沉淀完全后,应将溶液冷却后再进行过滤。

2. 快搅慢加

在不断搅拌的同时缓慢滴加沉淀剂,可使沉淀剂迅速扩散,防止局部相对过饱和度过大而产生大量小晶粒。

3. 陈化

陈化是指沉淀完全后,将沉淀连同母液放置一段时间,使小晶粒变为大晶粒,不纯净的沉淀转变为纯净沉淀的过程。因为在同样条件下,小晶粒的溶解度比大晶粒大。在同一溶液中,对大晶粒为饱和溶液时,对小晶粒则为未饱和,小晶粒就要溶解。这样,溶液中的构晶离子就在大晶粒上沉积,直至达到饱和。这时,小晶粒又为未饱和,又要溶解。如此反复进行,小晶粒逐渐消失,大晶粒不断长大。

陈化过程不仅能使晶粒变大,而且能使沉淀变得更纯净。

加热和搅拌可以缩短陈化时间。但是陈化作用对伴随有混晶共沉淀的沉淀,不一定能提高纯度;对伴随有继沉淀的沉淀,不仅不能提高纯度,有时反而会降低纯度。

(二)无定形沉淀

无定形沉淀的特点是结构疏松,比表面积大,吸附杂质多,溶解度小,易形成胶体,不易过滤和洗涤。对于这类沉淀关键问题是创造适宜的沉淀条件来改善沉淀的结构,使之不致形成胶体,并且有较紧密的结构,便于过滤和减小杂质吸附。因此,无定形沉淀的沉淀条件如下。

1. 在较浓的溶液中进行沉淀

在浓溶液中进行沉淀,离子水化程度小,结构较紧密,体积较小,容易过滤和洗涤。但在浓溶液中,杂质的浓度也比较高,沉淀吸附杂质的量也较多。因此,在沉淀完毕后,应立即加入热水稀释搅拌,使被吸附的杂质离子转移到溶液中。

2. 在热溶液中及电解质存在下进行沉淀

在热溶液中进行沉淀可防止生成胶体,并减少杂质的吸附。电解质的存在,可促使带电荷的胶体粒子相互凝聚沉降,加快沉降速度,因此,电解质一般选用易挥发性的铵盐如 NH_4NO_3或 NH_4Cl 等,它们在灼烧时均可挥发除去。有时在溶液中加入与胶体带相反电荷的另一种胶体来代替电解质,可使被测组分沉淀完全。如测定 SiO_2时,加入带正电荷的动物胶,其可与带负电荷的硅酸胶体凝聚而沉降下来。

3. 趁热过滤洗涤,不需陈化

沉淀完毕后,趁热过滤,不要陈化,因为沉淀放置后逐渐失去水分,聚集得更为紧密,使吸附的杂质更难洗去。

洗涤无定形沉淀时，一般选用热、稀的电解质溶液作洗涤液，主要是防止沉淀重新变为胶体难于过滤和洗涤。常用的洗涤液有 NH_4NO_3、NH_4Cl 或氨水。

无定形沉淀吸附杂质较严重，一次沉淀很难保证纯净，必要时应进行再沉淀。

(三)均匀沉淀法

为改善沉淀条件，避免因加入沉淀剂所引起的溶液局部相对过饱和的现象发生，采用均匀沉淀法。这种方法是通过某一化学反应，使沉淀剂从溶液中缓慢地、均匀地产生出来，使沉淀在整个溶液中缓慢地、均匀地析出，获得颗粒较大、结构紧密、纯净、易于过滤和洗涤的沉淀。例如，沉淀 Ca^{2+} 时，如果直接加入 $(NH_4)_2C_2O_4$，尽管按晶形沉淀条件进行沉淀，仍得到颗粒细小的 CaC_2O_4 沉淀。若在含有 Ca^{2+} 的溶液中，以 HCl 酸化后，加入 $(NH_4)_2C_2O_4$，溶液中主要存在的是 $HC_2O_4^-$ 和 $H_2C_2O_4$，此时，向溶液中加入尿素并加热至 90℃，尿素逐渐水解产生 NH_3。

$$CO(NH_2)_2 + H_2O \longrightarrow 2NH_3 + CO_2\uparrow$$

水解产生的 NH_3 均匀地分布在溶液的各个部分，溶液的酸度逐渐降低，$C_2O_4^{2-}$ 浓度渐渐增大，CaC_2O_4 则均匀而缓慢地析出形成颗粒较大的晶形沉淀。

均匀沉淀法还可以利用有机化合物的水解(如酯类水解)、配合物的分解、氧化还原反应等方式进行。

八、称量分析法的一般操作(称量形的获得)

沉淀完毕后，还需经过滤、洗涤、烘干或灼烧，最后得到符合要求的称量形。

(一)沉淀的过滤和洗涤

1. 沉淀的过滤

沉淀常用定量滤纸(也称无灰滤纸)或玻璃砂芯坩埚过滤。对于需要灼烧的沉淀，应根据沉淀的性状选用紧密程度不同的滤纸。一般无定形沉淀如 $Al(OH)_3$、$Fe(OH)_3$ 等，选用疏松的快速滤纸；粗粒的晶形沉淀如 $MgNH_4PO_4 \cdot 6H_2O$ 等选用较紧密的中速滤纸；颗粒较小的晶形沉淀如 $BaSO_4$ 等，选用紧密的慢速滤纸。

对于只需烘干即可作为称量形的沉淀，应选用玻璃砂芯坩埚过滤。

2. 沉淀的洗涤

洗涤沉淀是为了洗去沉淀表面吸附的杂质和混杂在沉淀中的母液。洗涤时要尽量减小沉淀的溶解损失和避免形成胶体。因此，需选择合适的洗液。

选择洗涤液的原则是：对于溶解度很小，又不易形成胶体的沉淀，可用蒸馏水洗涤。对于溶解度较大的晶形沉淀，可用沉淀剂的稀溶液洗涤，但沉淀剂必须在烘干或灼烧时易挥发或易分解除去，如用 $(NH_4)_2C_2O_4$ 稀溶液洗涤 CaC_2O_4 沉淀。对于溶解度较小而又能形成胶体的沉淀，应用易挥发的电解质稀溶液洗涤，如用 NH_4NO_3 稀溶液洗涤 $Fe(OH)_3$ 沉淀。

用热洗涤液洗涤，则过滤较快，且能防止形成胶体，但溶解度随温度升高而增大较快的沉淀不能用热洗涤液洗涤。

洗涤必须连续进行，一次完成，不能将沉淀放置太久，尤其是一些非晶形沉淀，放置凝聚后，不易洗净。

洗涤沉淀时，既要将沉淀洗净，又不能增加沉淀的溶解损失。同体积的洗涤液，采用“少量多次”、“尽量沥干”的洗涤原则，用适当少的洗涤液，分多次洗涤，每次加洗涤液前，使前次洗涤液尽量流尽，这样可以提高洗涤效果。

在沉淀的过滤和洗涤操作中，为缩短分析时间和提高洗涤效率，都应采用倾泻法。

（二）沉淀的烘干和灼烧

沉淀的烘干或灼烧是为了除去沉淀中的水分和挥发性物质，并转化为组成固定的称量形。烘干或灼烧的温度和时间，随沉淀的性质而定。

灼烧温度一般在800℃以上，常用瓷坩埚盛放沉淀。若需用氢氟酸处理沉淀，则应用铂坩埚。灼烧沉淀前，应用滤纸包好沉淀，放入已灼烧至质量恒定的瓷坩埚中，先加热烘干、炭化后再进行灼烧。

沉淀经烘干或灼烧至质量恒定后，由其质量即可计算测定结果。

思考题

1. 什么是晶形沉淀和无定形沉淀？
2. 晶形沉淀、无定形沉淀的沉淀条件各是什么？
3. 什么叫均匀沉淀法？有什么优点？
4. “少量多次”的洗涤方法有什么优点？为什么？
5. 怎样获得沉淀的称量形？

九、称量分析法的结果计算

（一）称量分析中的换算因数

称量分析是根据称量形的质量来计算待测组分的含量。称量形与待测组分的形式往往是不同的，待测组分与称量形乘以适当系数（保证分子与分母中待测元素的原子数相等）后的质量之比称为化学因数。待测组分的化学因数可按下式计算：

$$w_B = \frac{m_F}{m_S} \times 100\%$$

式中　m_F——待测组分称量形的质量；

　　　m_s——待测试样的质量。

①当最后称量形与被测组分形式一致时，计算其分析结果就比较简单了。例如，测定要求计算SiO_2的含量，用称量分析的最后称量形也是SiO_2，其分析结果按下式计算：

$$w_{SiO_2} = \frac{m_{SiO_2}}{m_S} \times 100\%$$

式中 w_{SiO_2}——SiO_2的质量分数,%;

m_{SiO_2}——SiO_2沉淀的质量,g;

m_s——试样质量,g。

②如果最后称量形与被测组分形式不一致,分析结果就要进行适当的换算。如测定钡时,得到 $BaSO_4$沉淀 0.5051g,可按下列方法换算成被测组分钡的质量。

$$\begin{array}{ccc} BaSO_4 & \longrightarrow & Ba \\ 233.4 & & 137.4 \\ 0.5051g & & m_{Ba}g \end{array}$$

$$m_{Ba} = 0.5051 \times 137.4/233.4 = 0.2973(g)$$

$$即\ m_{Ba} = m_{BaSO_4}\frac{M_{Ba}}{M_{BaSO_4}}$$

式中 m_{BaSO_4}——称量形 $BaSO_4$的质量,g;

$\frac{M_{Ba}}{M_{BaSO_4}}$——将 $BaSO_4$的质量换算成 Ba 的质量的分式,此分式是一个常数,与试样质量无关。

这一比值通常称为换算因数或化学因数(即欲测组分的摩尔质量与称量形的摩尔质量之比,常用 F 表示)。将称量形的质量换算成所要测定组分的质量后,即可按前面计算 SiO_2分析结果的方法进行计算。

说明:求算换算因数时,一定要注意使分子和分母所含被测组分的原子或分子数目相等,所以在待测组分的摩尔质量和称量形式的摩尔质量之前有时需要乘以适当的系数。例如,待测组分的形式为 Fe、Fe_3O_4,它们的换算因数分别为:

$$F = \frac{M_{Fe}}{M_{\frac{1}{2}Fe_2O_3}}$$

$$F = \frac{M_{\frac{1}{3}Fe_3O_4}}{M_{\frac{1}{2}Fe_2O_3}}$$

分析化学手册中可查到常见物质的换算因数。表 3-1 列出几种常见物质的换算因数。

表 3-1　几种常见物质的换算因数

被测组分	沉淀形	称量形	换算因数
Fe	$Fe_2O_3 \cdot nH_2O$	Fe_2O_3	$2M_{Fe}/M_{Fe_2O_3} = 0.6994$
Fe_3O_4	$Fe_2O_3 \cdot nH_2O$	Fe_2O_3	$2M_{Fe_3O_4}/3M_{Fe_2O_3} = 0.9666$
P	$MgNH_4PO_4 \cdot 6H_2O$	$Mg_2P_2O_7$	$2M_P/M_{MgP_2O_7} = 0.2783$
P_2O_5	$MgNH_4PO_4 \cdot 6H_2O$	$Mg_2P_2O_7$	$M_{P_2O_5}/M_{Mg_2P_2O_7} = 0.6377$
MgO	$MgNH_4PO_4 \cdot 6H_2O$	$Mg_2P_2O_7$	$2M_{MgO}/M_{Mg_2P_2O_7} = 0.3621$
S	$BaSO_4$	$BaSO_4$	$M_S/M_{BaSO_4} = 0.1374$

（二）结果计算示例

［例3－1］　测定某试样中铁的含量时，称取样品质量 m_x 为0.2500g，经处理后其沉淀形式为 $Fe(OH)_3$，然后灼烧为 Fe_2O_3，称得其质量 m_s 为0.1245g。求此试样中铁的质量分数。若以 Fe_3O_4 表示结果，其组成质量分数又为多少？

解：以铁表示时

$$w_{Fe}=\frac{m_s\times\frac{2M_{Fe}}{M_{Fe_2O_3}}}{m_x}=\frac{0.1245\times0.6994}{0.2500}=0.3483$$

以 Fe_3O_4 表示时

$$w_{Fe_3O_4}=\frac{m_s\times\frac{2M_{Fe_3O_4}}{3M_{Fe_2O_3}}}{m_x}=\frac{0.1245\times0.9666}{0.2500}=0.4813$$

用不同形式表示分析结果时，由于化学因数不同，所得结果也不同。

思考题

1. 什么是称量分析中的换算因数？
2. 计算下列换算因数：
(1) 从 $BaSO_4$ 质量计算 S 的质量；
(2) 从 $Mg_2P_2O_7$ 的质量计算 MgO 质量；
(3) 从 $PbCrO_4$ 的质量计算 Cr_2O_3 质量。

项目一

沉淀溶解平衡

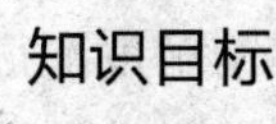

知识目标

1. 掌握溶度积规则，并了解其应用。
2. 了解影响沉淀溶解平衡的因素。
3. 掌握溶度积与溶解度之间的换算。

技能目标

1. 能利用溶度积规则判断沉淀的生成及完全程度、分步沉淀、沉淀的溶解和沉淀的转化。
2. 熟练进行沉淀溶解平衡的有关计算。

沉淀溶解平衡是一种两相化学平衡体系。溶液中离子间相互作用析出难溶性固态物质的反应称为沉淀反应。若固体物质在一定条件下逐渐溶解,称为溶解反应。这两种反应的特征是都有固体的生成和消失,存在固态难溶电解质与由它离解产生的离子之间的平衡,这种平衡称为沉淀溶解平衡。

一、溶度积

(一)溶度积的概念

严格来说,在水中绝对不溶的物质是不存在的。物质在水中溶解性的大小常以溶解度来衡量。通常大致可以把溶解度小于 0.01g/100gH_2O 的物质称为难溶物质,溶解度在 0.01 ~0.1/100gH_2O 的物质称为微溶物质,其余的则称为易溶物质。当然,这种分类也不是绝对的。本项目主要讨论微溶物质和难溶物质在溶液中的特性。

例如,将难溶电解质 $BaSO_4$固体放入水中,在极性水分子的作用下,表面上的 Ba^{2+} 和 $SO_4{}^{2-}$ 进入溶液,成为水合离子,这就是 $BaSO_4$固体溶解的过程。同时,溶液中的 Ba^{2+} 和 $SO_4{}^{2-}$ 在无序的运动中,可能同时碰到 $BaSO_4$固体的表面而析出,这个过程称为沉淀过程。在一定温度下,当溶解的速度与沉淀的速度相等时,溶解与沉淀就会建立起动态平衡,这种状态称之为难溶电解质的溶解沉淀平衡。其平衡式可表示为:

$$BaSO_{4(s)} \rightleftharpoons Ba^{2+}_{(aq)} + SO_{4(aq)}^{2-}$$

该反应的标准平衡常数为:

$$K^{\ominus} = c'_{Ba^{2+}} c'_{SO_4^{2-}}$$

对于一般的难溶电解质的溶解沉淀平衡可表示为:

$$A_nB_{m(s)} \rightleftharpoons n_{A(aq)}^{m+} + mB^{n-}_{(aq)}$$

$$K_{sp}^{\ominus} = c^n_{Am+} c^m_{Bn-} \tag{3-1}$$

式(3-1)表明,在一定温度时,难溶电解质的饱和溶液中,各离子浓度幂的乘积为常数,该常数称为溶度积常数,简称溶度积,用符号 $K_{sp}^{\ominus}$ 表示。

原则上 $K_{sp}^{\ominus}$ 应以活度积常数表示。难溶物的饱和溶液,由于其溶解度都很小,活度系数接近于1,所以一般不考虑活度系数的影响。$K_{sp}^{\ominus}$ 是表征难溶物溶解能力的特征常数,其数值可由实验测得或通过热力学数据计算得到。

(二)溶度积与溶解度的换算

溶度积 $K_{sp}^{\ominus}$ 和溶解度 S 的数值都可以反映物质的溶解能力,它们之间可以相互换算。若不考虑溶液离子强度的影响,对难溶物质 A_nB_m,若溶解度为 Smol/L,在其饱和溶液中存在如下平衡:

$$A_nB_{m(s)} \rightleftharpoons nA^{m+}_{(aq)} + mB^{n-}_{(aq)}$$

平衡浓度(mol/L) $\qquad nS \qquad mS$

$$K_{sp}^{\ominus}{}_{,A_nB_m} = c'^{n}_{A^{m+}} c'^{m}_{B^{n-}} = (nS)^n (mS)^m$$

$$即\quad K_{sp}^{\ominus}{}_{,A_nB_m} = n^n m^m S^{m+n}$$

$$S = \sqrt[m+n]{K^{\ominus}_{sp,A_nB_m}} \qquad (3-2)$$

显然，只要知道难溶物质的 $K_{sp}^{\ominus}$，就能求得该难溶物质的溶解度；相反，只要知道难溶物质的溶解度，就能求得该难溶物质的 $K_{sp}^{\ominus}$。

［例3－2］　试比较 AgCl、AgI 和 Ag_2CrO_4在纯水中溶解度的大小。

已知 $K^{\ominus}_{sp}{}_{,AgCl} = 1.8 \times 10^{-10}$，$K^{\ominus}_{sp}{}_{,AgI} = 8.5 \times 10^{-17}$，$K^{\ominus}_{sp}{}_{Ag_2CrO_4} = 1.1 \times 10^{-12}$。

解：根据式(3－2)分别计算三种难溶物的溶解度

AgCl 的溶解度：$S = \sqrt{1.8 \times 10^{-10}} = 1.3 \times 10^{-5}$ (mol/L)

AgI 的溶解度：$S = \sqrt{8.5 \times 10^{-17}} = 9.2 \times 10^{-9}$ (mol/L)

Ag_2CrO_4的溶解度：$S = \sqrt[3]{\dfrac{K^{\ominus}_{sp}}{4}} = \sqrt[3]{\dfrac{1.1 \times 10^{-12}}{4}} = 6.5 \times 10^{-5}$ (mol/L)

溶解度大小比较结果是：$S_{Ag_2CrO_4} > S_{AgCl} > S_{AgI}$

对于同类型难溶物质，溶度积大的，溶解度也大，因此可以根据溶度积的大小来直接比较它们溶解度的相对高低。例如，$K_{sp}^{\ominus}{}_{,AgCl} > K_{sp}^{\ominus}{}_{,AgI}$，AgCl 的溶解度较 AgI 的大。但是，对于不同类型的难溶物质，不能简单地根据它们的 $K_{sp}^{\ominus}$来判断它们溶解度的相对大小。例如，虽然 $K_{sp}^{\ominus}{}_{,AgCl} > K_{sp}^{\ominus}{}_{,Ag_2CrO_4}$，但在同温下，$Ag_2CrO_4$的溶解度较 AgCl 的大。

在溶解度和溶度积相互换算时应注意，所采用的浓度单位应为 mol/L。另外，由于难溶物质的溶解度很小，溶解度在以 mol/L 为单位和以 g/100g 水为单位间进行换算时可以认为其饱和溶液的密度等于纯水的密度。

同时，上述溶度积与溶解度之间的换算只是一种近似的计算。只适用于溶解度很小的难溶物质，而且离子在溶液中不发生任何副反应（不水解、不形成配合物等）或发生副反应程度不大的情况，如 $BaSO_4$、AgCl 等。

在某些难溶的硫化物、碳酸盐和磷酸盐水溶液中，如 ZnS，不能忽略相应阴阳离子在水溶液中的解离反应，此时若用上述简单方法进行溶度积与溶解度的换算将会产生较大的偏差。

上述换算也只有当难溶物质一步完全解离才有效，它不适用于难溶的弱电解质，如 $Fe(OH)_3$之类以及某些易于在溶液中以“离子对”形式存在的难溶物质。

另外，计算时忽略了饱和溶液中未解离的难溶物质的浓度（即分子溶解度或固有溶解度），仅仅考虑了离子溶解度。而有些物质的分子溶解度相当大。因而难溶物质的实测溶解度往往大于计算所得到的离子溶解度，有些甚至相差百万倍以上（如 HgI_2、CdS）。

思考题

1. 什么是沉淀溶解平衡？

2. 什么是溶度积？

二、沉淀溶解平衡概述

(一)溶度积规则

在一定条件下，难溶电解质沉淀是否生成或溶解，可以根据溶度积规则来判断。在难溶电解质溶液中，其离子浓度幂的乘积称为离子积，用 Q_i 表示，对于 A_nB_m 型难溶电解质，则

$$Q_i = c_{Am+}^{n} c_{Bn-}^{m} \tag{3-3}$$

Q_i 和 $K_{sp}^{\ominus}$ 的表达式相同，但其意义是有区别的。$K_{sp}^{\ominus}$ 表示难溶电解质在沉淀溶解平衡体系中离子浓度幂的乘积，对某一难溶电解质来说，在一定温度下 $K_{sp}^{\ominus}$ 为常数。而 Q_i 则表示任一条件下离子浓度幂的乘积，其值不是一个常数。$K_{sp}^{\ominus}$ 只是 Q_i 的一种特殊情况。

对于某一给定的溶液，溶度积 $K_{sp}^{\ominus}$ 与离子积之间的关系有以下三种情况。

①$Q_i > K_{sp}^{\ominus}$ 时，溶液为过饱和溶液，会有沉淀析出，直至 $Q_i = K_{sp}^{\ominus}$，达到饱和状态为止。所以 $Q_i > K_{sp}^{\ominus}$ 是沉淀生成的条件。

②$Q_i = K_{sp}^{\ominus}$ 时，溶液为饱和溶液，处于平衡状态。

③$Q_i < K_{sp}^{\ominus}$ 时，溶液为未饱和溶液。若溶液中有难溶电解质固体存在，就会继续溶解，直至 $Q_i = K_{sp}^{\ominus}$，达到饱和状态为止。所以 $Q_i < K_{sp}^{\ominus}$ 是沉淀溶解的条件。

上述三种情况是难溶电解质多相离子平衡移动的规律，称为溶度积规则。由此不难看出，通过控制离子的浓度，便可使沉淀溶解平衡发生移动，从而使平衡向着需要的方向进行。

(二)溶度积规则的应用

1. 沉淀的生成及完全程度

(1)沉淀的生成　根据溶度积原理，在难溶电解质溶液中，若 $Q_i > K_{sp}^{\ominus}$，则溶液为过饱和溶液，会有沉淀析出。

[例 3-3]　将下列溶液等体积混合，是否有 $AgCr_2O_7$ 沉淀生成？已知 $K_{sp}{}^{\ominus}{}_{,Ag_2Cr_2O_7} = 2.0 \times 10^{-7}$。

①0.20mol/L $AgNO_3$ 溶液与 0.20mol/L $K_2Cr_2O_7$ 溶液；

②0.0020mol/L $AgNO_3$ 溶液与 0.0020mol/L$K_2Cr_2O_7$ 溶液

解：当两种溶液等体积混合时，浓度变为原来的一半

①$c_{Ag^+} = 0.10$mol/L，$c_{Cr_2O_7{}^{2-}} = 0.10$mol/L，

则 $Q_i = c'^2_{Ag^+}c'_{Cr_2O_7^{2-}} = 0.10^2 \times 0.10 = 0.0010 > K^{\ominus}_{sp, Ag_2Cr_2O_7} = 2.0 \times 10^{-7}$

所以有沉淀析出。

②$c_{Ag^+} = 0.0010mol/L, c_{Cr_2O_7^{2-}} = 0.0010mol/L$,

则 $Q_i = c'^2_{Ag^+}c'_{Cr_2O_7^{2-}} = 0.0010^2 \times 0.0010 = 10^{-9} < K^{\ominus}_{sp, Ag_2Cr_2O_7} = 2.0 \times 10^{-7}$

所以没有沉淀析出。

(2)判断沉淀的完全程度　在实际工作中,当利用沉淀反应来制备物质或分离杂质时,沉淀是否完全是引人关注的问题。由于难溶电解质溶液中始终存在着沉淀溶解平衡,不论加入的沉淀剂如何过量,被沉淀离子的浓度也不可能等于零。所谓“沉淀完全”,并不是说溶液中某种离子绝对不存在了,而是指含量少至某一标准而言。通常要求残留离子浓度小于 1.0×10^{-5}mol/L(在定量分析中,一般要求残留离子浓度小于 1.0×10^{-6}mol/L),即可认为沉淀达完全。

[例3-4]　在 1.0×10^{-3}mol/L 的 SO_4^{2-}离子溶液中,加入 $BaCl_2$溶液,欲使 SO_4^{2-}沉淀完全,平衡时 Ba^{2+}的浓度至少应有多大?已知 $K^{\ominus}_{sp, BaSO_4} = 1.08 \times 10^{-10}$。

解:欲使 SO_4^{2-}沉淀完全,平衡时 SO_4^{2-}的浓度应小于 1.0×10^{-5}mol/L

$$c'_{Ba^{2+}} = \frac{K^{\ominus}_{sp, BaSO_4}}{c'_{SO_4^{2-}}} \geqslant \frac{1.08 \times 10^{-10}}{1.0 \times 10^{-5}} = 1.08 \times 10^{-5}$$

所以 $c_{Ba^{2+}}$至少应为 1.08×10^{-5}mol/L。

为了使离子沉淀完全,在实际工作中,需加入过量的沉淀剂。但是如果沉淀剂加入过多有时会发生其他副反应,因此沉淀剂的量要适当。

2. 分步沉淀

在生产和科学研究等实际工作中,如果有多种离子同时存在于混合溶液中,加入某种沉淀剂时,这些离子可能均会发生沉淀反应,生成难溶电解质。但因沉淀溶解度不同,发生反应的先后次序就不同。这种混合离子溶液中,离子发生先后沉淀的现象称为分步沉淀。

在多组分体系中,若各组分都可能与沉淀剂形成沉淀,通常是离子积 Q_i 首先超过溶度积的那种难溶物质先沉淀出来。

[例3-5]　向 Cl^-和 I^-浓度均为 0.010mol/L 的溶液中,逐滴加入 $AgNO_3$溶液,问哪一种离子先沉淀?第二种离子开始沉淀时,溶液中第一种离子的浓度是多少?两者有无分离的可能?已知 $K^{\ominus}_{sp\,AgCl} = 1.77 \times 10^{-10}$, $K^{\ominus}_{sp\,AgI} = 8.52 \times 10^{-17}$。

解:假设计算过程都不考虑加入试剂后溶液体积的变化。根据溶度积规则,首先计算 AgCl 和 AgI 开始沉淀所需的 Ag^+浓度分别为:

$$c'_{1\,Ag^+} = \frac{K^{\ominus}_{sp, AgCl}}{c'_{Cl^-}} = \frac{1.77 \times 10^{-10}}{0.010}$$

$$= 1.77 \times 10^{-8}(mol/L)$$

$$c'_{2\,Ag^+} = \frac{K^{\ominus}_{sp, AgI}}{c'_{I^-}} = \frac{8.52 \times 10^{-17}}{0.010}$$

$$= 8.52 \times 10^{-15}(mol/L)$$

AgI 开始沉淀时,需要的 Ag^+ 浓度低,故 I^- 首先沉淀出来。当 Cl^- 开始沉淀时,溶液对 AgCl 来说也已达到饱和,这时 Ag^+ 浓度必须同时满足这两个沉淀溶解平衡,所以:

$$c'_{Ag^+} = \frac{K^{\ominus}_{sp,\ AgCl}}{c'_{Cl^-}} = \frac{K^{\ominus}_{sp\ AgI}}{c'_{I^-}}$$

$$\frac{c'_{I^-}}{c'_{Cl^-}} = \frac{K^{\ominus}_{sp,\ AgI}}{K^{\ominus}_{sp,\ AgCl}} = \frac{8.52\times10^{-17}}{1.77\times10^{-10}} = 4.81\times10^{-7}$$

当 AgCl 开始沉淀时,Cl^- 的浓度为 0.010mol/L,此时溶液中剩余的 I^- 浓度为:

$$c'_{I^-} = \frac{K^{\ominus}_{sp,\ AgI}\ c'_{Cl^-}}{K^{\ominus}_{sp,\ AgCl}} = 4.81\times10^{-7}\times0.010$$

$$= 4.81\times10^{-9}\ (mol/L)$$

可见,当 Cl^- 开始沉淀时,I^- 的浓度已小于 10^{-5}mol/L,故两者可以分离。

由此可见,影响难溶电解质分步沉淀的主要因素是沉淀的溶度积和被沉淀离子的浓度。如果是同一类型的难溶电解质,$K^{\ominus}_{sp}$小的先沉淀,而且溶度积相差越大,混合离子越容易分离。但对不同类型的难溶电解质,因有不同浓度幂指数的关系,则不能直接根据 $K^{\ominus}_{sp}$来判断沉淀的次序。

总之,在混合离子溶液中,如果加入沉淀剂,沉淀开始所需沉淀剂浓度低的离子先沉淀,所需沉淀剂浓度高的离子后沉淀。如果生成各沉淀所需的沉淀剂浓度相差较大,就能运用分步沉淀原理进行混合离子的分离,并达到提纯的目的。

3. 沉淀的溶解

难溶电解质可通过不同的方法使之溶解。在大多数情况下,可以通过降低溶液中的一种或两种离子的浓度,从而使溶液中离子浓度满足 $Q_i < K^{\ominus}_{sp}$,达到难溶电解质溶解的目的。常用的方法一般有酸碱溶解法、氧化还原溶解法、配位溶解法。

(1)酸碱溶解法　对 $BaSO_4$、AgCl 等强酸盐沉淀,酸度对其溶解度的影响较小;对于 $CaCO_3$、CaC_2O_4、ZnS、FeS 等弱酸盐沉淀和 $Fe(OH)_3$、$Mg(OH)_2$ 等金属氢氧化物沉淀,酸碱的存在对溶解度的影响较大,有的可以完全被酸溶解,在其溶解反应的产物中有弱电解质生成。

①生成弱酸:由弱酸所形成的难溶盐沉淀如 CaC_2O_4、$CaCO_3$、FeS 等,当溶液中 H^+浓度较大时,生成相应的弱酸,使平衡体系中弱酸根离子浓度减小,沉淀溶解。例如,在 CaC_2O_4溶液中加入酸,其反应为:

$$CaC_2O_{4(s)} \rightleftharpoons C_2O_4{}^{2-}{}_{(aq)} + Ca^{2+}{}_{(aq)}$$

$$+$$

$$H^+$$

$$\Updownarrow$$

$$HC_2O_4{}^- + H^+ \rightleftharpoons H_2C_2O_4$$

由于 H^+与 $C_2O_4{}^{2-}$结合生成 $HC_2O_4{}^-$,继而结合生成弱酸 $H_2C_2O_4$,使 CaC_2O_4

饱和溶液中的 $C_2O_4^{2-}$ 浓度大大减少，使 $c'_{Ca^{2+}}c'_{C_2O_4^{2-}} < K^{\ominus}_{sp\,CaC_2O_4}$，因而 CaC_2O_4 可逐渐溶解。其总反应式为：$CaC_2O_4 + 2H^+_{(aq)} \rightleftharpoons Ca^{2+}_{(aq)} + H_2C_2O_4$

难溶性碳酸盐加酸溶解的过程与 CaC_2O_4 相似，不再赘述。

金属硫化物加酸溶解时，生成 H_2S 分子，使 $Q_i < K^{\ominus}_{sp}$，也可以使沉淀溶解。

金属硫化物 MS 的酸溶解可用下列的平衡表示：

$$\begin{array}{c} MS_{(s)} \rightleftharpoons M^{2+}_{(aq)} + S^{2-}_{(aq)} \\ + \\ H^+ \\ \Updownarrow \\ HS^- + H^+ \rightleftharpoons H_2S \end{array}$$

金属硫化物 MS 溶于强酸的总反应式为：$MS_{(s)} + 2H^+_{(aq)} = M^{2+}_{(aq)} + H_2S$

反应平衡常数为：$K^{\ominus} = \dfrac{c'_{M^{2+}}c'_{H_2S}}{c'^2_{H^+}} = \dfrac{K^{\ominus}_{sp,\,MS}}{K^{\ominus}_{a1}K^{\ominus}_{a2}}$

②生成水：难溶性金属氢氧化物酸溶解可用下列的平衡表示：

$$\begin{array}{c} M(OH)_{n(s)} \rightleftharpoons nOH^-_{(aq)} + M^{n+}_{(aq)} \\ + \\ nH^+ \\ \Updownarrow \\ nH_2O \end{array}$$

金属氢氧化物溶于强酸的总反应式为：

$$M(OH)_{n(s)} + nH^+_{(aq)} = M^{n+}_{(aq)} + nH_2O$$

反应平衡常数为：$K^{\ominus} = \dfrac{c'_{M^{n+}}}{c'^n_{H^+}} = \dfrac{c'_{M^{n+}}c'^n_{OH}}{c'^n_{H^+}\cdot c'^n_{OH}} = \dfrac{K^{\ominus}_{sp}}{(K^{\ominus}_W)^n}$

室温时，$K^{\ominus}_w = 10^{-14}$，而一般 MOH 的 $K^{\ominus}_{sp}$ 大于 10^{-14}（即 $K^{\ominus}_w$），$M(OH)_2$ 的 $K^{\ominus}_{sp}$ 大于 10^{-28}（即 $K^{\ominus\,2}_w$），$M(OH)_3$ 的 $K^{\ominus}_{sp}$ 大于 10^{-42}（即 $K^{\ominus\,3}_w$），所以反应平衡常数都大于 1，这表明金属氢氧化物一般都能溶于强酸。

③生成弱碱：一些溶度积较大的金属氢氧化物能与 NH_4^+ 结合，形成弱碱 NH_3 而溶于铵盐中，如 $Mg(OH)_2$、$Mn(OH)_2$ 等。

$$Mg(OH)_{2(S)} \rightleftharpoons Mg^{2+}_{(aq)} + 2OH^-_{(aq)}$$

$$OH^-_{(aq)} + NH_4{}^+_{(aq)} \rightleftharpoons NH_3 + H_2O$$

$$即\quad Mg(OH)_{2(S)} + 2NH_4{}^+_{(aq)} \rightleftharpoons Mg^{2+}_{(aq)} + 2NH_3 + 2H_2O$$

对于 $Fe(OH)_3$、$Al(OH)_3$，由于溶度积很小，则不能溶于铵盐中。

总之，溶液的酸度对于弱酸盐沉淀、金属氢氧化物沉淀等的溶解度影响很大。因此，这类难溶物的沉淀反应，应尽可能地控制在适当的酸度条件下进行。

(2)氧化还原溶解法　利用氧化还原反应来降低溶液中难溶电解质组分离子的浓度，从而使难溶电解质溶解的方法，称为氧化还原溶解法。一些很难溶的金属硫化物，如 CuS、PbS、HgS，由于其溶解度非常小，即使外加高浓度的 HCl、H_2SO_4，都不足以将它们溶解。在这种情况下，往往利用氧化性酸（如 HNO_3 或王水），通过氧化还原反应来溶解。如 CuS 溶于硝酸的反应如下：

$$CuS_{(s)} \rightleftharpoons Cu^{2+}_{(aq)} + S^{2-}_{(aq)}$$

$$+$$

$$HNO_3 \longrightarrow S\downarrow + NO\uparrow + H_2O$$

总反应式为：$3CuS_{(s)} + 2NO_{3^-(aq)} + 8H^+_{(aq)} = 3Cu^{2+}_{(aq)} + 3S\downarrow + 2NO\uparrow + 4H_2O$

（3）配位溶解法　配位溶解法是指在难溶电解质的饱和溶液中，加入一定量的配位剂，与难溶电解质组分离子形成配离子，使得溶液中组分离子浓度降低，从而达到溶解的目的。例如，$Cu(OH)_2$ 难溶于水，但易溶于 $NH_3 \cdot H_2O$，这是由于 NH_3 和 Cu^{2+} 结合而生成稳定的配离子 $[Cu(NH_3)_2]^{2+}$，降低了 Cu^{2+} 的浓度，使 $Q_i < K^{\ominus}_{sp}$，固体 $Cu(OH)_2$ 溶解。其反应如下：

$$Cu(OH)_{2(s)} \rightleftharpoons Cu^{2+} + OH^-$$

$$+$$

$$2NH_3$$

$$\rightleftharpoons$$

$$[Cu(NH_3)_2]^{2+}$$

对一些特别难溶的硫化物如 HgS，$K^{\ominus}_{sp}$ 仅为 6.44×10^{-53}，只利用氧化还原反应使 S^{2-} 浓度降低的方法，不足以使其溶解，必须使用王水，因为除了 HNO_3 能氧化 S^{2-} 到单质 S，同时 HCl 能使 Hg^{2+} 生成 $[HgCl]_4{}^{2-}$，降低了 Hg^{2+} 的浓度，从而使 $Q_i < K^{\ominus}_{sp}$，HgS 沉淀才能溶解。反应如下：

$$3HgS + 2HNO_3 + 12HCl = 3H_2[HgCl_4] + 3S\downarrow + 2NO\uparrow + 4H_2O$$

若要使溶液中某种离子沉淀完全，而沉淀剂又能与被沉淀离子形成配离子时，就不能加入过量太多的沉淀剂，以免造成较大的溶解损失。例如，用 NaCl 溶液沉淀 Ag^+，当溶液中 Cl^- 浓度过高时就会发生这种现象，见图 3－1。

由图 3－1 可知，当溶液中 Cl^- 浓度在一定范围内时，同离子效应使得 AgCl 沉淀的溶解度随 Cl^- 浓度的升高而明显降低；但是，当 Cl^- 浓度过高时，Cl^- 能与 AgCl 分子进一步结合，形成 $AgCl_2{}^-$ 等配离子，故 AgCl 沉淀的溶解度急剧增大。反应式如下：

$$Ag^+_{(aq)} + Cl^-_{(aq)} \rightleftharpoons AgCl_{(aq)}$$

$$AgCl_{(aq)} + Cl^-_{(aq)} \rightleftharpoons AgCl^-_{2(aq)}$$

［例 3－6］　在含有 0.010mol/L Ag^+ 和 0.0010mol/L Cl^- 的溶液中，要使体系不析出 AgCl 沉淀，平衡时溶液中 EDTA 的浓度至少应为多少？已知 $K^{\ominus}_{sp,AgCl} = 1.77 \times 10^{-10}$，$K^{\ominus}_{稳,[Ag(EDTA)]^{3-}} = 2.09 \times 10^5$。

解：若要使 AgCl 不沉淀，$c'_{Cl^-} c'_{Ag^+} \leqslant K_{sp}{}^{\ominus}{}_{,AgCl}$

体系中 $c_{Cl^-} = 0.0010$　mol/L

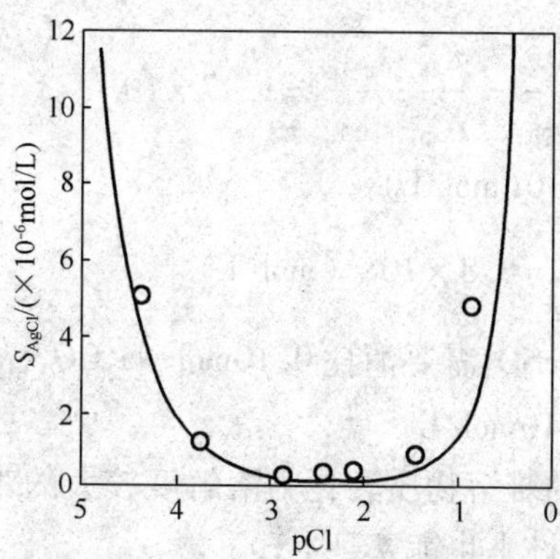

图 3－1　AgCl 溶解度与 pCl 的关系

故 $c'_{Ag^+} \leqslant \frac{K^{\ominus}_{sp, AgCl}}{0.0010} = 1.77 \times 10^{-7}$，

$Ag^+ + EDTA^{4-} \rightleftharpoons [Ag(EDTA)]^{3-}$

$c'_{[Ag(EDTA)]^{3-}} = 0.010 - c_{Ag^+} \approx 0.010$

$$c'_{EDTA} = \frac{c'_{[Ag(EDTA)]^{3-}}}{K^{\ominus}_{稳,[Ag(EDTA)]^{3-}} c'_{Ag^+}} \geqslant \frac{0.010}{2.09 \times 10^5 \times 1.77 \times 10^{-7}} = 0.27\ (mol/L)$$

所以，平衡时溶液中 EDTA 的浓度至少应为 0.27mol/L。

4. 沉淀的转化

有些沉淀既不溶于水又不溶于酸，也不能用氧化还原反应和配位反应直接溶解，却可以使其转化为另一种沉淀，然后再将其溶解。这种由一种沉淀转化为另一种沉淀的过程称为沉淀的转化。

例如，锅炉内壁锅垢的主要成分 $CaSO_4$，它既不溶于水也不溶于酸，很难清除。但是，可以加入 Na_2CO_3 溶液，使 $CaSO_4$ 转变为溶解度更小的 $CaCO_3$，再通过流体的冲击以及适当摩擦剂的作用，使锅垢被除去。转化反应为：

$$CaSO_{4(s)} + CO_{3(aq)}^{2-} \rightleftharpoons CaCO_{3(s)} + SO_{4(aq)}^{2-}$$

转化反应的完全程度同样可以用平衡常数加以衡量：

$$K^{\ominus} = \frac{c'_{SO_4^{2-}}}{c'_{CO_3^{2-}}} = \frac{K^{\ominus}_{sp, CaSO_4}}{K^{\ominus}_{sp, CaCO_3}} = \frac{4.93 \times 10^{-5}}{3.36 \times 10^{-9}} = 1.47 \times 10^4$$

可见这一转化反应向右进行的趋势较大。

沉淀间能否转化及转化的程度如何，完全取决于两种沉淀的 $K_{sp}^{\ominus}$ 的相对大小。一般 $K_{sp}^{\ominus}$ 大的沉淀容易转化成 $K_{sp}^{\ominus}$ 小的沉淀，而且两者的 $K_{sp}^{\ominus}$ 相差越大，则转化越完全。相反，欲使 $K_{sp}^{\ominus}$ 小的沉淀转化成 $K_{sp}^{\ominus}$ 大的沉淀，则较为困难；如果两者的 $K_{sp}^{\ominus}$ 相差太大，则溶解度小的沉淀不可能转化为溶解度大的沉淀。

[例 3－7]　如果在 1.0L Na_2CO_3 溶液中溶解 0.10mol 的 $CaSO_4$，问 Na_2CO_3 的

初始浓度应为多少？已知 $K_{sp}^{\ominus}{}_{,CaSO_4}=4.93\times10^{-5}$，$K_{sp}^{\ominus}{}_{,CaCO_3}=3.36\times10^{-9}$。

解：由上述可知，$\dfrac{c'_{SO_4^{2-}}}{c'_{CO_3^{2-}}}=\dfrac{K_{sp,\ CaSO_4}^{\ominus}}{K_{sp,\ CaCO_3}^{\ominus}}=1.47\times10^4$

平衡时，$c'_{SO_4^{2-}}=0.10(mol/L)$

$$c'_{CO_3^{2-}}=\frac{0.10}{1.47\times10^4}=6.8\times10^{-6}(mol/L)$$

因为溶解 0.10mol $CaSO_4$需要消耗 0.10mol Na_2CO_3，故 Na_2CO_3的初始浓度应为 $0.10+6.8\times10^{-6}\approx0.10mol/L$

若要将溶解度较小的难溶物质转化为溶解度较大的难溶物质，这种转化就较为困难，但有时在一定条件下也能实现。

（三）影响沉淀溶解平衡的因素

沉淀溶解平衡与其他化学平衡类似，溶解度数值的大小由难溶化合物的本性决定，同时受外界条件如溶液中的相同离子、离子强度、温度、溶剂、沉淀颗粒度大小、溶液酸度、氧化还原物质、配位剂等的影响。

1. 同离子效应

根据化学平衡移动的规律，在难溶电解质体系中加入含有相同离子的易溶强电解质时，体系中多相离子平衡体系向生成沉淀的方向移动，难溶物质的溶解度降低，这种现象称为沉淀反应的同离子效应。

组成沉淀晶体的离子称为构晶离子。当沉淀反应达到平衡后，如果向溶液中加入适当过量的含有某一构晶离子的试剂或溶液，则沉淀的溶解度减小。

如 25℃时，$BaSO_4$在水中的溶解度为：

$$S=c_{Ba^{2+}}=c_{SO_4^{2-}}=\sqrt{K_{sp}}=\sqrt{6\times10^{-10}}=2.4\times10^{-5}(mol/L)$$

如果使溶液中的 $c_{SO_4^{2-}}$增至 0.10mol/L，此时 $BaSO_4$的溶解度为：

$$S=c_{Ba^{2+}}=K_{sp}/c_{SO_4^{2-}}=(6\times10^{-10}/0.10)(mol/L)=6\times10^{-9}(mol/L)$$

即 $BaSO_4$的溶解度减少至万分之一。

不同的应用领域对溶解损失的要求是不同的。分析化学中的重量分析一般要求溶解损失不得超过分析天平的称量误差（0.2mg）。即使工业生产中也要尽量减少沉淀的溶解损失，避免浪费和环境污染，降低生产成本。

因此，在进行沉淀时，可以加入适当过量的沉淀剂，利用同离子效应，使被测组分沉淀完全，以减少沉淀的溶解损失。但沉淀剂过量太多，可能引起盐效应、酸效应及配位效应等副反应，反而使沉淀的溶解度增大。对一般的沉淀分离或制备，沉淀剂一般过量 20%～50% 即可；而称量分析中，对不易挥发的沉淀剂，一般过量 20%～30%，易挥发的沉淀剂，一般过量 50%～100%。另外，洗涤沉淀时，也可以根据情况及要求选择合适的洗涤剂以减少洗涤过程的溶解损失。

2. 盐效应

沉淀反应达到平衡时，由于强电解质的存在或加入其他强电解质，使沉淀的溶解度增大,这种现象称为盐效应。即在难溶电解质体系中加入其他易溶电解质,由于溶液中的离子强度增大,会使难溶电解质的溶解度增大,而且加入的电解质浓度越大,难溶物的溶解度也越大。

盐效应主要是由于活度系数的改变而引起的,即产生盐效应的原因是由于离子的活度系数 γ 与溶液中加入的强电解质的浓度有关,当强电解的浓度增大到一定程度时,离子强度增大,因而使离子活度系数明显减小。而在一定温度下 K_{sp} 为一常数,因而 $c_{M^+}c_{A^-}$ 必然要增大,致使沉淀的溶解度增大。因此,利用同离子效应降低沉淀的溶解度时,应考虑盐效应的影响,即沉淀剂不能过量太多。

其实,在发生同离子效应时,盐效应也存在,只是它的影响一般要比同离子效应小得多。表 3-2 中 $PbSO_4$ 在不同浓度 Na_2SO_4 溶液中的溶解度变化就能说明这点。

表 3-2　$PbSO_4$ 在不同浓度 Na_2SO_4 溶液中的溶解度(实验值)

Na_2SO_4 浓度/(mol/L)	0	0.01	0.04	0.10	0.20
$PbSO_4$ 溶解度/(mol/L)	1.5×10^{-4}	1.6×10^{-5}	1.3×10^{-5}	1.6×10^{-5}	2.3×10^{-5}

由表 3-2 可见,当 Na_2SO_4 浓度在 0.01～0.04mol/L 时,同离子效应占主导作用,$PbSO_4$ 溶解度在水中的溶解度较低;当 Na_2SO_4 浓度大于 0.04mol/L 后,盐效应的作用开始抵消同离子效应,占一定的统治地位,$PbSO_4$ 溶解度反而增大。

一般只有当强电解质浓度大于 0.05mol/L 时,盐效应才会较为显著(特别是非同离子的其他电解质存在时),否则一般可以忽略。

3. 温度

不同物质溶解度的温度系数一般是不同的。大多数沉淀物质的溶解过程为吸热过程。因此,一般沉淀的溶解度是随温度的升高而增大的。例如,$Ba(OH)_2\cdot8H_2O$ 随温度从0℃上升到80℃,其在100g 水中的溶解度从1.67g 上升到101.4g。可是,有些沉淀的溶解却是放热过程,因而溶解度随温度的升高而降低。例如,$Ca(OH)_2$ 随温度从0℃上升到100℃,其在100g 水中的溶解度从0.185g 下降到0.077g。

4. 溶剂

一般无机物沉淀在有机溶剂中的溶解度要比在水中的溶解度小。如 $CaSO_4$ 在水中的溶解度较大,只有在 Ca^{2+} 浓度很大时才能沉淀,一般情况下难以析出沉淀。但是,若加入乙醇,沉淀便会产生了。

另外,不同无机物在同一有机溶剂中的溶解度一般不同;同一无机物在不同有机溶剂中的溶解度也不同。

5. 沉淀的颗粒度等

一般来说,对于同一种沉淀,颗粒越小,溶解度越大。例如,$SrSO_4$ 沉淀,晶粒直径为0.05μm 时,溶解度为 6.7×10^{-4} mol/L;当晶粒直径减小至0.01μm 时,溶解度增大到 9.3×10^{-4} mol/L。

对于有些沉淀，刚生成的亚稳态晶型沉淀经放置一段时间后转变成稳定晶型，溶解度往往会大大降低。例如，CoS 沉淀初生时为 α 型，其 $K_{sp}^{\ominus}$ 为 4.0×10^{-21}；经放置后转变为 β 型，$K_{sp}^{\ominus}$ 为 2.0×10^{-25}。

6. 酸效应

溶液酸度对沉淀溶解度的影响称为酸效应。酸效应的发生主要是由于溶液中 H^+ 浓度的大小对弱酸、多元酸或难溶酸离解平衡的影响。因此，酸效应对于不同类型沉淀的影响情况不一样，若沉淀是强酸盐（如 $BaSO_4$、AgCl 等），其溶解度受酸度影响不大；但对弱酸盐如 CaC_2O_4，则酸效应影响就很显著。

为了防止沉淀溶解损失，对于弱酸盐沉淀，如碳酸盐、草酸盐、磷酸盐等，通常应在较低的酸度下进行沉淀。如果沉淀本身是弱酸，如硅酸（$SiO_2\cdot nH_2O$）、钨酸（$WO_3\cdot nH_2O$）等，易溶于碱，则应在强酸性介质中进行沉淀。如果沉淀是强酸盐如 AgCl 等，在酸性溶液中进行沉淀时，溶液的酸度对沉淀的溶解度影响不大。对于硫酸盐沉淀，如 $BaSO_4$、$SrSO_4$ 等，由于 H_2SO_4 的 K_{a2} 不大，当溶液的酸度太高时，沉淀的溶解度也随之增大。

7. 配位效应

进行沉淀反应时，若溶液中存在能与构晶离子生成可溶性配合物的配位剂，则可使沉淀溶解度增大，这种现象称为配位效应。

配位剂主要来自两方面，一是沉淀剂本身就是配位剂，二是加入的其他试剂。

例如，用 Cl^- 沉淀 Ag^+ 时，得到 AgCl 白色沉淀；若向此溶液加入氨水，则因 NH_3 配位形成 $[Ag(NH_3)_2]^+$，使 AgCl 的溶解度增大，甚至全部溶解。如果在沉淀 Ag^+ 时，加入过量的 Cl^-，则 Cl^- 能与 AgCl 沉淀进一步形成 $AgCl_2^-$ 和 $AgCl_3^{2-}$ 等配离子，也使 AgCl 沉淀逐渐溶解。这时 Cl^- 沉淀剂本身就是配位剂。由此可见，在用沉淀剂进行沉淀时，应严格控制沉淀剂的用量，同时注意外加试剂的影响。

配位效应使沉淀的溶解度增大的程度与沉淀的溶度积、配位剂的浓度和形成配合物的稳定常数有关。沉淀的溶度积越大，配位剂的浓度越大，形成的配合物越稳定，沉淀就越容易溶解。

综上所述，在实际工作中应根据具体情况来考虑哪种效应是主要的。对无配位反应的强酸盐沉淀，主要考虑同离子效应和盐效应；对弱酸盐或难溶盐的沉淀，多数情况下主要考虑酸效应。对于有配位反应，且沉淀的溶度积又较大，易形成稳定配合物时，应主要考虑配位效应。

思考题

1. 什么是溶度积规则？
2. 溶度积规则有哪些应用？
3. 影响沉淀溶解平衡的因素有哪些？

项目二

沉淀分析技术

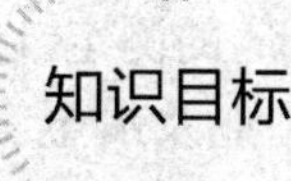

知识目标

1. 掌握沉淀滴定法对沉淀反应的要求。

2. 掌握莫尔法、佛尔哈德法、法扬斯法三种沉淀滴定法确定化学计量点的基本原理、滴定条件、应用范围及有关计算。

3. 进一步理解分级沉淀和沉淀转化的概念。

技能目标

掌握莫尔法、佛尔哈德法、法扬斯法三种滴定分析方法的应用，在实际应用中能根据测定对象选择适当的滴定方法进行测定。

沉淀滴定法是以沉淀反应为基础的一种滴定分析方法。虽然沉淀反应很多，但由于条件的限制，能用于沉淀滴定法的反应并不多。能用于滴定分析的沉淀反应必须符合下列条件。

①反应能定量地完成，沉淀的溶解度要小，在沉淀过程中也不易发生共沉淀现象。

②反应速度要快，不易形成过饱和溶液。

③有适当的方法确定滴定终点。

④沉淀的吸附现象不影响滴定终点的确定。

因此许多沉淀反应不能完全符合要求。目前在生产上应用较广的是生成难溶性银盐沉淀为基础的沉淀滴定法，例如：

$$Ag^{+} + Cl^{-} \xlongequal{} AgCl\downarrow$$

$$Ag^{+} + SCN^{-} \xlongequal{} AgSCN\downarrow$$

利用生成难溶性银盐反应来进行测定的方法，称为银量法。银量法可以测定 Cl^{-}、Br^{-}、I^{-}、Ag^{+}、SCN^{-} 等，还可以测定经过处理而能定量地产生这些离子的有机物，如六六六、二氯酚等有机药物的测定。

根据滴定的方式不同，银量法又可分为直接滴定法和返滴定法两类。

(1)直接滴定法　是用沉淀剂作标准溶液，直接滴定被测物质。例如，在中性溶液中测定 Cl^{-} 或 Br^{-} 时，用 K_2CrO_4 作指示剂，用 $AgNO_3$ 标准溶液直接滴定溶液中

的 Cl^- 或 Br^-。根据 $AgNO_3$ 标准溶液所用的体积及样品的质量，即可计算 Cl^- 或 Br^- 的含量。

(2)返滴定法(或称间接滴定法)　在被测定物质的溶液中，加入一定体积的过量的沉淀剂标准溶液，再用另外一种标准溶液滴定剩余的沉淀剂，即返滴定法。例如，在酸性溶液中测定 Cl^- 时，先将过量的 $AgNO_3$ 标准溶液加入到被测溶液中，再以铁铵矾作指示剂，用 KSCN 标准溶液滴定剩余的 $AgNO_3$。根据 $AgNO_3$ 和 KSCN 两种标准溶液所用的体积及样品的质量，即可计算氯的含量。

银量法主要用于化学工业如烧碱厂食盐水的测定，电解液中 Cl^- 的测定，以及一些含卤素的有机化合物的测定。在环境检测、农药检验、化学工业及冶金工业等方面具有重要的意义。

根据确定滴定终点采用的指示剂不同，银量法分为莫尔法、佛尔哈德法和法扬斯法。

一、莫尔法

莫尔法是以 K_2CrO_4 为指示剂，在中性或弱碱性介质中用 $AgNO_3$ 标准溶液测定卤素离子含量的方法。

(一)指示剂的作用原理

以测定 Cl^- 为例。在含有 Cl^- 的中性或弱碱性溶液中，以 K_2CrO_4 作指示剂，用 $AgNO_3$ 标准溶液滴定。这个方法的依据是多级沉淀原理，由于 AgCl 的溶解度比 Ag_2CrO_4 的溶解度小，因此在用 $AgNO_3$ 标准溶液滴定时，AgCl 先析出沉淀，当滴定剂 Ag^+ 与 Cl^- 达到化学计量点时，微过量的 Ag^+ 与 CrO_4^{2-} 反应析出砖红色的 Ag_2CrO_4 沉淀，指示滴定终点的到达。其反应为：

$$Ag^+ + Cl^- = AgCl\downarrow \quad \text{白色}$$

$$2Ag^+ + CrO_4^{2-} = Ag_2CrO_4\downarrow \quad \text{砖红色}$$

根据分步沉淀的原理，由于 AgCl 的溶解度(1.3×10^{-5}mol/L)小于 Ag_2CrO_4 的溶解度(7.9×10^{-5}mol/L)，因此在含有 Cl^- 和 CrO_4^{2-} 的溶液中，用 $AgNO_3$ 标准溶液进行滴定，AgCl 首先沉淀出来，当滴定到化学计量点附近时，溶液中 Cl^- 浓度越来越小，Ag^+ 浓度越来越大，直至 $c_{Ag^+}^2 c_{CrO_4^{2-}}^2 > K_{sp,Ag_2CrO_4}$ 时，立即生成砖红色的 Ag_2CrO_4 沉淀，以此指示滴定终点。

用一计算说明：设 Cl^- 浓度为 0.10mol/L，CrO_4^{2-} 的浓度为 0.010mol/L，则生成 AgCl 沉淀时 Ag^+ 浓度为：

$$c_{Ag^+} = \frac{K_{sp,AgCl}}{c_{Cl^-}} = \frac{1.8\times10^{-10}}{0.10} = 1.8\times10^{-9}(\text{mol/L})$$

生成 Ag_2CrO_4 沉淀时 Ag^+ 的浓度为：

$$c_{Ag^+} = \sqrt{\frac{K_{sp,Ag_2CrO_4}}{c_{CrO_4^{2-}}}} = \sqrt{\frac{1.2\times10^{-12}}{0.010}} = 1.0\times10^{-5}(\text{mol/L})$$

当有 Ag_2CrO_4沉淀生成时：

$$c_{Cl^-}=\frac{K_{sp,AgCl}}{c_{Ag^+}}=\frac{1.8\times10^{-10}}{1.0\times10^{-5}}=1.8\times10^{-5}(mol/L)$$

即滴定终点时 Cl^- 浓度已很小了。

（二）滴定条件

1. 指示剂的用量

用 $AgNO_3$标准溶液滴定 Cl^-，指示剂 K_2CrO_4的用量对于终点指示有较大的影响，CrO_4^{2-} 浓度过高或过低，Ag_2CrO_4沉淀就会析出得过早或过迟，从而产生一定的终点误差。因此要求 Ag_2CrO_4沉淀应该恰好在滴定反应的化学计量点时出现。化学计量点时 c'_{Ag^+} 为：

$$c'_{Ag^+}=c'_{Cl^-}=\sqrt{K^{\ominus}_{sp,AgCl}}=\sqrt{3.2\times10^{-10}}=1.8\times10^{-5}(mol/L)$$

若此时恰有 Ag_2CrO_4沉淀，则：

$$c'_{CrO_4^{2-}}=\frac{K^{\ominus}_{sp,Ag_2CrO_4}}{c'^2_{Ag^+}}=5.0\times10^{-12}/(1.8\times10^{-5})^2=1.5\times10^{-2}(mol/L)$$

在滴定时，由于 K_2CrO_4显黄色，当其浓度较高时颜色较深，不易判断砖红色的出现。为了能观察到明显的终点，指示剂的浓度以略低一些为好。实验证明，滴定溶液中 $c_{K_2CrO_4}$为 5×10^{-3}mol/L 是确定滴定终点的适宜浓度。

显然，K_2CrO_4浓度降低后，要使 Ag_2CrO_4析出沉淀，必须多加些 $AgNO_3$标准溶液，这时滴定剂就过量了，终点将在化学计量点后出现，但由于产生的终点误差一般都小于 0.1%，不会影响分析结果的准确度。但是如果溶液较稀，如用 0.01000mol/L $AgNO_3$标准溶液滴定 0.01000mol/L Cl^-溶液，滴定误差可达 0.6%，影响分析结果的准确度，应做指示剂空白试验进行校正。

因此，在滴定过程中，应严格控制指示剂的用量。因为如果指示剂加入过多，会使滴定终点提前；如果指示剂加入量太少，则多消耗 Ag^+，滴定终点滞后。

2. 滴定时的酸度

在酸性溶液中，CrO_4^{2-}有如下反应：

$$2CrO_4^{2-}+2H^+\rightleftharpoons 2HCrO_4^-\rightleftharpoons Cr_2O_7^{2-}+H_2O$$

因而降低了 CrO_4^{2-}的浓度，使 Ag_2CrO_4沉淀出现过迟，甚至不会沉淀。

在强碱性溶液中，会有棕黑色 Ag_2O 沉淀析出：

$$2Ag^++2OH^-\rightleftharpoons Ag_2O\downarrow+H_2O$$

因此，莫尔法只能在中性或弱碱性（pH = 6.5 ~ 10.5）溶液中进行。若酸度过高，则 Ag_2CrO_4沉淀溶解。

$$Ag_2CrO_4+H^+\rightleftharpoons 2Ag^++HCrO_4^-$$

酸度太低时，则生成 Ag_2O 沉淀。

$$2Ag^++2OH^-\rightleftharpoons Ag_2O\downarrow+H_2O$$

若溶液酸性太强，可用 $Na_2B_4O_7\cdot10H_2O$ 或 $NaHCO_3$ 中和；若溶液碱性太强，

可用稀 HNO_3 溶液中和；而在有 NH_4^+ 存在时，滴定的 pH 范围应控制在 6.5～7.2。因 pH >7.2 时，NH_4^+ 将转化为 NH_3，会使溶液中 NH_3 的浓度增大，而 NH_3 与 Ag^+ 能生成 $Ag(NH_3)^+$ 和 $Ag(NH_3)_2^+$ 离子，增加难溶银盐的溶解度，影响滴定反应的定量进行。

3. 干扰离子

凡是能与 Ag^+ 生成沉淀的阴离子，如 PO_4^{3-}、CO_3^{2-}、$C_2O_4^{2-}$、AsO_4^{3-}、SO_3^{2-}、S^{2-} 等都干扰测定。能与 CrO_4^{2-} 生成沉淀的阳离子，如 Ba^{2+}、Pb^{2+} 等，以及有色离子 Cu^{2+}、Co^{2+} 和 Ni^{2+} 等，还有在中性、弱碱性溶液中易发生水解反应的离子，如 Fe^{3+}、Al^{3+} 等，均干扰测定，应预先分离。其中 S^{2-} 可在酸性溶液中加热除去，SO_3^{2-} 可氧化成 SO_4^{2-}，Ba^{2+} 可加入大量的 Na_2SO_4 以消除其干扰。

4. 剧烈摇动

莫尔法在滴定过程中生成的 AgCl 沉淀会强烈地吸附 Cl^-，从而使溶液中 Cl^- 浓度降低，以致终点提前而导致误差。因此，在滴定过程中必须剧烈摇动溶液，以减小误差。

莫尔法只适用于测定 Cl^- 和 Br^- 的含量，不适用于滴定 I^- 和 SCN^-。因 AgI 或 AgSCN 吸附 I^- 或 SCN^- 更为强烈，即使剧烈摇动也不能消除吸附的影响，对分析结果影响甚大。因此，本法不适合于碘化物和氰化物的测定。

(三)标准溶液

1. NaCl 标准溶液

NaCl 易提纯，可作为基准物质直接配制。NaCl 易潮解，使用前需在 500～600℃下干燥。为此，可将 NaCl 置于干净的瓷坩埚中，加热至不再有爆破声(表示水分已除尽)，稍冷，置于干燥器中保存备用。

2. $AgNO_3$ 标准溶液

市售的一些高纯度 $AgNO_3$ 试剂(标签上标明可作为基准物质)可直接配制成标准溶液。但若所用的 $AgNO_3$ 纯度不够高，应采用标定的方法确定其浓度。标定 $AgNO_3$ 的基准物质是 NaCl。若标定与测定使用相同的方法，则可抵消方法的系统误差。

配制 $AgNO_3$ 所用蒸馏水应不含氯离子。由于 $AgNO_3$ 溶液见光分解，故应保存在棕色试剂瓶中，滴定时应使用棕色酸式滴定管。

$$2AgNO_3 \longrightarrow 2Ag\downarrow + 2NO_2\uparrow + O_2\uparrow$$

(四)应用范围

莫尔法主要用于测定 Cl^-、Br^- 和 Ag^+，如氯化物、溴化物纯度测定以及天然水中氯含量的测定。当试样中 Cl^- 和 Br^- 共存时，测得的结果是它们的总量。若测定 Ag^+，应采用返滴定法，即向 Ag^+ 的试液中加入过量的 NaCl 标准溶液，然后再用 $AgNO_3$ 标准溶液滴定剩余的 Cl^-(若直接滴定，先生成的 Ag_2CrO_4 转化为 AgCl 的速度缓慢，滴定终点难以确定)。莫尔法不宜测定 I^- 和 SCN^-，因为滴定生成的 AgI

和 AgSCN 沉淀表面会强烈吸附 I^- 和 SCN^-，使滴定终点过早出现，造成较大的滴定误差。

莫尔法的选择性较差，凡能与 CrO_4^{2-} 或 Ag^+ 生成沉淀的阳、阴离子均干扰滴定。前者如 Ba^{2+}、Pb^{2+}、Hg^{2+} 等；后者如 SO_3^{2-}、PO_4^{3-}、AsO_4^{3-}、S^{2-}、$C_2O_4^{2-}$ 等。

[例3－8]　测定氯化钠含量时，准确称取试样 3.8560g，加水溶解后置于 250mL 容量瓶中，用水稀释至刻度，摇匀。准确吸取 10mL 于 250mL 锥形瓶中，加 40mL 水，加重铬酸钾指示剂，在充分摇动下，用 0.0973mol/L 硝酸银滴定剂滴定到混浊溶液突变为微红色，消耗 22.43mL。求试样中 NaCl 的质量分数。已知 $M_{NaCl}=58.44g/mol$。

解：由题可知，测定氯化钠含量采用莫尔法直接滴定。

$$w_{NaCl}=\frac{c_{AgNO_3}V_{AgNO_3}M_{NaCl}}{m\times\frac{10.00mL}{250mL}}\times100(\%)$$

$$=\frac{0.0973mol/L\times22.43\times10^{-3}L\times58.44g/mol}{3.8560g\times\frac{10.00mL}{250mL}}\times100(\%)$$

$$=82.69(\%)$$

答：试样中 NaCl 的质量分数为 82.69%。

（五）应用举例——水中氯含量的测定

地面水、地下水、用漂白粉消毒的天然水中都含有氯化物，工业循环冷却水中也含有氯离子，测定时都可用 $AgNO_3$ 标准溶液进行滴定。一般采用莫尔法。

当水中含有 H_2S 时，可用稀硝酸酸化，并煮沸 5～15min，冷却后调至 pH6.5～10.5，再进行滴定。

$$3H_2S+2HNO_3 \rightleftharpoons 3S\downarrow+4H_2O+2NO\uparrow$$

当水样中含有 SO_3^{2-}，它能与 Ag^+ 反应生成 Ag_2SO_3 而使结果偏高，可在滴定前先用 H_2O_2 将 SO_3^{2-} 氧化成 SO_4^{2-}。

$$SO_3^{2-}+H_2O_2 \rightleftharpoons SO_4^{2-}+H_2O$$

若水样颜色较深，影响滴定终点的观察时，可在滴定前用活性炭或明矾吸附脱色。水样中有 PO_4^{3-}、AsO_4^{3-} 时，应采用佛尔哈德法测定。

二、佛尔哈德法

（一）原理

佛尔哈德法是在酸性溶液中，以铁铵钒[$NH_4Fe(SO_4)_2\cdot12H_2O$]作指示剂来确定滴定终点的方法。根据滴定方式的不同，佛尔哈德法可分为直接滴定法和返滴定法两种。

1. 直接滴定法

在酸性条件下，以铁铵矾 $NH_4Fe(SO_4)_2$ 为指示剂，用 KSCN 或 NH_4SCN 标准

溶液直接滴定溶液中的 Ag^+，至溶液中出现 $FeSCN^{2+}$ 的红色时，表示到达终点。

滴定反应：$Ag^+ + SCN^- \rightleftharpoons AgSCN\downarrow$（白色）

指示反应：$Fe^{3+} + SCN^- \rightleftharpoons FeSCN^{2+}$（血红色）

由于指示剂中的 Fe^{3+} 在中性或碱性溶液中将形成 $[Fe(OH)]^{2+}$、$[Fe(OH)_2]^+$ 等深色配合物，碱度再大，还会产生 $Fe(OH)_3$ 沉淀，因此滴定应在酸性（0.3～1mol/L）溶液中进行。

用 NH_4SCN 溶液滴定 Ag^+ 溶液时，生成的 AgSCN 沉淀能吸附溶液中的 Ag^+，使 Ag^+ 浓度降低，以致红色的出现略早于化学计量点，使分析结果产生较大的误差。因此在滴定过程中需剧烈摇动，使被吸附的 Ag^+ 释放出来。

2. 返滴定法

首先向试液中加入准确过量的 $AgNO_3$ 标准溶液，使卤离子或硫氰根离子定量生成银盐沉淀后，再加入铁铵矾指示剂，用 NH_4SCN 标准溶液返滴定剩余的 Ag^+。如测定 Cl^- 时，反应如下：

$$Cl^- + Ag^+(\text{已知过量}) \rightleftharpoons AgCl\downarrow(\text{白色}) \quad K_{SP} = 1.8 \times 10^{-10}$$

$$Ag^+(\text{剩余}) + SCN^- \rightleftharpoons AgSCN\downarrow(\text{白色}) \quad K_{SP} = 1.1 \times 10^{-12}$$

$$Fe^{3+} + SCN^- \rightleftharpoons FeSCN^{2+}(\text{血红色}) \quad K = 1.4 \times 10^2$$

佛尔哈德法测定卤素离子（如 Cl^-、Br^-、I^- 和 SCN^-）时应采用返滴定法。

用佛尔哈德法测定 Cl^-，滴定到临近终点时，经摇动后形成的红色会退去，这是因为 AgSCN 的溶解度小于 AgCl 的溶解度，加入的 NH_4SCN 将与 AgCl 发生沉淀转化反应：

$$AgCl + SCN^- = AgSCN\downarrow + Cl^-$$

沉淀的转化速率较慢，滴加 NH_4SCN 形成的红色随着溶液的摇动而消失。这种转化作用将继续进行到 Cl^- 与 SCN^- 之间建立一定的平衡关系，才会出现持久的红色，无疑滴定已多消耗了 NH_4SCN 标准滴定溶液。为了避免上述现象的发生，通常采用以下措施。

（1）试液中加入一定过量的 $AgNO_3$ 标准溶液之后，将溶液煮沸，使 AgCl 沉淀凝聚，以减少 AgCl 沉淀对 Ag^+ 的吸附。滤去沉淀，并用稀 HNO_3 充分洗涤沉淀，然后用 NH_4SCN 标准滴定溶液回滴滤液中过量的 Ag^+。

（2）在滴入 NH_4SCN 标准溶液之前，加入有机溶剂硝基苯或邻苯二甲酸二丁酯或1,2－二氯乙烷，用力摇动后，有机溶剂将 AgCl 沉淀包住，使 AgCl 沉淀与外部溶液隔离，阻止 AgCl 沉淀与 NH_4SCN 发生转化反应。此法方便，但硝基苯有毒。

（3）提高 Fe^{3+} 的浓度以减小终点时 SCN^- 的浓度，从而减小上述误差（实验证明，一般溶液中 $c_{Fe^{3+}} = 0.2mol/L$ 时，终点误差将小于0.1%）。

佛尔哈德法在测定 Br^-、I^- 和 SCN^- 时，滴定终点十分明显，不会发生沉淀转化，因此不必采取上述措施。但是在测定碘化物时，必须加入过量 $AgNO_3$ 溶液之后再加入铁铵矾指示剂，以免 I^- 对 Fe^{3+} 的还原作用而造成误差。

(二)滴定条件

1. 指示剂用量

指示剂铁铵矾的用量要适当,否则会影响滴定终点出现的时间,也影响测定的准确度。指示剂加入过少,终点不明显;指示剂加入过多时,终点将提前出现,并且 Fe^{3+} 的深黄色也影响终点的观察。实验证明,溶液中 Fe^{3+} 的浓度在0.015mol/L时,滴定终点误差很小,可忽略不计。

2. 溶液的酸度

滴定应在硝酸溶液中进行,一般控制溶液酸度在0.1~1mol/L之间。溶液pH较高时,Fe^{3+} 容易水解成深棕色的 $Fe(OH)_3$,降低了溶液中 Fe^{3+} 的浓度,Ag^+ 在碱性溶液中生成褐色的 Ag_2O 沉淀,影响滴定终点的观察。此外,溶液的酸度也不宜过高,否则会降低 SCN^- 的浓度,也会影响终点的观察。在 H^+ 浓度0.1~1 mol/L的酸性溶液中测定,许多弱酸根离子,如 PO_4^{3-}、CO_3^{2-}、$C_2O_4^{2-}$ 等都不与 Ag^+ 生成沉淀,因而不干扰测定。氧化剂、氮的低价氧化物和汞盐都能与 SCN^- 反应,干扰测定,应预先除去。

(三)标准溶液

NH_4SCN 试剂一般含杂质较多,且易吸潮,故不能作为基准物质,可用已标定好的 $AgNO_3$ 标准溶液用直接滴定法进行标定。

(四)应用范围

佛尔哈德法可用直接法测定 Ag^+,返滴定法测定 Cl^-、Br^-、I^-、SCN^- 等离子。

1. 烧碱中NaCl含量的测定

对含有NaCl的烧碱溶液进行酸化处理后,在其中加入准确过量的 $AgNO_3$ 标准溶液,使 Cl^- 离子定量生成AgCl沉淀后,再加入铁铵矾指示剂,用 NH_4SCN 标准溶液返滴定剩余的 $AgNO_3$。可由试样的质量及滴定用去标准溶液的体积,计算试样中氯的含量。

测定步骤为:准确移取烧碱溶液25.00mL,加至100mL容量瓶中,以酚酞作指示剂,用浓 HNO_3 中和至红色消失,在用水稀释至刻度,摇匀。移取10.00mL试液放入锥形瓶中,加入4mol/L HNO_3 4mL,在充分摇动下,自滴定管准确加入40mL $AgNO_3$ 标准溶液,再加入铁铵矾指示剂2mL、邻苯二甲酸二丁酯5mL,用力摇动使AgCl沉淀凝聚,并被邻苯二甲酸二丁酯所覆盖,用 NH_4SCN 标准溶液滴定至呈现淡红色,并在轻轻摇动下,淡红色不再消失为终点。记下 NH_4SCN 标准溶液的体积。

2. 银合金中银的测定

将银合金溶于 HNO_3 中,制成溶液。

$$Ag + NO_3^- + 2H^+ = Ag^+ + NO_2\uparrow + H_2O$$

在溶解试样时,必须煮沸以除去氮的低价氧化物,因为它能与 SCN^- 作用生成红色化合物,而影响终点的观察:

$$HNO_2 + H^+ + SCN^- = \underset{(红色)}{NOSCN} + H_2O$$

试样溶解之后，加入铁铵矾指示剂，用 NH_4SCN 标准溶液滴定。

根据试样的质量、滴定用去 NH_4SCN 标准溶液的体积，以计算银的含量。

（五）计算示例

［例3－9］ 称量基准物质 NaCl 0.7526g，溶于250mL容量瓶中并稀释至刻度，摇匀。移取25.00mL，加入40.00mL $AgNO_3$ 溶液，滴定剩余的 $AgNO_3$ 时，用去18.25mL NH_4SCN 溶液。直接滴定40.00mL $AgNO_3$ 溶液时，需要42.60mL NH_4SCN 溶液。求 $AgNO_3$ 和 NH_4SCN 的浓度。

解：与 NaCl 反应的 $AgNO_3$ 溶液体积 $= 40.00 - \frac{40.00 \times 18.25}{42.60}$

$$c_{AgNO_3} = \frac{0.7526 \times \frac{25}{250}}{58.44 \times \left(40.00 - \frac{40.00 \times 18.25}{42.60}\right)} \times 1000 = 0.05633(\text{mol/L})$$

$$c_{NH_4SCN} = \frac{0.05633 \times 40.00}{42.60} = 0.05289(\text{mol/L})$$

［例3－10］ 称取食盐0.2000g溶于水，以 K_2CrO_4 作为指示剂，用0.1500mol/L $AgNO_3$ 标准溶液滴定，用去22.50mL，计算 NaCl 的含量。

解：已知 NaCl 的摩尔质量 $M = 58.44\text{g/mol}$

$$\text{NaCl 含量} = \frac{0.1500 \times \frac{22.50}{1000} \times 58.44}{0.2000} \times 100\% = 98.62(\%)$$

三、法扬斯法

法扬斯法是以吸附指示剂确定滴定终点的一种银量法。

（一）吸附指示剂的作用原理

吸附指示剂是一类有色的有机化合物，它被吸附在沉淀表面后，结构发生改变，因而产生颜色的变化。在沉淀滴定中，利用指示剂的这种性质来确定滴定终点。

卤化银是一种凝胶状沉淀，它可选择性地强烈吸附溶液中的某些离子，首先是构晶离子。例如，以 $AgNO_3$ 标准溶液滴定 Cl^- 时，在化学计量点前，溶液中有过量的 Cl^- 存在，滴定生成的 AgCl 沉淀吸附 Cl^-，使沉淀胶粒带负电荷；在化学计量点后，溶液中存在过量的 Ag^+，则 AgCl 沉淀吸附 Ag^+，使胶粒表面带正电荷。

现以 $AgNO_3$ 标准溶液滴定 Cl^- 为例，说明指示剂荧光黄的作用原理。

荧光黄是一种有机弱酸，用 HFI 表示，在水溶液中可离解为荧光黄阴离子 FI^-，呈黄绿色：

$$HFI \rightleftharpoons FI^- + H^+$$

在化学计量点前，生成的 AgCl 沉淀在过量的 Cl^- 溶液中，AgCl 沉淀吸附 Cl^- 而带负电荷，形成的 $(AgCl) \cdot Cl^-$ 不吸附指示剂阴离子 FI^-，溶液呈黄绿色。达化学计量点时,微过量的 $AgNO_3$ 可使 AgCl 沉淀吸附 Ag^+ 形成(AgCl)·Ag^+ 而带正电荷,此带正电荷的(AgCl)·Ag^+ 吸附荧光黄阴离子 FI^-,结构发生变化呈现粉红色,使整个溶液由黄绿色变成粉红色,指示终点的到达。

$$(AgCl)Ag^+ + FI^- \xrightarrow{\text{吸附}} (AgCl)Ag^+ \cdot FI^-$$
(黄绿色)　　　　　　　(粉红色)

(二)滴定条件

为了使终点变色敏锐,应用吸附指示剂时需要注意以下几点。

1. 保持沉淀呈胶体状态

由于吸附指示剂的颜色变化发生在沉淀微粒表面上,因此,应尽可能使卤化银沉淀呈胶体状态,具有较大的表面积。为此,在滴定前应将溶液稀释,并加糊精或淀粉等高分子化合物作为保护剂,以防止卤化银沉淀凝聚。

2. 控制溶液酸度

常用的吸附指示剂大多是有机弱酸,而起指示剂作用的是它们的阴离子。酸度大时,H^+ 与指示剂阴离子结合成不被吸附的指示剂分子,无法指示终点。酸度的大小与指示剂的离解常数有关,离解常数大,酸度可以大些。例如,荧光黄其 $pKa \approx 7$,适用于在 pH = 7 ~ 10 的条件下进行滴定;若 pH < 7 荧光黄主要以 HFI 形式存在,不被吸附。

3. 避免强光照射

卤化银沉淀对光敏感,易分解析出银使沉淀变为灰黑色,影响滴定终点的观察,因此在滴定过程中应避免强光照射。

4. 吸附指示剂的选择

沉淀胶体微粒对指示剂离子的吸附能力,应略小于对待测离子的吸附能力,否则指示剂将在化学计量点前变色。但不能太小,否则终点出现过迟。卤化银对卤化物和几种吸附指示剂的吸附能力的次序如下:I^- > SCN^- > Br^- > 曙红 > Cl^- > 荧光黄。因此,滴定 Cl^- 不能选曙红,而应选荧光黄。表 3-3 中列出了几种常用的吸附指示剂及其应用。

表 3-3　常用的吸附指示剂及其应用

指示剂	被测离子	滴定剂	滴定条件	终点颜色变化
荧光黄	Cl^-、Br^-、I^-	$AgNO_3$	pH 7 ~ 10	黄绿→粉红
二氯荧光黄	Cl^-、Br^-、I^-	$AgNO_3$	pH 4 ~ 10	黄绿→红
曙红	Br^-、SCN^-、I^-	$AgNO_3$	pH 2 ~ 10	橙黄→红紫
溴酚蓝	生物碱盐类	$AgNO_3$	弱酸性	黄绿→灰紫
甲基紫	Ag^+	NaCl	酸性溶液	黄红→红紫

(三)应用范围

法扬斯法可用于测定 Cl^-、Br^-、I^- 和 SCN^- 及生物碱盐类(如盐酸麻黄碱)等。

此法终点明显，方法简便，但反应条件要求较严，应注意溶液的酸度、浓度及胶体的保护等。

莫尔法、佛尔哈德法和法扬斯法的比较见表3－4。

表3－4　莫尔法、佛尔哈德法和法扬斯法比较

项目	莫尔法	佛尔哈德法	法扬斯法
指示剂	K_2CrO_4	Fe^{3+}	吸附指示剂
滴定剂	$AgNO_3$	SCN^-	Cl^-或$AgNO_3$
滴定反应	$Ag^+ + Cl^- \rightleftharpoons AgCl$	$SCN^- + Ag^+ \rightleftharpoons AgSCN$	$Cl^- + Ag^+ \rightleftharpoons AgCl$
指示反应	$2Ag^+ + CrO_4^{2-} \rightleftharpoons Ag_2CrO_4$（砖红色）	$SCN^- + Fe^{3+} \rightleftharpoons FeSCN^{2+}$（红色）	$(AgCl)Ag^+ + FIn^- \rightleftharpoons (AgCl)Ag^+ \cdot FIn^-$
酸度	pH＝6.5～10.5	0.1～1mol/L HNO_3介质	与指示剂的K_a大小有关，使其以FI^-形式存在
滴定对象	Cl^-，CN^-，Br^-	直接滴定法测Ag^+；返滴定法测Cl^-，Br^-，I^-，SCN^-，PO_4^{3-}和AsO_4^{3-}等	Cl^-，Br^-，SCN^-，SO_4^{2-}和Ag^+等

思考题

1. 滴定分析的沉淀反应必须符合什么条件？

2. 莫尔法应控制怎样的测定条件？

3. 吸附指示剂的作用原理是什么？

4. 写出莫尔法和佛尔哈德法测定Cl^-离子的主要反应，并指出各种方法选用的指示剂和酸度条件。

自我测试

一、单项选择题

1. 用称量分析法测定As_2O_3的含量时，将As_2O_3在碱性溶液中转变为AsO_4^{3-}，并沉淀为Ag_3AsO_4，随后在HNO_3介质中转变为AgCl沉淀，并以AgCl称量。其换算因数为（　　）。

A. $As_2O_3/6AgCl$　　B. $2As_2O_3/3AgCl$

C. $As_2O_3/AgCl$　　D. $3AgCl/6As_2O_3$

2. 在称量分析中，洗涤无定形沉淀的洗涤液应是（　　）。

A. 冷水　　B. 含沉淀剂的稀溶液

C. 热的电解质溶液　　D. 热水

3.若 A 为强酸根,存在可与金属离子形成配合物的试剂 L,则难溶化合物 MA 的溶解度计算式为(　　)。

A. $\sqrt{K_{SP}/\alpha_{M(L)}}$　　B. $\sqrt{K_{SP}\cdot\alpha_{M(L)}}$

C. $\sqrt{K_{SP}/\alpha_{M(L)}+1}$　　D. $\sqrt{K_{SP}\cdot\alpha_{M(L)}+1}$

4. Ra^{2+} 与 Ba^{2+} 的离子结构相似。因此可以利用 $BaSO_4$ 沉淀从溶液中富集微量 Ra^{2+},这种富集方式是利用了(　　)。

A.混晶共沉淀　　B.包夹共沉淀

C.表面吸附共沉淀　　D.固体萃取共沉淀

5.在法扬斯法测 Cl^- 时,常加入糊精,其作用是(　　)。

A.掩蔽干扰离子　　B.防止 AgCl 凝聚

C.防止 AgCl 沉淀转化　　D.防止 AgCl 感光

6.称量分析中,当杂质在沉淀过程中以混晶形式进入沉淀时,主要是由于(　　)。

A.沉淀表面电荷不平衡　　B.表面吸附

C.沉淀速度过快　　D.离子结构类似

7.用称量分析法测定 $BaSO_4$ 溶液中的 Ba^{2+} 时,若溶液中还存在少量 Ca^{2+}、Na^+、$CO_3{}^{2-}$、Cl^-、H^+ 和 OH^- 等离子,则沉淀 $BaSO_4$ 表面吸附杂质为(　　)。

A. $SO_4{}^{2-}$ 和 Ca^{2+}　　B. Ba^{2+} 和 $CO_3{}^{2-}$

C. $CO_3{}^{2-}$ 和 Ca^{2+}　　D. H^+ 和 OH^-

8.莫尔法不能用于碘化物中碘的测定,主要因为(　　)。

A. AgI 的溶解度太小　　B. AgI 的吸附能力太强

C. AgI 的沉淀速度太慢　　D.没有合适的指示剂

9.用莫尔法测定 Cl^-,控制 pH =4.0,其滴定终点将(　　)。

A.不受影响　　B.提前到达

C.推迟到达　　D.刚好等于化学计量点

10.对于晶形沉淀而言,选择适当的沉淀条件达到的主要目的是(　　)。

A.减少后沉淀　　B.增大均相成核作用

C.得到大颗粒沉淀　　D.加快沉淀的沉降速率

11.称量分析法中,沉淀称量形的摩尔质量越大(　　)。

A.沉淀越易于过滤洗涤　　B.沉淀越纯净

C.沉淀的溶解度越减小　　D.测定结果准确度越高

12.称量分析法测定 Ba^{2+} 时,以 H_2SO_4 作为 Ba^{2+} 的沉淀剂,H_2SO_4 应过量(　　)。

A. 1% ~10%　　B. 20% ~30%

C. 50% ~100%　　D. 100% ~150%

二、填空题

1.利用称量分析法测 P_2O_5 时,使试样中 P 转化为 $MgNH_4PO_4$ 沉淀,再灼烧为 $Mg_2P_2O_7$ 形式称重,其换算因数为________。

2.法扬斯法中吸附指示剂的 K_a 愈大,适用的 pH 愈________,如曙红(pK_a =2.0)适用的 pH 为________。

3.沉淀 Ca^{2+} 时,在含 Ca^{2+} 的酸性溶液中加入草酸沉淀剂,然后加入尿素,加热目的是________。

4. 莫尔法测定 NH_4Cl 中 Cl^- 含量时，若 pH >7.5 会引起________的形成，使测定结果偏________。

5. 沉淀滴定法中，佛尔哈德法测定 Cl^- 时，为了防止 AgCl 沉淀的转化需加入________。

6. 法扬斯法测定 Cl^- 时，在荧光黄指示剂溶液中常加入淀粉，其目的是保护________，减少凝聚，增加________。

7. 用草酸盐沉淀分离 Ca^{2+} 和 Mg^{2+} 时，CaC_2O_4 沉淀不能陈化，原因是________。

8. 佛尔哈德法既可直接用于测定________离子，又可间接用于测定各种________离子。

9. AgCl 在 0.01mol/L HCl 溶液中的溶解度比在纯水中的溶解度小，这是________效应起主要作用。若 Cl^- 浓度增大到 0.5mol/L，则 AgCl 的溶解度超过纯水中的溶解度，这是________效应起主要作用。

10. 用过量 Ba^{2+} 沉淀 SO_4^{2-} 时，试液中含有少量 NO_3^-、Ac^-、K^+、Mg^{2+}、Fe^{3+} 等杂质。当沉淀完全后，扩散层中优先吸附的杂质离子是________，这是因为________。

11. 均相沉淀法是利用在溶液中________而产生沉淀剂，使沉淀在整个溶液中缓慢而均匀地析出，这种方法避免了________现象，从而获得大颗粒的纯净晶型沉淀。

12. Ag_2CrO_4 在 0.0010mol/L $AgNO_3$ 溶液中的溶解度比在 0.0010mol/L K_2CrO_4 中的溶解度________。

13. 用过量的 H_2SO_4 沉淀 Ba^{2+}（Ba^{2+} 的半径为 135pm）时，K^+（K^+ 的半径为 133pm）、Na^+（Na^+ 的半径为 95pm）均引起共沉淀，共沉淀最严重的是________，此时沉淀的组成更多的是________。

14. 以氨水沉淀 Fe^{3+} 时，溶液中含有 Ca^{2+}、Zn^{2+}，当固定 NH_4^+ 浓度，增大 NH_3 浓度时________的吸附量增大，________的吸附量减小。

15. 影响沉淀纯度的主要因素是________和________。在晶型沉淀的沉淀过程中，若加入沉淀剂过快，除了造成沉淀剂局部过浓影响晶形外，还会发生________现象，使分析结果________。

16. 无定形沉淀完成后一般需加入大量热水稀释，其主要作用是________。

三、判断题

1. 称量分析中，欲获得晶型沉淀，常采取在稀热溶液中进行沉淀并进行陈化。（　）

2. 在晶形沉淀的沉淀过程中，若加入沉淀剂过快，除了可造成沉淀剂局部过浓影响晶形外，还会发生吸留现象，使分析结果偏高。（　）

3. 均相成核作用是指构晶离子在过饱和溶液中，自发形成晶核的过程。（　）

4. 在沉淀反应中，同一种沉淀颗粒愈大，沉淀吸附杂质量愈多。（　）

5. 银量法中使用 $pK_a = 5.0$ 的吸附指示剂测定卤素离子时，溶液酸度应控制在 pH >5。（　）

6. 莫尔法测定 Cl^- 含量时，指示剂 K_2CrO_4 用量越大，终点越易观察，测定结果准确度越高。（　）

7. 法扬斯法中吸附指示剂的 K_a 愈大，滴定适用的 pH 愈低。（　）

8. 由于无定形沉淀颗粒小，为防止沉淀穿滤，应选用致密即慢速滤纸。（　）

9. 沉淀洗涤的目的是洗去由于吸留或混晶影响沉淀纯净的杂质。（　）

10. 不进行陈化也会发生后沉淀现象。（　）

11. 佛尔哈德法中，为提高 Fe^{3+} 的浓度，可减小终点时 SCN^- 的浓度，从而减小滴定误差。(　　)

12. 进行氢氧化物沉淀时，为了获得纯净又易过滤的沉淀，沉淀时必须在热、浓溶液中进行且严格控制溶液的 pH。(　　)

13. 称量分析法要求称量形必须与沉淀形相同。(　　)

14. 在沉淀称量法中，同离子效应和盐效应都使沉淀的溶解度增大。(　　)

15. 在沉淀滴定中，生成沉淀的溶解度越大，滴定的突跃范围就越大。(　　)

16. 称量分析法中，由于同离子效应，沉淀剂过量越多，沉淀溶解度越小。(　　)

四、计算题

1. 称取 NaCl 基准试剂 0.1773g，溶解后加入 30.00mL $AgNO_3$ 标准溶液，过量的 Ag^+ 需要 3.20mL NH_4SCN 标准溶液滴定至终点。已知 20.00mL $AgNO_3$ 标准溶液与 21.00mL NH_4SCN 标准溶液能完全作用，计算 $AgNO_3$ 和 NH_4SCN 溶液的浓度各为多少(已知 $M_{NaCl}=58.44$)？

2. 有纯 LiCl 和 $BaBr_2$ 的混合物试样 0.7000g，加 45.15mL 0.2017mol/L $AgNO_3$ 标准溶液处理，过量的 $AgNO_3$ 以铁铵矾为指示剂，用 25.00mL 0.1000mol/L NH_4SCN 回滴。计算试样中 $BaBr_2$ 的含量(已知 $M_{BaBr_2}=297.1g/mol$，$M_{LiCl}=42.39g/mol$)。

3. 用铁铵矾指示剂法测定 0.1mol/L 的 Cl^-，在 AgCl 沉淀存在下，用 0.1mol/L KSCN 标准溶液回滴过量的 0.1mol/L $AgNO_3$ 溶液，滴定的最终体积为70mL，$c_{Fe^{3+}}=0.015mol/L$。当观察到明显的终点时[$c_{FeSCN^{2+}}=6.0\times10^{-6}mol/L$]，由于沉淀转化而多消耗 KSCN 标准溶液的体积是多少(已知 $K_{sp,AgCl}=1.8\times10^{-10}$，$K_{sp,AgSCN}=1.1\times10^{-12}$，$K_{FeSCN}=200$)？

技能训练　自来水中氯离子含量的测定

一、实验目的

(1)了解沉淀滴定法测定水中微量 Cl^- 含量的方法。

(2)学习沉淀滴定的基本操作。

二、实验原理

可溶性氯化物中氯含量的测定一般采用莫尔法。反应如下：

$$Ag^+ + Cl^- \rightleftharpoons AgCl\downarrow(白色)\qquad K_{sp}=1.77\times10^{-10},S=(K_{sp})^{1/2}=1.3\times10^{-5}$$

$$2Ag^+ + CrO_4^{2-} \rightleftharpoons Ag_2CrO_4\downarrow(砖红色)\qquad K_{sp}=1.12\times10^{-12},S=(1/4K_{sp})^{1/3}=7.9\times10^{-5}$$

三、实验用品

仪器：酸式滴定管，移液管，锥形瓶。

药品：硝酸银，铬酸钾，氯化钠。

四、实验步骤

1. $AgNO_3$ 标准溶液的配制

(1)配制 100mL 浓度约为 0.005mol/L 的 $AgNO_3$ 溶液　用台秤粗略称取 0.085g硝酸银溶解于 100mL 蒸馏水中，摇匀后贮存于带玻璃塞的棕色试剂瓶中，待标定。

(2)标定　准确称取 0.07～0.08g NaCl 基准试剂于小烧杯中，用蒸馏水溶解后定量转移至250mL容量瓶中，稀释至刻度，摇匀。移取该溶液10.00mL置于锥形瓶中，加入1滴K_2CrO_4(0.5%)指示剂，在充分摇动下。用$AgNO_3$溶液滴定至呈现砖红色即为终点。平行测定三份。计算$AgNO_3$溶液的平均浓度。

2. 自来水中微量氯的测定

量取50mL自来水于锥形瓶中，加0.5mL K_2CrO_4指示剂，用标准$AgNO_3$溶液滴定至呈现微(暗)砖红色即为终点。记录V_{AgNO_3}。平行三份。计算自来水中微量氯的平均含量。

五、数据处理

1. $AgNO_3$标准溶液浓度的标定

m_{NaCl}/g			
c_{NaCl}/(mol/L)			
平行实验	1	2	3
V_{NaCl}/mL			
V_{AgNO_3}/mL			
c_{AgNO_3}/(mol/L)			
相对偏差			
平均c_{AgNO_3}/(mol/L)			

$$c_{AgNO_3}=\frac{m_{NaCl}}{M_{NaCl}}\times\frac{1000}{V_{AgNO_3}}\times\frac{10}{250}(\mathrm{mol/L})$$

2. 自来水中氯的测定

c_{AgNO_3}/(mol/dm)			
平行实验	1	2	3
V_s/mL			
V_{AgNO_3}/mL			
c_{Cl^-}/(mg/L)			
相对偏差			
平均c_{Cl^-}/(mg/L)			

$$c_{Cl^-}=\frac{1000\times c_{AgNO_3}V_{AgNO_3}}{50\mathrm{mL}}\times M_{Cl^-}$$

六、思考题

(1)指示剂用量过多或过少，对测定结果有何影响？

(2)为什么不能在酸性介质中进行？pH过高对测定结果有何影响？

(3)能否用标准NaCl溶液直接滴定Ag^+？如果要用此法测定试样中的Ag^+，应如何进行？

模块四　配位滴定技术

背景知识　原子结构，元素周期律

一、原子结构

原子是物质进行化学反应的基本微粒。原子是由带正电荷的原子核和带负电荷的核外电子构成的，整个原子呈电中性，因此，核外电子提供的负电荷总量一定等于原子核的正电荷电量，即原子核电荷数 = 核外电子数 = 原子序数。

原子核很小，它的体积只占原子体积的几千亿分之一，而它的质量几乎就等于原子的质量。原子核由质子和中子组成，质子带一个单位正电荷，中子不带电。把质子数与中子数之和定为原子的质量数：质量数 = 质子数 + 中子数。

核外电子质量很小，在原子核外直径约为 10^{-10}m 的空间做高速运动。但其运动规律与常见的宏观物体不同。电子在核外的运动，没有确定的轨道，不能同时准确地测量和计算出它在某一瞬间的位置和运动速度。下面将具体介绍核外电子的运动状态及其排布规律。

（一）原子核外电子的运动状态

1. 电子云

在描述核外电子运动时，采用统计的方法，即对一个电子多次的行为或许多电子的一次行为进行总的研究，可以统计出电子在核外空间某单位体积中出现机会的多少，即概率密度。以氢原子为例，氢原子核外只有一个电子，对于这一个电子的运动，其瞬间的空间位置是毫无规律的，但如果用统计的方法（假设用特殊的照相机，给氢原子照相），把该电子在核外空间的成千上万的瞬间位置叠加起来，即得到如图 4 – 1 所示的图像。

图 4 – 1 表明，电子经常在核外空间一个球形区域内出现，好像带负电荷的云笼罩在原子核的周围，人们形象地称它为“电子云”。即电子云是电子在核外空间

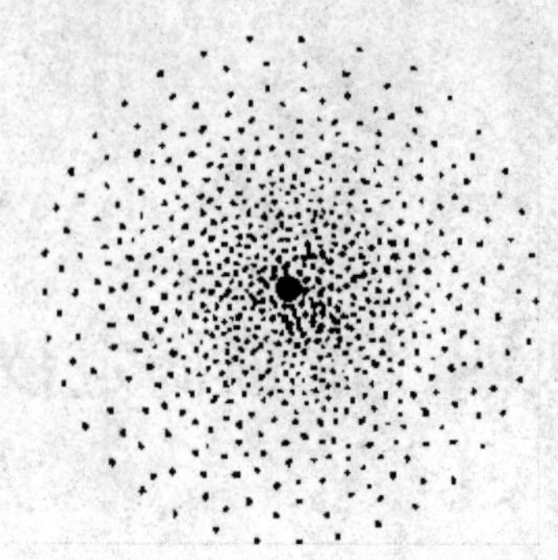

图 4－1　氢原子的电子云示意图

出现机会的统计结果，是电子在核外空间出现概率密度分布的一种形象描述。

如果我们用小黑点的疏密来表示电子出现概率的大小，电子云图像中每一个小黑点表示电子出现在核外空间中的一次概率，则概率密度越大电子云图像中的小黑点越密，离核近处，黑点密度大，电子出现机会多，离核远处，电子出现机会少。

对于氢原子来说，电子经常出现在离核 53nm 的球形区域内，电子云是球形对称的，越接近原子核，概率密度就越大。我们把电子出现概率相等的地方连接起来，作为电子云的界面，这个界面所包括的空间范围称作原子轨道。

2. 核外电子的运动状态

电子在原子核外一定的区域内做高速的运动，都具有一定的能量。由于电子在核外的运动状态比较复杂，其运动状态需从四个方面来描述。

（1）电子层　在多电子原子中，各电子出现概率最大的区域离原子核的距离不完全相同。能量低的电子通常在离核较近的区域内运动；能量高的电子在离核较远的区域内运动。电子能量由低到高，运动的区域离核由近及远，因此，人们将这些离核距离不等的电子运动区域，称为电子层，用 n 表示，它的数值可为 1，2，3，…，为正整数，每个 n 值对应一个电子层，通常用 K、L、M、N、O、P、Q 等符号分别表示 $n=1$、2、3、4、5、6、7 等电子层。一般 n 值越小，表示电子运动离核距离越近，电子受核的引力越大，电子的能量越小。因此，主量子数 n 不仅能表示电子运动距离核的远近，也是反映电子能量高低的主要参数。

（2）电子亚层和电子云的形状　研究发现：即使在同一电子层中，电子能量也有所差别，电子云的形状也不完全相同。所以，根据能量差别及电子云的不同形状，把同一电子层又分为几个电子亚层，用 s、p、d、f、g 等表示。不同亚层，其原子轨道（或电子云）的形状如图 4－2 所示：s 亚层为球形，p 亚层为哑铃形，d 亚层为花瓣形，而 f 亚层则更复杂。

K 层（$n=1$）只有一个亚层，即 s 亚层，表示为 $1s$，在 $1s$ 亚层上的电子，称为 $1s$ 电子；L 层（$n=2$）有两个亚层，即 s 亚层和 p 亚层，分别表示为 $2s$ 和 $2p$；M 层（$n=$

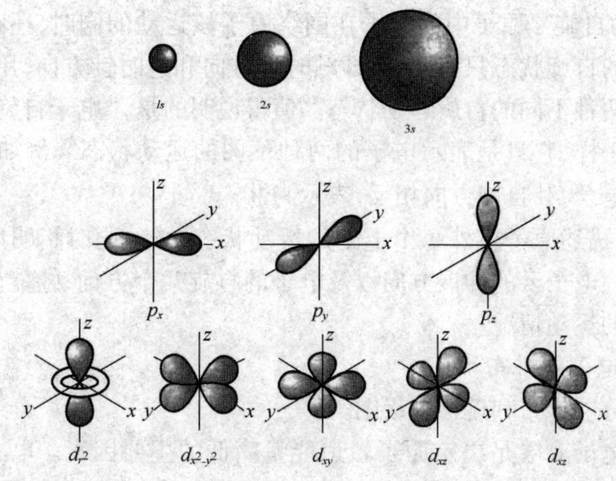

图 4 -2　不同亚层电子云形状及伸展方向

3)有三个亚层,即 *s* 亚层、*p* 亚层和 *d* 亚层,分别表示为 3*s*、3*p* 和 3*d*;N 层($n=4$)有四个亚层,即 *s* 亚层、*p* 亚层、*d* 亚层和 *f* 亚层,分别表示为 4*s*、4*p*、4*d* 和 4*f*。由此可见,在 1 ~4 电子层中,电子亚层的数目和电子层序数相等。

(3)电子云的伸展方向　同一亚层中的不同电子,虽然它们电子云的形状相同,却处在不同的空间位置上,即有不同的伸展方向。如图 4 -2 所示,*s* 亚层电子云呈球形对称,在空间各个方向出现的概率都是一样的,无所谓方向问题;*p* 亚层的电子云在空间有 3 种伸展方向;*d* 亚层的电子云在空间有 5 种伸展方向。

每一种具有一定形状和伸展方向的电子云所占据的空间就是一个原子轨道。原子轨道是描述核外电子运动状态的特殊函数,它由电子层、电子亚层和电子云的伸展方向三个方面加以描述,必须同时指明这三个方面才能描述一个正确的轨道。因此,各个电子亚层可能有的最多轨道数,由该亚层电子云伸展方向的个数决定。同一亚层伸展方向不同的原子轨道称为等价轨道,因此,*s*、*p*、*d*、*f* 分别有 1、3、5、7 个等价轨道(表 4 -1)。

表 4 -1　　电子层、电子亚层和轨道数的关系

电子层数(n)	1	2		3			4			
电子层符号	K	L		M			N			
电子亚层符号	1*s*	2*s*	2*p*	3*s*	3*p*	3*d*	4*s*	4*p*	4*d*	4*f*
亚层轨道数	1	1	3	1	3	5	1	3	5	7
电子层轨道数(n^2)	1	4		9			16			

由此可见,每个电子层内所含有的轨道数,等于该电子层数的平方,即 n^2($n\leq4$)。

(4)电子的自旋　原子中的电子在围绕原子核运动的同时，还存在本身的自旋运动。电子的自旋状态只有两种，即顺时针方向和逆时针方向，用“↑”和“↓”分别表示电子的两种不同的自旋运动状态。值得说明的是，“电子自旋”并不是电子真像地球自转一样，它只是表示电子的两种不同的运动状态。例如，氦原子的 1*s* 轨道上有两个电子，其自旋方向相反，表示为⇅。

综上所述，描述原子核外每个电子的运动状态，必须同时指明电子所处的电子层、电子亚层、电子云的伸展方向以及电子的自旋几个方面，才能较全面地描述核外每个电子的运动情况。

(二)原子核外电子的排布

1. 电子的分层排布和近似能级图

电子层和电子亚层是决定原子轨道能量高低的主要因素。电子能量高低与其所在原子轨道能量的高低有关。

单电子原子体系($H,He^{+},Li^{2+},Be^{3+},\cdots$)，原子轨道的能量(电子能量)$E$ 只由电子层 n 决定，与电子亚层无关。

在多电子原子中，核外电子是按能级顺序分层排布的，原子中电子所处轨道的能量的高低，主要由电子层 n 决定。n 越大，能量越高。不同电子的同类型亚层的能量，按电子层序数递增，如 $E_{1s}<E_{2s}<E_{3s}<E_{4s}\cdots$，$E_{1p}<E_{2p}<E_{3p}<E_{4p}\cdots$，$E_{3d}<E_{4d}<E_{5d}\cdots$，$E_{4f}<E_{5f}\cdots$。

在多电子原子中，轨道的能量也与电子亚层有关。在同一电子层中，各亚层能量按 s、p、d、f 的顺序递增，即 $E_{ns}<E_{np}<E_{nd}<E_{nf}$，这好像阶梯一样，一级一级的，称为原子的能级。一个亚层也称为一个能级，如 1*s*、2*s*、2*p*、3*d*、4*f* 等都是原子的一个能级。

在多电子原子中，由于电子间的相互作用，造成某些电子层序数较大的亚层能级其能量反而低于某些电子层序数较小的亚层能级的现象。如 $E_{4s}<E_{3d}$，$E_{5s}<E_{4d}$，$E_{6s}<E_{4f}<E_{5d}$等，这种现状称为能级交错。

目前，原子中各轨道的能量高低主要根据光谱实验结果确定。美国化学家鲍林总结出了原子轨道的近似能级图(见图4-3)，它反映出了多电子原子中轨道能级的高低顺序。

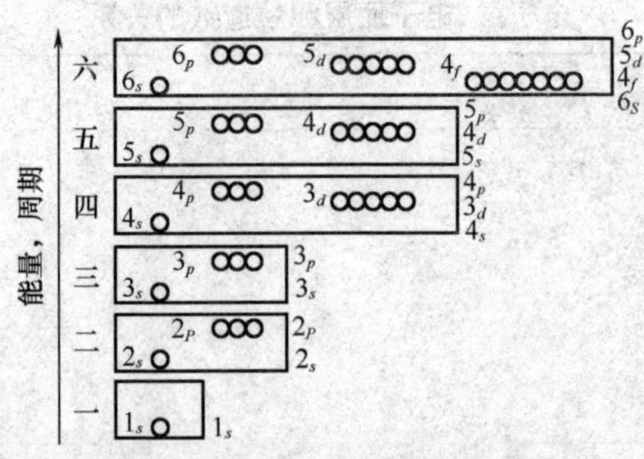

图4-3　鲍林原子轨道近似能级图

图4－3中原子轨道位置的高低，表示其能级的相对大小，等价轨道并列在一起。按照能量由低到高的顺序，能量相近的能级划归为一个能级组，共分为七个能级组，同一能级组原子轨道能量相差很小，不同能级组之间能量相差比较大。

需要指出的是：原子在失去电子时的顺序与填充时的顺序并不对应。如Fe的最高能级组电子填充的顺序为先填4*s*轨道上的2个电子，再填3*d*轨道上的6个电子；而在失去电子时，先失去4*s*的2个电子（变成Fe^{2+}），再失去3*d*上的1个电子（变成Fe^{3+}）。

2. 核外电子的排布规律

在大多数化学反应中，仅仅是原子的分离和重新组合，原子本身并没有发生质的变化，而原子的分离和重新组合方式，与它们的核外电子运动和排列状况有关。根据光谱实验结果和理论分析，绝大多数元素的基态（处于能量最低的稳定态）原子，其核外电子排布遵循以下几个规律。

（1）能量最低原理　能量越低则越稳定是自然界普遍存在的客观规律。同样，多电子原子在基态时，核外电子总是尽可能地处在能量最低的状态，也就是根据近似能级图尽量先排布在能量较低的轨道上，当能量最低的轨道占满后，电子才依次进入能量较高的轨道，以尽可能使原子处于能量最低最稳定的状态。这就是能量最低原理，即电子总是最先排布（占据）在能量最低的轨道。

应用电子的近似能级图，并根据能量最低原理，可以确定电子填入原子轨道时遵守的次序，见图4－4。

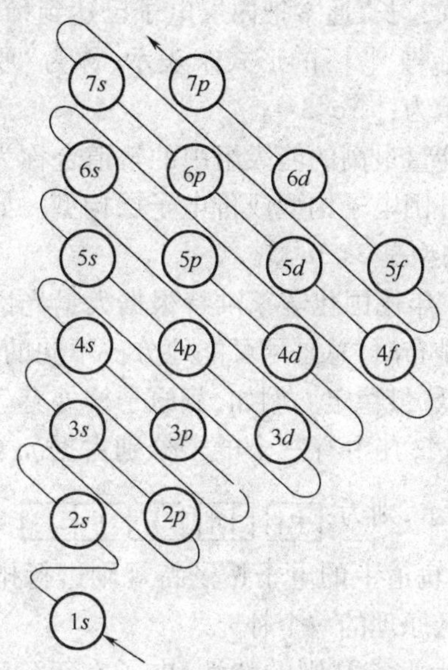

图4－4　电子填入轨道的顺序

（2）泡利不相容原理　奥地利物理学家泡利在1925年根据光谱分析结果和元素在周期系中的位置，提出了泡利不相容原理，即在同一个原子里不可能存在运动状态完全相同的电子。因此，一个原子轨道最多只能容纳 2 个自旋相反的电子。而每个电子层中最多有 $n^2(n\leqslant4)$ 个轨道，因此，每个电子层最多能容纳的电子为 $2n^2(n\leqslant4)$ 个。

若用小“○”或“□”表示一个原子轨道，每个箭头“↑”或“↓”表示一个电子，则有[↑↓]或(↑↓)。

在化学上，经常用电子排布式或轨道表示式来表示核外电子的排布情况。表示方法如下：

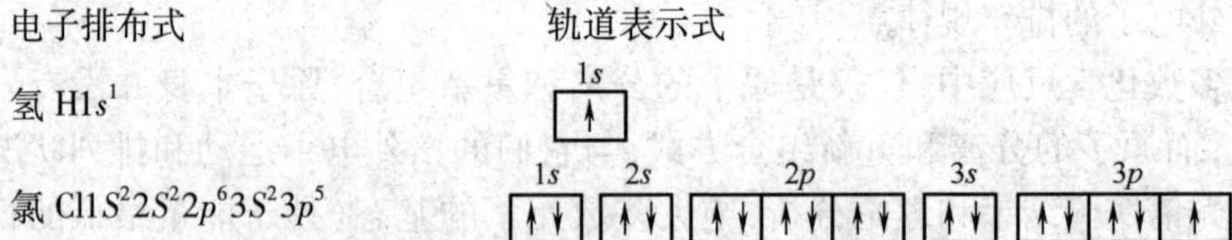

在轨道表示式中，电子填充时按由左向右、由低到高的顺序。在电子排布式中，以原子核外各亚层的分布情况来表示，其中亚层符号右上角的数字表示该亚层电子的数目。

［例 4－1］ 试写出原子序数为 11 的 Na 元素电子排布式和轨道表示式。

解：11 号 Na 元素原子核外共有 11 个电子，根据能量最低原理和能级图顺序，其电子排布式为：$1s^22s^22p^63s^1$

轨道表示式为：1s [↑↓] 2s [↑↓] 2p [↑↓|↑↓|↑↓] 3s [↑]

为了避免电子排布式过长，通常把内层电子已达到稀有气体结构的部分写成稀有气体元素符号加方括号“[ ]”的形式来表示，称为“原子实”。于是 11 号 Na 元素的电子排布式可表示为：$[Ne]3s^1$。

将电子最后填入的能量最高的能级组中的轨道合称为外围电子层，在外围电子层上的电子排布称为外围电子构型或价电子层构型。如：^{11}Na 的价电子层构型是 $3s^1$，^{17}Cl 的价电子层构型是 $3s^23p^5$。

(3)洪特规则 1925 年德国化学家洪特根据大量光谱实验的结果，提出电子在同一亚层等价轨道上排布时，总是尽可能地分占不同的轨道，且自旋方向相同，以使整个原子的能量最低、最稳定。例如，氮原子核外有 7 个电子，如果用核外电子排布式表示为 $1s^22s^22p^3$，其中有三个电子分别占据 p_x、p_y、p_z 轨道，而且自旋平行，若用轨道表示式来表示，则为：1s [↑↓] 2s [↑↓] 2p [↑|↑|↑]。

实验证明，处于等价轨道上的电子按洪特规则进行排布可使能量最低，也可以说洪特规则是能量最低原理的一个补充。

此外，实验证实，作为洪特规则的特例，电子在等价轨道上处于全充满（p^6，d^{10}，f^{14}）、半充满（p^3，d^5，f^7）或全空（p^0，d^0，f^0）状态时，能量较低，原子比较稳定。

上述三条规律，是从大量实验事实中总结出来的，它对绝大多数原子的电子排布是实用的，但不是一切原子的电子排布都严格符合这三条规律。例如，24 号元素铬(Cr),按照三条规律,其电子排布式应是[Ar]$3d^4 4s^2$,实际上其电子排布式是[Ar]$3d^5 4s^1$。个别元素原子的电子排布的特殊性,还有待进一步探讨。

思考题

1. 原子核外电子的运动状态应从哪几个方面来描述?

2. 核外电子排布应遵循哪些规律?

3. 当 $n=4$ 时,该电子层中有哪几个电子亚层?共有多少不同的轨道?最多能容纳多少个电子?

二、原子的电子结构与元素周期律

(一)基态原子中的电子排布

根据光谱实验的分析结果,表4-2按原子序数递增的顺序,列出了1~36号元素基态原子的核外电子排布。

表4-2 1~36号元素基态原子的核外电子排布

周期	原子序数	元素符号	元素名称	电子层结构			
				K	L	M	N
				1s	2s2p	3s3p3d	4s4p4d4f
1	1	H	氢	1			
	2	He	氦	2			
2	3	Li	锂	2	1		
	4	Be	铍	2	2		
	5	B	硼	2	2 1		
	6	C	碳	2	2 2		
	7	N	氮	2	2 3		
	8	O	氧	2	2 4		
	9	F	氟	2	2 5		
	10	Ne	氖	2	2 6		
3	11	Na	钠	2	2 6	1	
	12	Mg	镁	2	2 6	2	
	13	Al	铝	2	2 6	2 1	
	14	Si	硅	2	2 6	2 2	
	15	P	磷	2	2 6	2 3	
	16	S	硫	2	2 6	2 4	
	17	Cl	氯	2	2 6	2 5	
	18	Ar	氩	2	2 6	2 6	

续表

周期	原子序数	元素符号	元素名称	电子层结构			
				K	L	M	N
				1*s*	2*s*2*p*	3*s*3*p*3*d*	4*s*4*p*4*d*4*f*
4	19	K	钾	2	2 6	2 6	1
	20	Ca	钙	2	2 6	2 6	2
	21	Sc	钪	2	2 6	2 6 1	2
	22	Ti	钛	2	2 6	2 6 2	2
	23	V	钒	2	2 6	2 6 3	2
	24	Cr	铬	2	2 6	2 6 5	1
	25	Mn	锰	2	2 6	2 6 5	2
	26	Fe	铁	2	2 6	2 6 6	2
	27	Co	钴	2	2 6	2 6 7	2
	28	Ni	镍	2	2 6	2 6 8	2
	29	Cu	铜	2	2 6	2 6 10	1
	30	Zn	锌	2	2 6	2 6 10	2
	31	Ga	镓	2	2 6	2 6 10	2 1
	32	Ge	锗	2	2 6	2 6 10	2 2
	33	As	砷	2	2 6	2 6 10	2 3
	34	Se	硒	2	2 6	2 6 10	2 4
	35	Br	溴	2	2 6	2 6 10	2 5
	36	Kr	氪	2	2 6	2 6 10	2 6

在电子排布式中,价电子所在的电子层分布又称价电子层结构。价电子是指发生化学反应时,参与成键的电子。化学反应的实质是元素价电子的运动状态发生了变化,因此在讨论化学键的形成时,价电子层结构尤为重要。

(二)元素周期律

当元素按照原子序数排列成序后,随着序数的增加,它们的原子核外电子排布、原子半径、电负性、化合价等性质具有周期性变化。这种元素的性质随着原子序数的递增呈周期性变化的规律,称为元素周期律。元素周期律由俄国的门捷列夫首先发现,并根据此规律创制了元素周期表。元素周期表是元素周期律的具体表现形式,它反映元素原子的内部结构和它们之间相互联系的规律。现从几个方面讨论周期表与原子电子层结构的关系。

1. 周期与原子的电子层结构

在周期表中,将目前发现的元素,按原子序数递增的顺序,从左到右排成 7 个横行,每一个横行称为一个周期,分别为第 1、2、3、4、5、6、7 周期。各周期正好与泡林能级图中的能级组对应。每建立一个能级组,就出现一个新的周期。周期与原子结构的关系见表 4-3。

表 4－3　　周期与能级组的关系

能级	能级组	周期/n	周期名称	可容纳的电子数/$2n^2$	元素数目
$1s$	1	1	特短周期	2	2
$2s2p$	2	2	短周期	8	8
$3s3p$	3	3	短周期	8	8
$4s3d4p$	4	4	长周期	18	18
$5s4d5p$	5	5	长周期	18	18
$6s4f5d6p$	6	6	特长周期	32	32
$7s5f6d7p$	7	7	不完全周期	32	26(未满)

由表 4－3 及元素周期表可以看出以下几点。

①周期表中的周期数就是能级组数。

②元素所在的周期序数,等于电子层层数。

③各周期元素的数目,等于相应能级组各原子轨道所能容纳的电子总数。

④每一能级组中电子的填充,都是从 ns^1 开始到 np^6 结束,对应于每个周期(第一周期除外)都是从碱金属开始,到稀有气体结束。

⑤在第 6 周期中 57 号元素镧的位置上另有 14 种元素,由于结构和性质相似,称为镧系元素;在第 7 周期 89 号元素锕的位置上也另有 14 种元素,称为锕系元素。为了表示完整性,在长周期表中把镧系元素和锕系元素另列成两排,放在主表的下方。

2. 族与原子电子层结构

在周期表中,共有 18 个纵行,共 16 个族,分成 7 个主族(用 A 表示)、7 个副族(用 B 表示)、1 个第Ⅷ族和 1 个零族。除第Ⅷ族有三个纵行,其他每一纵行为一族,每一族元素的外层电子结构大致相同,因此它们的性质也相似。元素的族序数与其原子的最外层电子结构关系密切。

(1)主族元素　主族元素包括ⅠA～ⅦA,每一主族的价电子层构型相同,为 $ns^{1\sim2}$ 或 $ns^2np^{1\sim6}$。主族元素的族序数＝元素原子的最外层电子数＝其价电子数。同一主族的元素具有相同的价电子结构和相同的最外层电子数。

(2)副族元素　副族元素包括ⅠB～ⅦB,ⅠB 和ⅡB 的族序数＝元素的最外层电子数;ⅢB～ⅦB 族元素的族序数＝最外层电子数＋次外层 d 电子数。

(3)第Ⅷ族　包括左数第 8、9、10 三个纵行,其最外层电子数与次外层 d 电子数之和分别为 8、9、10。

(4)零族元素　为稀有气体元素,其最外层电子数为 2 或 8。

(5)元素的分区　根据各元素原子的核外电子排布以及价电子层构型的特点,还可将周期表中的元素分为五个区。如图 4－5 所示。

①s 区元素:最后一个电子填充在 s 轨道上的元素属 s 区元素,包括称为碱金属的 IA 族元素和碱土金属的ⅡA 族元素,位于周期表中左侧的位置,它们都是活

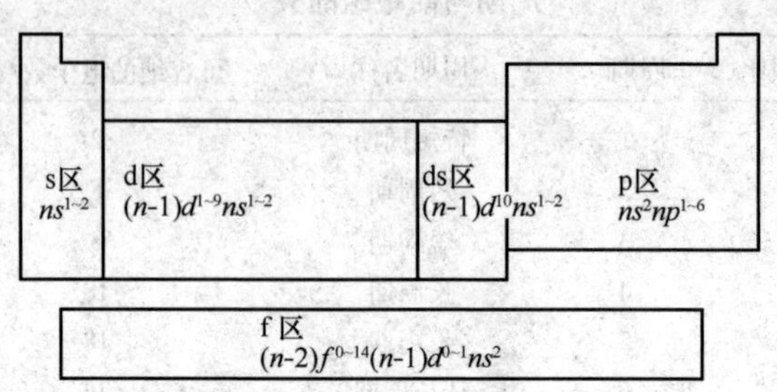

图 4-5　周期表中的元素分区

泼金属。

②p 区元素：最后一个电子填充在 *p* 轨道上的元素属 p 区元素，包括ⅢA ~ ⅦA 族元素和零族，它们位于周期表中右侧位置，大部分元素为非金属元素。

③d 区元素：最后一个电子填充在 *d* 轨道上的元素属 d 区元素，包括ⅢB ~ ⅦB 族和第ⅧB 族元素，它们位于周期表中的中间位置。

④ds 区元素：包括 IB 族和ⅡB 族元素，也称为过渡元素。

⑤f 区元素：包括镧系和锕系，又称为内过渡元素。

总之，原子的电子层结构和它在周期表中的位置有密切的关系。若已知某元素的原子序数，就可以写出它的核外电子排布式，并可判断出该元素在周期表中的位置和分区，从而了解元素的性质。

(三)元素性质的周期性变化

随着原子序数的递增，元素原子的电子层结构呈周期性变化，导致元素的一些基本性质，如原子半径、电离能、电负性、金属性与非金属性及氧化数等，也呈现周期性的变化。

1. 原子半径的周期性变化

从量子力学理论的观点考虑，电子云没有明确的界限，因此严格来讲原子半径有不确定的含义，也就是说要给出一个准确的原子半径是不可能的。原子半径是假设原子为球形，根据实验测定和间接计算方法求得的。根据测定方法的不同，原子半径常用的有三种，即共价半径、范德华半径和金属半径。

共价半径：同种元素的两个原子，形成共价单键的两原子核间距离的一半。

金属半径：在金属单质晶体中，两个相邻金属原子核间距离的一半。

范德华半径：在分子晶体中(如稀有气体)，相邻分子核间距离的一半。

值得注意的是：同种原子用不同形式的半径表示时，半径值不同。通常情况下，范德华半径比较大，而金属半径比共价半径大一些。在比较元素的某些性质时，原子半径取值应该用同一套数据。

讨论原子半径在周期系中的变化时，我们采用的是共价半径。而稀有气体(0族元素)通常为单原子分子，只能用范德华半径。表 4-4 列出了周期系中各元素的原子半径数据。

表 4-4　元素的原子半径　单位:pm

ⅠA	ⅡA	ⅢB	ⅣB	ⅤB	ⅥB	ⅦB	Ⅷ			ⅠB	ⅡB	ⅢA	ⅣA	ⅤA	ⅥA	ⅦA	0
H																	He
32																	93
Li	Be											B	C	N	O	F	Ne
123	89											82	77	70	66	64	112
Na	Mg											Al	Si	P	S	Cl	Ar
154	136											118	117	110	104	99	154
K	Ca	Sc	Ti	V	Cr	Mn	Fe	Co	Ni	Cu	Zn	Ga	Ge	As	Se	Br	Kr
203	174	144	132	122	118	117	117	116	115	117	125	126	122	121	117	114	169
Rb	Sr	Y	Zr	Nb	Mo	Tc	Ru	Rh	Pd	Ag	Cd	In	Sn	Sb	Te	I	Xe
216	191	162	145	134	130	127	125	125	123	134	148	144	140	141	137	133	190
Cs	Ba		Hf	Ta	W	Re	Os	Ir	Pt	Au	Hg	Tl	Pb	Bi	Po	At	Rn
235	198		144	134	130	128	126	127	130	134	144	148	147	146	146	145	22
镧系元素																	
La	Ce	Pr	Nd	Pm	Sm	Eu	Gd	Tb	Dy	Ho	Er	Tm	Yb	Lu			
169	165	164	164	163	162	185	162	161	160	158	158	158	170	158			

由表 4-4 可以总结出原子半径的变化规律如下。

(1)同一周期　原子的电子层数基本不变,从左到右,原子核对外层电子的吸引力增强,主族元素的半径因有效电荷显著地增加而明显地减小(邻近元素相差约 10pm),到稀有气体半径突然增大,因为它们是范德华半径。ⅠB、ⅡB 族元素的原子半径则因有效核电荷增加不多而减小不明显(邻近元素间相差小于 5pm)。

(2)同族元素　主族元素中,由上至下,原子半径因电子层数增加而增加。但是副族元素中,原子半径增加的规律仅体现在ⅢB 族和每一副族的前两种元素上,从ⅣB 族开始,每族中后两种副族元素的原子半径近似相等,这是由于镧系收缩造成的。

(3)镧系收缩　随原子序数增加,原子半径累计有所减小的现象。镧系收缩可以抵消增加一个电子层的影响,从而使ⅢB 族及其后每族的后两种副族元素的半径相近,性质相似。

2. 第一电离能的周期性变化

元素的一个气态原子在基态时失去一个电子形成 +1 价气态阳离子时所需能量称为该元素的第一电离能,常用符号“I_1”表示,单位为 kJ/mol。元素 +1 价气态阳离子失去一个电子形成 +2 价气态阳离子时所需能量称为元素的第二电离能(I_2)。第三、第四电离能依此类推,并且 $I_1 < I_2 < I_3 \cdots$,这是因为气态阳离子的价数越高,核外电子数越少,且离子的半径也越小,外层电子受有效核电荷作用就越

大,故失去电子越困难,所需要的能量就越大。

例如,

$$H_{(g)} - e^- \rightarrow H^+_{(g)} \quad I_1 = 1312kJ/mol$$
$$Li_{(g)} - e^- \rightarrow Li^+_{(g)} \quad I_2 = 52011kJ/mol$$
$$Li^+_{(g)} - e^- \rightarrow Li^{2+}_{(g)} \quad I_3 = 7298kJ/mol$$

由于原子失去电子必须消耗能量,以克服原子核对外层电子的引力,所以电离能总为正值。通常不特别说明,指的都是第一电离能。通常用第一电离能衡量原子失电子的难易程度。电离能越小,原子越易失去电子。

元素的电离能可以从元素的发射光谱实验测得。元素的电离能在周期表中呈现明显的周期性变化。表 4 -5 列出了周期系中各元素的第一电离能数据。

表 4 -5　　元素的第一电离能　　单位:kJ/mol

ⅠA	ⅡA	ⅢB	ⅣB	ⅤB	ⅥB	ⅦB	Ⅷ			ⅠB	ⅡB	ⅢA	ⅣA	ⅤA	ⅥA	ⅦA	0
H																	He
1312																	2372
Li	Be											B	C	N	O	F	Ne
520	900											801	1086	1402	1314	1681	2081
Na	Mg											Al	Si	P	S	Cl	Ar
496	738											578	787	1012	1000	1251	1521
K	Ca	Sc	Ti	V	Cr	Mn	Fe	Co	Ni	Cu	Zn	Ga	Ge	As	Se	Br	Kr
419	590	631	658	650	653	717	759	758	737	746	906	579	762	944	941	1140	1351
Rb	Sr	Y	Zr	Nb	Mo	Tc	Ru	Rh	Pd	Ag	Cd	In	Sn	Sb	Te	I	Xe
406	550	616	660	664	685	702	700	720	805	731	868	558	709	832	869	1008	1170
Cs	Ba	la - lu	Hf	Ta	W	Re	Os	Ir	Pt	Au	Hg	Tl	Pb	Bi	Po	At	Rn
376	503	538	654	761	770	760	840	880	870	890	1007	589	716	703	812	912	1037
镧系元素																	
La	Ce	Pr	Nd	Pm	Sm	Eu	Gd	Tb	Dy	Ho	Er	Tm	Yb	Lu			
538	528	523	530	536	544	547	592	564	571	581	589	597	603	524			

注:资料来源:James E, Huheey. Inorganic Chemistry: Principles of Structure and Reactivity,2nd ed。

由表 4 -5 可以总结出元素的第一电离能具有周期性的变化规律:同一周期从左到右,元素的第一电离能基本上逐渐增大,原子失电子的能力逐渐减弱;同一主族自上而下,元素的电离能逐渐减小,原子失电子能力逐渐增强。

3. 电负性的周期性变化

元素的电负性是指分子中元素的原子吸引成键电子的能力。1932 年,鲍林首先提出电负性的概念,指定氟的电负性为 4.0,然后以此计算出其他元素的电负性,故电负性是一个相对数值,没有单位。电负性越大,原子在分子中吸引电子的能力越强;电负性越小,原子在分子中吸引电子的能力越弱。在两个原子成键时,电子常偏于电负性大的一边。表 4 -6 为各元素原子的电负性数据。

表 4-6　　某些元素原子的电负性

H																
2.1																
Li	Be											B	C	N	O	F
1.0	1.5											2.0	2.5	3.0	3.5	4.0
Na	Mg											Al	Si	P	S	Cl
0.9	1.2											1.5	1.8	2.1	2.5	3.0
K	Ca	Sc	Ti	V	Cr	Mn	Fe	Co	Ni	Cu	Zn	Ga	Ge	As	Se	Br
0.8	1.0	1.3	1.5	1.6	1.6	1.5	1.8	1.9	1.9	1.9	1.6	1.6	1.8	2.0	2.4	2.8
Rb	Sr	Y	Zr	Nb	Mo	Tc	Ru	Rh	Pd	Ag	Cd	In	Sn	Sb	Te	I
0.8	1.0	1.2	1.4	1.6	1.8	1.9	2.2	2.2	2.2	1.9	1.7	1.7	1.8	1.9	2.1	2.5
Cs	Ba	La~Lu	Hf	Ta	W	Re	Os	Ir	Pt	Au	Hg	Tl	Pb	Bi	Po	At
0.7	0.9	1.0~1.2	1.3	1.5	1.7	1.9	2.2	2.2	2.2	2.4	1.9	1.8	1.8	1.9	2.0	2.2
Fr	Ra	Ac	Th	Pa	U	Np~No										
0.7	0.9	1.1	1.3	1.4	1.4	1.4~1.3										

从表4-6中可见，同一周期中，随着原子序数的递增，从左到右，电负性逐渐增大。这是由于原子的核电荷数逐渐增大，半径逐渐减小，使原子在分子中吸引成键电子的能力增加。在同一主族中，从上到下，元素的电负性依次减小，说明原子在分子中吸引成键电子的能力趋于减弱。过渡元素电负性的变化没有明显的规律。

4. 元素金属性和非金属性的周期性变化

元素的金属性指原子失去电子的能力；元素的非金属性指原子获得电子的能力。原子失去与获得电子的难易程度主要取决于原子半径的大小和电子层结构，均用电负性衡量。一般来说，金属的电负性小于2.0，非金属的电负性大于2.0。电负性越大，说明该元素原子在分子中吸引电子的能力越强，元素的非金属性越强；反之，电负性越小，说明该元素的非金属性越弱，金属性越强。

同一周期从左至右，主族元素原子半径逐渐减小，电离能、电负性逐渐增强，金属性逐渐减弱，非金属性逐渐增强。同主族元素自上而下，原子半径逐渐增大，电负性逐渐减弱，原子失电子的能力逐渐增强，得电子能力逐渐减弱，元素的金属性逐渐增强，非金属性逐渐减弱。

5. 氧化数的周期性变化

元素的氧化数（或称氧化值）是指某元素一个原子的形式电荷数，这种电荷数是假设化学键中的电子指定给电负性较大的原子而求得的。

氧化数反应元素的氧化状态，有正、负、零之分，也可以是分数，与原子的价电子构型有关，周期表中元素的最高氧化数呈周期性变化。ⅠA～ⅦA族（F除外）、ⅢB～ⅦB族元素的最高氧化数等于价电子总数，也等于其族序数，ⅠB、ⅡB、ⅧA、ⅧB族元素的最高氧化数变化不规律。非金属元素的最高氧化数的绝对值之和等于 8。

综上所述,元素性质随原子序数递增而呈周期性变化的规律,称为元素周期律。元素周期律的实质是原子核外电子排布周期性变化的结果。

思考题

1. 元素周期表中的周期、族及分区是如何划分的?

2. 在元素周期表中,原子的半径、电离能、电负性、金属性和非金属性、氧化数分别是如何变化的?

三、化学键

分子(或晶体)中相邻原子(或离子)之间主要的、强烈的相互作用称为化学键。根据化学键的特点,把化学键分为金属键、离子键、共价键三种基本类型。金属键主要在金属中存在,由自由电子及排列成晶格状的金属离子之间的静电吸引力组合而成。在此仅讨论离子键和共价键。

(一)离子键

原子间相互化合时,原子失去或得到电子以达到稀有气体的稳定结构。这种靠原子得失电子形成阴、阳离子,由阴、阳离子间靠静电作用形成的化学键称离子键。如金属钠和氯气反应生成氯化钠:

$$\text{Na}\quad 1s^22s^22p^63s^1 \xrightarrow{-e^-} 1s^22s^22p^6\quad \text{Na}^+$$

$$\text{Cl}\quad 1s^22s^22p^63s^23p^5 \xrightarrow{+e^-} 1s^22s^22p^63s^23p^6\ \text{Cl}^-$$

钠原子属于活泼的金属原子,最外电子层有 1 个电子,容易失去;氯原子属于活泼的非金属原子,最外电子层有 7 个电子,容易得到 1 个电子,从而使最外层都达到 8 个电子,形成稳定结构。当钠原子和氯原子接触时,钠原子最外层的 1 个电子就转移到氯原子的最外层上,形成带正电的钠离子(Na^+)和带负电的氯离子(Cl^-),阴阳离子间存在的异性电荷间的静电吸引力,使两离子相互靠近,达到一定距离时,引力和电子与电子、原子核与原子核之间同性电荷间的排斥力达到平衡,于是钠离子与氯离子就形成了稳定的离子键。

(二)共价键

原子间通过共用电子对所形成的化学键称为共价键,如 Cl_2、N_2、O_2、H_2 等分子的形成。除同种非金属原子形成共价键分子外,性质比较相近的不同非金属元素的原子也能相互结合生成共价化合物分子,如 HCl、H_2O。化学上,常用"—"表示一个共用电子对,用"═"表示两个共用电子对,用"≡"表示三个共用电子对等,因此 Cl_2、HCl、H_2O、N_2、CO_2 可以表示为:Cl—Cl,H—Cl,H—O—H,N≡N,O═C═O。

上面介绍的几种共价键，其共用电子都是由成键原子各提供一个电子所形成的，如果共价键的共用电子对是由成键两原子的一个原子提供，而另一原子只是提供空轨道，则称为配位共价键，简称配位键。例如，NH_3分子与H^+之所以能形成NH_4^+，是因为NH_3中N原子有一对未参与成键的电子（称孤电子对），而H^+有1s空轨道，N原子的孤电子对进入H^+的空轨道，这一对电子为氮、氢两原子共用，于是形成了配位键。如：

$$\left[\begin{array}{ccc} & \mathrm{H} & \\ & \because & \\ \mathrm{H}\times & \mathrm{N} & \times\mathrm{H} \\ & \times & \\ & \mathrm{H} & \end{array}\right]^{+}$$

从NH_4^+的形成过程可以看出形成配位键必须具备两个条件：一是电子对给予体必须具有孤对电子；二是电子对接受体必须具有空轨道。

思考题

1. 什么是配位键，形成配位键的条件是什么？
2. 在氯化铵中存在哪些化学键？

项目一 配合物

知识目标

1. 了解配位化合物的组成、结构和命名。
2. 掌握配位平衡和配位平衡常数的意义及其有关计算，理解配位平衡的移动及与其他平衡的关系。

配合物，旧称络合物，是含有配位键的化合物，也是组成较为复杂、应用广泛的一类化合物。具有多种重要的特性，在化学领域中，它已广泛地渗透到分析化学、物理化学、有机化学、催化化学和生物化学等领域中，并形成了一些交叉性边缘科学，如金属有机化学、生物配位化学（即生物无机化学）等。配位化合物的应用非常广泛，如染色工业、颜料工业、冶金工业、电镀工业、医药工业、有机合成工业及原子能火箭等尖端工业，甚至化学仿生学等各个方面都涉及配合物的应用。

目前这是化学学科中最活跃,具有很多生长点的前沿学科之一,并形成了一门独立的分支学科——配位化学。

本部分从配合物的基本概念出发,介绍其组成、在溶液中的平衡以及配位滴定技术。

一、基本概念

(一)配合物及其组成

1. 配合物的定义

有许多化合物,如 HCl、NH_3、AgCl、$CuSO_4$等,它们的形成都符合经典化合价理论,这些化合物称为简单化合物。与简单化合物不同,另一些化合物是由上述简单化合物结合而成的,其形成不符合经典化合价理论,如:

$$CuSO_4 + 4NH_3 \rightleftharpoons [Cu(NH_3)_4]SO_4$$

$$CuCN + 2KCN \rightleftharpoons K_2[Cu(CN)_3]$$

将$[Cu(NH_3)_4]SO_4$晶体溶于水中,溶液中可检出 SO_4^{2-},而几乎不存在 Cu^{2+} 和 NH_3 分子。这说明在$[Cu(NH_3)_4]SO_4$ 化合物中有$[Cu(NH_3)_4]^{2+}$ 复杂离子稳定存在。分析其结构,在$[Cu(NH_3)_4]^{2+}$ 中,每个氨分子中的氮原子,提供一对孤对电子,填入 Cu^{2+} 的空轨道,形成四个配位键。这种配位键的形成使$[Cu(NH_3)_4]^{2+}$ 和 Cu^{2+} 有很大的区别,如与碱不再生成沉淀,颜色也会变深等。像$[Cu(NH_3)_4]^{2+}$这种由一个简单阳离子和一定数目的中性分子或阴离子结合而成的复杂离子称为配离子。

根据 1980 年中国化学会颁布的《无机化学命名原则》,配合物的定义为:配合物是由可以给出孤对电子或多个不定域电子的一定数目的离子或分子(称为配位体)和具有接受孤对电子或多个不定域电子空轨道的原子或离子(称中心原子或离子)按一定的组成和空间构型所形成的化合物。

类似$[Cu(NH_3)_4]^{2+}$、$[Ag(NH_3)_2]^+$等因为带正电荷,称为配位阳离子;$[Fe(CN)_6]^{3-}$、$[PtCl_6]^{2-}$等因为带负电荷,称为配位阴离子;此外,还有一些中性的配位分子如$[Ni(CO)_4]$、$[Fe(CO)_5]$等,习惯上,配离子也称为配合物。

2. 配合物的组成

配合物一般由内界和外界两部分组成。结合紧密且能稳定存在的配离子部分(如$[Cu(NH_3)_4]^{2+}$、$[Fe(CN)_6]^{3-}$)称为内界,又称配位个体,写化学式的时候用方括号括起来。内界既可以是配位阳离子,也可以是配位阴离子。配位个体由中心离子(如 Cu^{2+}、Fe^{3+})和配位体(如 NH_3、CN^-)结合而成。配位体中与中心离子直接相连接的原子称为配位原子,配位原子的个数称为配位数。

配位个体之外的其他离子称为外界,如$[Cu(NH_3)_4]SO_4$中的 SO_4^{2-},$K_3[Fe(CN)_6]$中的 K^+,它们距中心离子较远,构成配合物的外界,写在方括号的外面。配合物的组成如图 4-6 所示。

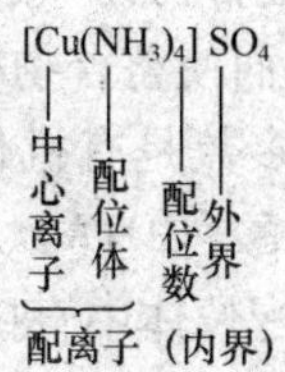

图 4-6　配合物的组成

（1）中心离子或原子　在配合物的内界中，总是由中心离子（或原子）和配位体两部分组成。中心离子在配离子的中心，一般是价层有空轨道的金属离子，如 $[Cu(NH_3)_4]^{2+}$ 中的 Cu^{2+}。常见的是一些过渡金属，如铁、钴、镍、铜、银、金、铂等金属元素的离子。高氧化数的非金属元素如硼、硅、磷等和高氧化数的主族金属离子如 $[AlF_6]^{3-}$ 中的 Al^{3+} 等也能作为中心离子。也有不带电荷的中性原子作中心原子，如 $[Ni(CO)_4]$、$[Fe(CO)_5]$ 中的 Ni、Fe 都是中性原子。

（2）配位体和配位原子　配位化合物内界中与中心离子（或原子）结合的阴离子或分子，称为配位体，简称配体。如 H_2O、NH_3、Cl^-、CN^- 等均为常见的重要配位体。其中 NH_3 中的 N 原子，H_2O 中的 O 原子，CN^- 中的 C 原子，直接与中心离子相结合，称为配位原子。配位原子主要是位于周期表右上方的ⅣA、ⅤA、ⅥA、ⅦA 族电负性较强的非金属原子，如 C、N、P、O、S、F、Cl、Br、I 等。

根据配位体中所含配位原子的数目多少，将配位体分成两大类。

①单基配位体：一个配位体和中心原子（或离子）只以一个配位键相结合的称为单基（或单齿）配位体，如 F^-、Cl^-、OH^-、CN^-、NH_3、H_2O 等。

②多基配位体：一个配位体和中心原子（或离子）以两个或两个以上的配位键相结合，称为多基（或多齿）配位体。如乙二胺（En）是二基配位体，乙二胺四乙酸（EDTA）是六基配位体。

乙二胺 $NH_2—CH_2—CH_2—NH_2$

乙二胺四乙酸
$$\begin{matrix} HOOC—CH_2 & & & & CH_2—COOH \\ & \diagdown & & \diagup & \\ & N—CH_2—CH_2—N & & & \\ & \diagup & & \diagdown & \\ HOOC—CH_2 & & & & CH_2—COOH \end{matrix}$$

由多基配位体与同一金属离子配位形成的具有环状结构的配合物称为螯合物，如 Cu^{2+} 可与两个乙二胺（$NH_2—CH_2—CH_2—NH_2$）分子配合成具有环状结构的螯合物。

$$\begin{matrix} CH_2—NH_2 & \searrow & & \swarrow & NH_2—CH_2 \\ | & & Cu^{2+} & & | \\ CH_2—NH_2 & \nearrow & & \nwarrow & NH_2—CH_2 \end{matrix}$$

螯合物的配位体又称螯合剂，螯合物中形成的环称为螯环，以五元环和六元环最为稳定。由于螯环的形成,使螯合物比一般配合物稳定得多,而且环越多,螯合物越稳定。这种由于螯环的形成而使螯合物稳定性增加的作用称为螯合效应。

螯合剂的种类很多,其中绝大多数是有机化合物,极少数是无机物。常见的螯合剂有草酸、乙二胺、乙二胺四乙酸(EDTA)、柠檬酸、酒石酸、邻二氮菲等。

(3)配位数及其影响因素　在配位体中直接与中心离子(或原子)以配位键结合的配位原子的数目称为中心离子的配位数。由于配位体分为单齿配位体和多齿配位体,因此配位数是配位原子数而不是配位体的数目。如果配位体是单基的,则中心离子的配位数就是配位体的数目,如$[Ag(NH_3)_2]^+$、$[Cu(NH_3)_4]^{2+}$、$SiF_6{}^{2-}$的配位数分别为2、4、6;如果配位体是多基的,则中心离子的配位数为配位体数目与其基数的乘积,如$[Pt(En)_2]^{2+}$的配位数为$2\times2=4$。

中心离子的配位数一般为2、4、6、8等,最常见的是4和6。表4-7中列出一些常见金属离子的配位数。

表4-7　常见金属离子的配位数

一价金属离子	二价金属离子	三价金属离子
Cu^+	Ca^{2+}	Al^{3+}
2,4	6	4,6
Ag^+	Fe^{2+}	Sc^{3+}
2	6	6
Au^+	Co^{2+}	Cr^{3+}
2,4	4,6	6
	Ni^{2+}	Fe^{3+}
	4,6	6
	Cu^{2+}	Co^{3+}
	4,6	6
	Zn^{2+}	Au^{3+}
	4,6	4

影响配位数的因素很多,主要是中心离子的氧化数、半径和配位体的电荷、半径及彼此间的极化作用,以及配合物生成时的条件(如温度、浓度)等。

一般说来,中心离子的电荷数高,对配位体的吸引力较强,有利于形成配位数较高的配合物。

中心离子的半径越大,其周围可容纳的配位体就越多,配位数越大。如Al^{3+}与F^-可以形成$[Al_6]^{3-}$配离子,而体积较小的B(Ⅲ)原子就只能形成$[BF_4]^-$配离子。但中心离子的半径过大会减小对配体的吸引力,有时配位数反而减小。

单齿配位体的半径越大,在中心离子周围可容纳的配位体数目就越少。例如,Al^{3+}与F^-形成$[AlF_6]^{3-}$,与Cl^-则形成配位数为4的$[AlCl_4]^-$。配位体的负电荷越多，在增加中心离子对配体吸引力的同时，也增加了配体间的斥力，配位数减小。如$[SiO_4]^{4-}$中 Si 的配位数比$[SiF_6]^{2-}$中的小。

此外，配位数的大小还和配合物形成时配位体的浓度、溶液的温度有关。一般温度越低，配位体浓度越大，配位数越大。

影响配位数的因素很多，但有些中心原子与不同配位体形成配合物时，总是具有一个几乎不变的配位数，称为特征配位数。若中心原子是正离子，则配位数通常是其电荷数的二倍，如Ag^+、Cu^+的特征配位数是2，Pt^{2+}、Pd^{2+}的特征配位数为4，Co^{3+}、Cr^{3+}的特征配位数为6。由于影响配位数的因素很复杂，所以也有不符合以上规律的例外情况。

(4)配离子的电荷 配离子的电荷等于中心离子电荷与配位体总电荷的代数和。例如，$[Cu(NH_3)_4]^{2+}$配离子的电荷数为：$(+2)+(0)\times4=+2$；$[Ag(NH_3)_2]^+$配离子电荷数为：$(+1)+(0)\times2=+1$。

有时配离子的中心离子(或原子)和配位体的电荷的代数和为零，则配离子并不带电荷，其本身就是配合物。例如，$[Ni(H_2O)_4Cl_2]$的电荷数为：$(+2)+(0)\times4+(-1)\times2=0$。

从整体看，配位化合物是电中性的，所以也可由外界离子的电荷数推算中心原子和配离子的电荷数。例如，$Na_2[Cu(CN)_3]$中，它的外界离子有2个Na^+，所以$[Cu(CN)_3]^{2-}$配离子的电荷数是-2，从而可以推知中心离子是Cu^+而不是Cu^{2+}。

(二)配合物的命名

配合物的命名遵循一般无机化合物的命名原则，即阴离子在前，阳离子在后。如果是配阳离子化合物，则与无机盐的命名一样；如果是配阴离子化合物，则在配阴离子与外界阳离子间用“酸”字连接，若外界是氢离子，则在配阴离子之后缀以“酸”字。

1.配离子为阳离子的配合物

凡属于含配阳离子的配合物，其命名次序都是：外界阴离子→配体→中心离子。配体和中心离子之间加“合”字。配体个数用一、二、三、四等数字表示，中心离子的氧化数以加括号的罗马数字表示并置于中心离子之后。例如：

$[Co(NH_3)_6]Cl_3$ 三氯化六氨合钴(Ⅲ)

$[Ag(NH_3)_2]NO_3$ 硝酸二氨合银(Ⅰ)

$[Pt(NH_3)_4](OH)_2$ 二氢氧化四氨合铂(Ⅱ)

2.配离子为阴离子的配合物

命名次序为：配体→中心离子→外界阳离子。在中心离子与外界阳离子的名称之间加一“酸”字，其余同上。例如：

$K_2[PtCl_6]$ 六氯合铂(Ⅳ)酸钾

$K_3[Fe(CN)_6]$ 六氰合铁(Ⅲ)酸钾

$H_2[PtCl_6]$ 六氯合铂(Ⅳ)酸

3. 含有两种以上配体的配合物

配体的次序按先阴离子、后中性分子排列，不同的配体名称中间以小圆点“·”分开。若配体同是阴离子或中性分子，则按配位原子元素符号的英文字母顺序排列。例如：

$[Co(NH_3)_4Cl_2]Cl$ 氯化二氯·四氨合钴(Ⅲ)

$[Co(NH_3)_5H_2O]Cl_3$ 三氯化五氨·一水合钴(Ⅲ)

4. 没有外界的配合物

命名方法与上面是相同的，只是没有外界而已。氧化数为零的可不标出。例如：

$[Fe(CO)_5]$ 五羰基合铁(0)

$[Pt(NH_3)_2Cl_2]$ 二氯·二氨合铂(Ⅱ)

5. 配离子

配离子的命名与上面相同，只是没有外界部分的名称。例如：

$[Co(NH_3)_6]^{3+}$ 六氨合钴(Ⅲ)配离子

$[PtCl_6]^{2-}$ 六氯合铂(Ⅳ)配离子

对于配离子的命名，其中的“配”字也可省去。

以上的命名中，经常需要知道中心离子的氧化数，这可由配离子的电荷等于中心离子的电荷的代数和而求得。

思考题

1. 什么是配合物？配合物的组成有哪些？

2. 完成下表

化学式	中心离子	配位体	中心离子电荷数	配位数	命名
$[Fe(CO)_5]$					
$[Co(NH_3)_6]Cl_3$					
$K_3[CoF_6]$					
$[Pt(NH_3)_2Cl_2]$					
$[Ag(NH_3)_2]OH$					
$H[AuCl_4]$					
$K[Co(NO_2)_4(NH_3)_2]$					

二、配位平衡

(一) 配位平衡

1. 配合物平衡常数的表示方法

在配位反应中,配合物的形成和解离同处于相对平衡的状态中,其平衡常数可用稳定常数(生成常数)或不稳定常数(解离常数)表示,本书采用稳定常数表示。

金属离子在水溶液中常以水合离子存在,当在溶液中加入配位体时,则配位体取代水分子形成配离子。例如,向含有 Cu^{2+} 的水溶液中逐渐加入 NH_3 时,则首先生成 $[Cu(NH_3)]^{2+}$,随着 NH_3 量的增加,逐渐形成 $[Cu(NH_3)_2]^{2+}$、$[Cu(NH_3)_3]^{2+}$、$[Cu(NH_3)_4]^{2+}$ 配离子。配离子是分步形成的可逆反应,各种配离子在溶液中建立如下平衡:

$$Cu^{2+} + NH_3 \rightleftharpoons [Cu(NH_3)]^{2+}$$

$$K_1^{\ominus} = \frac{c'_{[Cu(NH_3)]^{2+}}}{c'_{Cu^{2+}} c'_{NH_3}}$$

$$[Cu(NH_3)]^{2+} + NH_3 \rightleftharpoons [Cu(NH_3)_2]^{2+}$$

$$K_2^{\ominus} = \frac{c'_{[Cu(NH_3)_2]^{2+}}}{c'_{[Cu(NH_3)]^{2+}} c'_{NH_3}}$$

$$[Cu(NH_3)_2]^{2+} + NH_3 \rightleftharpoons [Cu(NH_3)_3]^{2+}$$

$$K_3^{\ominus} = \frac{c'_{[Cu(NH_3)_3]^{2+}}}{c'_{[Cu(NH_3)_2]^{2+}} c'_{NH_3}}$$

$$[Cu(NH_3)_3]^{2+} + NH_3 \rightleftharpoons [Cu(NH_3)_4]^{2+}$$

$$K_4^{\ominus} = \frac{c'_{[Cu(NH_3)_4]^{2+}}}{c'_{[Cu(NH_3)_3]^{2+}} c'_{NH_3}}$$

$K_1^{\ominus}$、$K_2^{\ominus}$、$K_3^{\ominus}$、$K_4^{\ominus}$ 分别称为第一、二、三、四级稳定常数。根据多重平衡规则,各级稳定常数的乘积就是 Cu^{2+} 与 NH_3 生成 $[Cu(NH_3)_4]^{2+}$ 配离子总反应的稳定常数,用 $K_{稳}^{\ominus}$ 表示。

$$K_{稳}^{\ominus} = K_1^{\ominus} \cdot K_2^{\ominus} \cdot K_3^{\ominus} \cdot K_4^{\ominus} = \frac{c'_{[Cu(NH_3)_4]^{2+}}}{c'_{Cu^{2+}} c'^{4}_{NH_3}}$$

配离子的 $K_{稳}^{\ominus}$,其大小表示配合物生成倾向的大小,同时也表明配合物稳定性的高低。$K_{稳}^{\ominus}$ 值越大,配离子越稳定,因此配离子的稳定常数是配离子的一种特征常数。不同的配合物,其稳定常数不同,一些常见配离子的稳定常数见附录二。

配离子的解离平衡常数($K_{不稳}^{\ominus}$)为:

$$[Cu(NH_3)_4]^{2+} \rightleftharpoons Cu^{2+} + 4NH_3$$

$$K_{不稳}^{\ominus} = \frac{c'_{Cu^{2+}} c'^{4}_{NH_3}}{c'_{[Cu(NH_3)_4]^{2+}}}$$

显然,$K_{稳}^{\ominus}$ 与 $K_{不稳}^{\ominus}$ 互为倒数关系: $K_{稳}^{\ominus} = \frac{1}{K_{不稳}^{\ominus}}$

对多配位体的配离子来说,随着配位体数目的增多,配位体之间的排斥作用加大,各级配离子的稳定性逐渐下降,其逐级稳定常数逐渐减小。所以,一般都存在 $K_1 > K_2 > K_3 > K_4 \cdots$ 的规律。但配离子的逐级稳定常数的数量级往往相差不大,说明各级配合成分都占有一定的比例，要计算配离子溶液中各级成分的浓度就很复杂。但在实际生产和化学工作中，一般总是加入过量的配位剂，在这种情况下可认为溶液中主要存在最高配位数的配离子，而其他成分的配离子浓度可忽略不计，从而使计算大大简化，而且配位剂过量时，配合物的稳定性最强。

2. 稳定常数的应用

(1)判断配合物的相对稳定性　稳定常数是配离子的特征常数，因此对配位数相同的配离子来说，可直接利用 $K^{\ominus}_{稳}$ 比较它们的稳定性，$K^{\ominus}_{稳}$ 值越大，配离子越稳定。例如 $[Ag(CN)_2]^-$ 和 $[Ag(NH_3)_2]^+$ 配离子的配位数相同，$[Ag(NH_3)_2]^+$ 的 $K^{\ominus}_{稳}$ 为 1.7×10^7，$[Ag(CN)_2]^-$ 的 $K^{\ominus}_{稳}$ 为 1.0×10^{21}，故 $[Ag(CN)_2]^-$ 比 $[Ag(NH_3)_2]^+$ 稳定。若在同时含有 NH_3 和 CN^- 的溶液中加入 Ag^+，则必定先形成稳定性大的 $[Ag(CN)_2]^-$，当 CN^- 与 Ag^+ 配位完全后，才可形成 $[Ag(NH_3)_2]^+$。同样，当两种配位体都能与同一种金属离子形成两种同型配合物，或两种金属离子都能与同一配位体形成两种同型配合物时，其配位次序总是稳定常数大的配合物先形成，而稳定常数小的后配位，这种现象称为“分步配位”。但只有当两者稳定常数 $K^{\ominus}_{稳}$ 值相差足够大(10^5倍)时，才能完全分步，否则就会交叉进行，即 $K^{\ominus}_{稳}$ 大的未配位完全时，$K^{\ominus}_{稳}$ 小的就开始发生配位反应。

(2)计算配离子溶液中有关离子的浓度

[例4-2]　计算在 0.1mol/L $[Ag(NH_3)_2]Cl$ 溶液中 Ag^+ 和 NH_3 的浓度($K^{\ominus}_{稳}=1.7\times10^7$)。

解：设 $c_{Ag^+}=x$mol/L

$$Ag^+ + 2NH_3 \rightleftharpoons [Ag(NH_3)_2]^+$$

$$x \qquad 2x \qquad\qquad 0.1-x$$

$$K^{\ominus}_{稳}=\frac{c'_{Ag[NH_3]_2^+}}{c'_{Ag^+}c'^2_{NH_3}}$$

因 $K^{\ominus}_{稳}$ 较大，所以 $0.1-x\approx0.1$

$$1.7\times10^7=\frac{0.1}{4x^3}$$

所以，$x=1.14\times10^{-3}$mol/L

答：$c_{Ag^+}=1.14\times10^{-3}$mol/L，$c_{NH_3}=2\times1.14\times10^{-3}mol/L=2.28\times10^{-3}$mol/L。

(二)影响配位平衡的因素

配位平衡与其他平衡一样，是建立在一定条件下的动态平衡。金属离子 M^{n+} 和配位体 L^- 在水溶液中存在如下配位和离解平衡：

$$M^{n+} + xL^- \rightleftharpoons ML_x^{\,n-x}$$

当向配位平衡体系中加入某种试剂，使与中心原子或配位体发生其他平衡(如酸碱平衡、沉淀溶解平衡、氧化还原平衡及其他配位平衡等)，从而改变了体系中的中心原子或配位体的浓度，则原配位平衡就发生移动。反之，配位平衡也能影响其他平衡。

1. 配位平衡与酸碱平衡

酸度对配位平衡的影响,可以分别从对中心原子的影响和对配位体的影响两方面来考虑。

许多配位体是弱酸根,如 F^-、SCN^-、CN^-、CO_3^{2-}、$C_2O_4^{2-}$ 等和 NH_3 以及有机酸根离子,它们能与外加酸生成弱酸而使配位平衡移动。

例如,在酸性介质中,F^- 能与 Fe^{3+} 生成 $[FeF_6]^{3-}$ 配离子。但当酸度过大($c_{H^+}>0.5mol/L$)时,由于 H^+ 与 F^- 结合生成了弱酸 HF,降低了溶液中 F^- 的浓度,使 $[FeF_6]^{3-}$ 配离子大部分解离成 Fe^{3+},配位平衡被破坏。反应如下:

$$Fe^{3+}+6F^- \rightleftharpoons [FeF_6]^{3-}$$
$$+$$
$$6H^+$$
$$\Updownarrow$$
$$6HF$$

上式表明,酸度增大会引起配位体浓度下降,导致配合物的稳定性降低。这种现象通常称为配位体的酸效应。

总反应为:

$$[FeF_6]^{3-}+6H^+ \rightleftharpoons Fe^{3+}+6HF$$

$$K^\ominus=\frac{c'_{Fe^{3+}}c'^6_{HF}}{c_{[FeF_6]^{3-}}c'^6_{H^+}}$$

将上式右端的分子、分母同乘以 C_F^{16},则:

$$K^\ominus=\frac{c'_{Fe^{3+}}c'^6_{HF}}{c_{[FeF_6]^{3-}}c'^6_{H^+}}\times\frac{c'^6_{F^-}}{c'^6_{F^-}}=\frac{1}{K_{稳}^\ominus(K_a^\ominus)^6}$$

已知 $K^\ominus_{稳,[FeF_6]^{3-}}=1\times10^{16}$,$K^\ominus_{a,HF}=6.6\times10^{-4}$,代入上式得:

$$K^\ominus=\frac{1}{1\times10^{16}\times(6.6\times10^{-4})^6}=1.21\times10^3$$

计算表明,上述反应的 $K^\ominus$ 较大,平衡向右移动的趋势较大。

由此可推知,在配离子溶液中加入酸,如果 $K^\ominus_{稳}$ 和 $K^\ominus_a$ 越小,配离子就越容易被酸分解。

若在上述 $[FeF_6]^{3-}$ 溶液加入强碱时,中心离子 Fe^{3+} 可与 OH^- 生成弱碱 $Fe(OH)_3$ 沉淀,从而降低了 Fe^{3+} 的浓度,使配位平衡向离解的方向移动,同样可促进 $[FeF_6]^{3-}$ 离解。即:

$$Fe^{3+}+6F^- \rightleftharpoons [FeF_6]^{3-}$$
$$+$$
$$3OH^-$$
$$\Updownarrow$$
$$Fe(OH)_3$$

总反应：$[FeF_6]^{3-}+3OH^- \rightleftharpoons Fe(OH)_3+6F^-$

$$K^{\ominus}=\frac{c'_{Fe(OH)_3}c'^{6}_{F^-}}{c'_{FeF_6^{3-}}c'^{3}_{OH^-}}=\frac{1}{K^{\ominus}_{sp}K^{\ominus}_{稳}}$$

可见，$K^{\ominus}_{sp}$ 越小，$K^{\ominus}_{稳}$越小，则 $K^{\ominus}$ 值越大，配离子越容易离解。

由此可见，改变溶液的酸度既能改变配位体的浓度，又能改变中心离子的浓度，从而导致配位平衡的移动，影响配合物的稳定性。因此要使配合物得以稳定存在必须控制溶液的酸度。

2. 配位平衡与沉淀平衡

沉淀反应与配位平衡的关系，可看成是沉淀剂和配位剂共同争夺中心离子的过程。配合物的 $K^{\ominus}_{稳}$越大，沉淀的 $K^{\ominus}_{sp}$ 越大，则沉淀越容易被溶解生成配离子；反之，$K^{\ominus}_{稳}$与 $K^{\ominus}_{sp}$ 越小，则配离子越易离解而生成沉淀。

例如，用浓氨水可将氯化银溶解。这是由于沉淀物中的金属离子与所加的配位剂形成了稳定的配合物，导致沉淀的溶解，其过程为：

$$\begin{array}{l} AgCl_{(s)} \rightleftharpoons Ag^+ + Cl^- \\ \qquad\qquad\quad + \\ \qquad\qquad\ 2NH_3 \\ \qquad\qquad\quad \Updownarrow \\ \qquad\quad [Ag(NH_3)_2]^+ \end{array}$$

总反应为：$AgCl_{(s)}+2NH_3 \rightleftharpoons [Ag(NH_3)_2]^+ + Cl^-$

该反应的平衡常数为：

$$K^{\ominus}=\frac{c'_{Ag(NH_3)_2^+}c'_{Cl^-}}{c'^{2}_{NH_3}}=\frac{c'_{Ag(NH_3)_2^+}c'_{Cl^-}}{c'^{2}_{NH_3}}\times\frac{c'_{Ag^+}}{c'_{Ag^+}}=K^{\ominus}_{稳,[Ag(NH_3)_2]^+}K^{\ominus}_{sp,AgCl}$$

由上式可推知，在含有沉淀的溶液中加入配位剂，$K^{\ominus}_{稳}$与 $K^{\ominus}_{sp}$ 越大，沉淀越易溶解。

同样，在配合物溶液中加入某种沉淀剂，它可与该配合物中的中心离子生成难溶化合物，该沉淀剂或多或少地导致配离子的破坏。例如，在 $[Cu(NH_3)_4]^{2+}$ 溶液中加入 Na_2S 溶液，就有 CuS 沉淀生成，配离子被破坏，其过程可表示为：

$$\begin{array}{l} [Cu(NH_3)_4]^{2+} \rightleftharpoons Cu^{2+} \quad + 4NH_3 \\ \qquad\qquad\qquad\quad + \\ \qquad\qquad\qquad\ S^{2-} \\ \qquad\qquad\qquad\quad \Updownarrow \\ \qquad\qquad\qquad CuS\downarrow \end{array}$$

总反应为：$[Cu(NH_3)_4]^{2+}+S^{2-} \rightleftharpoons CuS\downarrow + 4NH_3$

$$K^{\ominus}=\frac{c'^{4}_{NH_3}}{c'_{[Cu(NH_3)_4]^{2+}}c'_{S^{2-}}}=\frac{c'^{4}_{NH_3}}{c'_{[Cu(NH_3)_4]^{2+}}c'_{S^{2-}}}\times\frac{c'_{Cu^{2+}}}{c'_{Cu^{2+}}}$$

$$=\frac{1}{K^{\ominus}_{稳,[Cu(NH_3)_4]^{2+}}K^{\ominus}_{sp,CuS}}$$

已知 $K^{\ominus}_{稳,[Cu(NH_3)_4]^{2+}} = 4.8 \times 10^{12}$，$K^{\ominus}_{sp,CuS} = 8.5 \times 10^{-45}$，代入上式得：

$$K^{\ominus} = \frac{1}{4.8 \times 10^{12} \times 8.5 \times 10^{-45}} = 2.45 \times 10^{31}$$

计算结果表明，上述反应的 $K^{\ominus}$ 值相当大，故反应向右进行的趋势很大。

由上述两个平衡常数表达式可以看出，沉淀能否被溶解或配合物能否被破坏，主要取决于沉淀物的 $K^{\ominus}_{sp}$ 和配合物 $K^{\ominus}_{稳}$ 的值。而能否实现还取决于所加的配位剂和沉淀剂的用量。

[例 4-3] 计算完全溶解 0.01mol 的 AgCl 和完全溶解 0.01mol 的 AgBr，至少需要 1L 多大浓度的氨水？已知 AgCl 的 $K^{\ominus}_{sp} = 1.8 \times 10^{-10}$，AgBr 的 $K^{\ominus}_{sp} = 5.0 \times 10^{-13}$，$[Ag(NH_3)_2]^+$ 的 $K^{\ominus}_{稳} = 1.12 \times 10^{7}$。

解：假定 AgCl 溶解全部转化为 $[Ag(NH_3)_2]^+$，则氨一定是过量的。因此可忽略 $[Ag(NH_3)_2]^+$ 的离解产生的 NH_3，所以平衡时 $[Ag(NH_3)_2]^+$ 的浓度为 0.01mol/L，Cl^- 的浓度为 0.01mol/L，反应为：

$$AgCl + 2NH_3 \rightleftharpoons [Ag(NH_3)_2]^+ + Cl^-$$

$$K^{\ominus} = \frac{c'_{[Ag(NH_3)_2]^+} c'_{Cl^-}}{c'^2_{NH_3}} = \frac{c'_{[Ag(NH_3)_2]^+} c'_{Cl^-}}{c'^2_{NH_3}} \times \frac{c'_{Ag^+}}{c'_{Ag^+}}$$

$$= K^{\ominus}_{稳,[Ag(NH_3)_2]^+} \times K^{\ominus}_{sp,AgCl} = 1.12 \times 10^{7} \times 1.8 \times 10^{-10}$$

$$= 2.02 \times 10^{-3}$$

$$c'_{NH_3} = \sqrt{\frac{c'_{[Ag(NH_3)_2]^+} c'_{Cl^-}}{2.02 \times 10^{-3}}} = \sqrt{\frac{0.01 \times 0.01}{2.02 \times 10^{-3}}} = 0.22(\text{mol/L})$$

在溶解的过程中与 AgCl 反应需要消耗氨水的浓度为 2×0.01=0.02mol/L，所以氨水的最初浓度为：

$$0.22 + 0.02 = 0.24\text{mol/L}$$

同理，完全溶解 0.01mol 的 AgBr，反应为：

$$AgBr + 2NH_3 \rightleftharpoons [Ag(NH_3)_2]^+ + Br^-$$

$$K^{\ominus} = \frac{c'_{[Ag(NH_3)_2]^+} c'_{Br^-}}{c'^{\ominus}_{NH_3}} = \frac{c'_{[Ag(NH_3)_2]} c'_{Br}}{c'^{\ominus}_{NH_3}} \times \frac{c'_{Ag^+}}{c'_{Ag^+}}$$

$$= K^{\ominus}_{稳[Ag(NH_3)_2]^+} \times K^{\ominus}_{sp,AgBr} = 1.12 \times 10^{7} \times 5.0 \times 10^{-11}$$

$$= 5.60 \times 10^{-6}$$

$$c'_{NH_3} = \sqrt{\frac{c_{[Ag(NH_3)_2]^+} c_{Br^-}}{5.60 \times 10^{-6}}} = \sqrt{\frac{0.01 \times 0.01}{5.6 \times 10^{-6}}} = 4.23\ (\text{mol/L})$$

所以溶解 0.01mol 的 AgBr 需要的氨水的浓度是 4.23+0.02=4.25mol/L

从例 4-3 可以看出，同样是 0.01mol 的固体，由于两者的 $K^{\ominus}_{sp}$ 相差较大，导致溶解需要的氨水浓度有很大的差别。

3. 配位平衡与氧化还原平衡

配位平衡对氧化还原反应的影响主要是因为在氧化还原电对中，加入一定的配位剂后，由于氧化型离子或还原型离子与配位剂发生反应生成相应的配离子，从而减小了相应离子的浓度，使电对的电极电势发生变化，从而改变了该离子的氧化还原能力。

例如，Fe^{3+}能将I^-氧化成棕褐色的I_2，反应为：

$$2Fe^{3+} + 2I^- \rightleftharpoons 2Fe^{2+} + I_2$$

如果向该反应的溶液中加入F^-，则F^-立即与溶液中Fe^{3+}生成稳定的$[FeF_3]$配合物，降低了溶液中Fe^{3+}的浓度，因而减弱了Fe^{3+}的氧化能力，而增强了Fe^{2+}的还原能力，使上述氧化还原平衡向左移动，棕褐色的I_2又被还原成I^-。

$$\begin{array}{l} 2Fe^{3+} + 2I^- \rightleftharpoons 2Fe^{2+} + I_2 \\ \quad + \\ \quad 6F^- \\ \quad \Updownarrow \\ 2[FeF_3] \end{array}$$

总反应为：$2Fe^{2+} + I_2 + 6F \rightleftharpoons 2[FeF_3] + 2I^-$

与此相反，氧化还原反应也可改变配位平衡，影响配离子的稳定性。例如，KSCN 溶液中SCN^-可与Fe^{3+}反应生成血红色的硫氰合铁(Ⅲ)配离子。

$$Fe^{3+} + xSCN^- \rightleftharpoons [Fe(SCN)_x]^{(3-x)} \qquad x = 1, 2, \cdots, 6$$

如果向上述反应溶液中滴加$SnCl_2$溶液时，Sn^{2+}立即将Fe^{3+}还原成Fe^{2+}，发生如下反应：

$$2Fe^{3+} + Sn^{2+} \rightleftharpoons 2Fe^{2+} + Sn^{4+}$$

由于Sn^{2+}的加入，溶液中Fe^{3+}减少，使上述配位平衡向离解方向移动。

$$\begin{array}{l} 2Fe^{3+} + 6SCN^- \rightleftharpoons 2[Fe(SCN)_3] \\ \quad + \\ \quad Sn^{2+} \\ \quad \Updownarrow \\ 2Fe^{2+} + Sn^{4+} \end{array}$$

总反应为：$2[Fe(SCN)_3] + Sn^{2+} \rightleftharpoons 2Fe^{2+} + 6SCN^- + Sn^{4+}$

随着Sn^{2+}的加入，溶液中Fe^{3+}不断减少，配离子逐渐被破坏，溶液的红色退去。

4. 配合物的相互转化和平衡

当溶液中存在两种能与同一金属离子配位的配位体，或者存在两种能与同一配位体配位的金属离子时，就会发生相互间的争夺及平衡。这种争夺及平衡转化主要取决于配离子稳定性的大小，一般平衡总是倾向于向着生成配离子稳定常数大的方向转化，而两种配离子的稳定常数相差越大，转化越完全。

例如，在含$[Ag(NH_3)_2]^+$的溶液中加入足量固体 KCN，$[Ag(NH_3)_2]^+$就会转化为$[Ag(CN)_2]^-$，因为$K^{\ominus}_{稳,[Ag(NH_3)_2]^+} = 1.7 \times 10^7$，$K^{\ominus}_{稳,[Ag(CN)_2]^-} = 1.3 \times 10^{21}$，反应向着生成稳定常数更大的$[Ag(CN)_2]^-$方向进行。反应如下：

$$[Ag(NH_3)_2]^+ + 2CN^- \rightleftharpoons [Ag(CN)_2]^- + 2NH_3$$

思考题

1. 稳定常数的意义有哪些？

2. 影响配位平衡的因素主要有哪些？

项目二

配位滴定技术

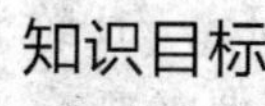

知识目标

1. 掌握 EDTA 的特点及 EDTA 的酸效应曲线。

2. 了解金属指示剂的作用原理及应用，掌握金属指示剂应具备的条件，会合理选择金属指示剂。

3. 掌握配位滴定对化学反应的要求；能利用配位平衡进行稳定常数的相关计算，并能够判断配合物之间的相互转化。

技能目标

1. 熟练配制和标定 EDTA 标准溶液。

2. 熟练应用 EDTA 法测定水的硬度，并能准确进行实验数据的记录和数据的处理；能应用配位滴定法的相关知识来解决实际问题。

配位滴定法是以形成稳定配合物的配位反应为基础，以配位剂或金属离子标准溶液进行滴定的分析方法，用来测定多种金属离子或间接测定其他离子。在滴定过程中通常需要选用适当的指示剂来指示滴定终点。

能形成配合物的反应很多，但能用于配位滴定的反应必须符合以下要求。

①生成的配合物必须足够稳定，以保证反应完全，一般应满足 $K^{\ominus}_{稳} \geqslant 10^8$。

②生成的配合物要有明确组成，即在一定条件下只形成一种配位数的配合物，这是定量分析的基础。

③配位反应速率要快。

④能选用比较简便的方法确定滴定终点。

一、配位滴定的标准溶液

在配位滴定中，被滴定的一般是金属离子。氨羧配位体可与金属离子形成很稳定的而且组成一定的配合物。利用氨羧配位体进行定量分析的方法又称为氨羧配位滴定,可以直接或间接测定许多种元素。

氨羧配位体是一类含有以氨基二乙酸基团[—N(CH_2COOH_2)]为基体的有机配位体,它含有配位能力很强的氨氮和羧氧两种配位原子,它们能与多数金属离子形成稳定的可溶性配合物。氨羧配位体的种类很多,比较重要的有:乙二胺四乙酸(EDTA);环己烷二胺四乙酸(CDTA 或 DCTA);乙二醇二乙醚二胺四乙酸(EGTA);乙二胺四丙酸(EDTP)。在这些氨羧配位剂中,乙二胺四乙酸(EDTA)最为常用。

(一)EDTA 及其配合物

1. EDTA 的性质

EDTA 是一种四元酸,无色结晶性固体,习惯上用缩写符号"H_4Y"表示。由于 EDTA 在水中的溶解度较小(22℃时,100mL 水能溶解 0.22g),故通常把它制成二钠盐,一般也称 EDTA,用 $Na_2H_2Y \cdot 2H_2O$ 表示。EDTA 二钠盐的溶解度较大(22℃时,100mL 水能溶解 11.1g),其饱和溶液的浓度可达 0.3mol/L,pH 约为 4.4。在水溶液中,EDTA 两个羧基上的 H^+ 转移到 N 原子上,形成双偶极离子,其结构为:

$$\begin{array}{ccccc} {}^{-}OOCH_2C & & & & CH_2COOH \\ & \diagdown & & \diagup & \\ & \overset{H}{N^+}—CH_2—CH_2— & & \overset{H}{N^+} & \\ & \diagup & & \diagdown & \\ HOOCH_2C & & & & CH_2COO^- \end{array}$$

2. EDTA 的离解平衡

H_4Y 是四元弱酸,当溶液酸度很高时,它的两个羧基还可接受 H^+,形成 H_6Y^{2+},这样,EDTA 就相当于六元酸,所以,EDTA 的水溶液中存在六级离解平衡:

$$H_6Y^{2+} \rightleftharpoons H^+ + H_5Y^+ \qquad K_{a_1}^{\ominus} = \frac{c_{H^+}c_{H_5Y^+}}{c_{H_6Y^{2+}}} = 10^{-0.9}$$

$$H_5Y^+ \rightleftharpoons H^+ + H_4Y \qquad K_{a_2}^{\ominus} = \frac{c'_{H^+}c'_{H_4Y}}{c'_{H_5Y^+}} = 10^{-1.6}$$

$$H_4Y \rightleftharpoons H^+ + H_3Y^- \qquad K_{a_3}^{\ominus} = \frac{c'_{H^+}c'_{H_3Y^-}}{c'_{H_4Y}} = 10^{-2.0}$$

$$H_3Y^- \rightleftharpoons H^+ + H_2Y^{2-} \qquad K_{a_4}^{\ominus} = \frac{c'_{H^+}c'_{H_2Y^{2-}}}{c'_{H_3Y^-}} = 10^{-2.67}$$

$$H_2Y^{2-} \rightleftharpoons H^+ + HY^{3-} \qquad K_{a_5}^{\ominus} = \frac{c'_{H^+}c'_{H_2Y^{3-}}}{c'_{H_2Y^{2-}}} = 10^{-6.16}$$

$$HY^{3-} \rightleftharpoons H^+ + Y^{4-} \qquad K_{a_6}^{\ominus} = \frac{c'_{H^+}c'_{Y^{4-}}}{c'_{HY^{3-}}} = 10^{-10.26}$$

由此可见,EDTA 在水溶液中存在着 H_6Y^{2+}、H_5Y^+、H_4Y、H_3Y^-、H_2Y^{2-}、HY^{3-} 和 Y^{4-} 七种型体,各种型体的浓度随溶液 pH 的变化而变化。它们的分布系数与溶液 pH 的关系如图 4-7 所示。

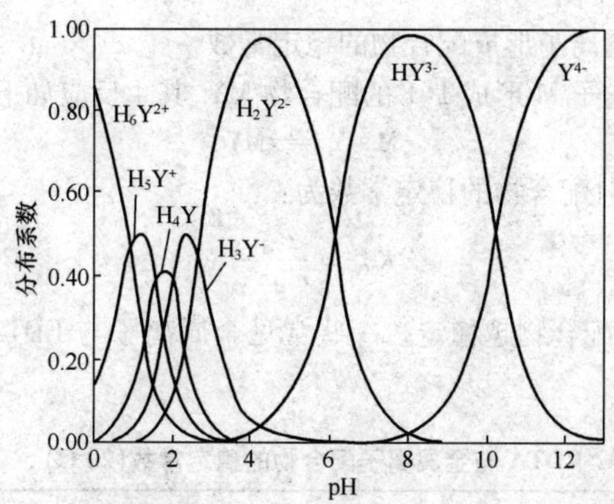

图 4－7 EDTA 各种型体在不同 pH 时的分布曲线

由图 4－7 可见，在不同 pH 时 EDTA 的主要存在型体不同。在七种型体中，只有 Y^{4-} 能与金属离子直接配位。溶液的酸度越低，EDTA 存在型体越多，当溶液 pH 很大（pH≥12）时，EDTA 几乎完全以 Y^{4-} 形式存在。因此溶液的酸度越低，EDTA 的配位能力越强。

3. EDTA 与金属离子形成配合物的特点

EDTA 分子中 Y^{4-} 的结构具有两个氨基和四个羧基，其氨氮原子和羧氧原子都有孤对电子，能与金属形成配位键，可作为六基配位体与绝大多数金属离子形成稳定的配合物，其特点如下。

（1）稳定性高 EDTA 与金属离子形成的具有五个五元环的螯合物很稳定，稳定常数都较大。

（2）计量关系简单 与大多数金属离子形成螯合物时，金属离子与 EDTA 以 1∶1配位；只有极少数高价金属离子（如锆、钼等）与 EDTA 形成 2∶1 型配合物。

（3）生成的配合物易溶于水且反应迅速 大多数金属离子与 EDTA 形成配合物的反应瞬间即可完成，只有极少数金属离子（如 Cr^{3+}、Fe^{3+}、Al^{3+}）室温下反应较慢，可加热促进反应迅速进行。

（4）配合物的颜色 EDTA 与无色金属离子形成的配合物也是无色的，而与有色金属离子形成颜色更深的配合物。因此滴定有色金属离子时，试液浓度不能太大，以免用指示剂确定终点时产生困难。

（5）配位能力随 pH 增大而增强 这是由于 EDTA 离解产生的 Y^{4-}，其浓度随溶液的 pH 增大而增大的缘故。

上述特点说明 EDTA 与金属离子的配位反应符合滴定分析的要求，因此，EDTA是一种较好的配位滴定剂。但也有不足之处，比如方法的选择性较差，有时生成的配合物颜色太深时，使目测终点困难等。

(二) EDTA 的配位平衡

1. EDTA 与金属离子形成配合物的稳定常数

EDTA 与金属离子 M 形成 1:1 的配合物 MY，其主反应如下：

$$M + Y \rightleftharpoons MY$$

反应达到平衡时配合物的稳定常数为：

$$K_{MY}^{\ominus} = \frac{c'_{MY}}{c'_{M}c'_{Y}}$$

$K_{MY}^{\ominus}$ 越大，表示配合物越稳定。一些常见金属离子与 EDTA 的配合物的稳定常数见表 4-8。

表 4-8　　EDTA 与金属离子配合物的稳定常数(20℃)

金属离子	$\lg K_{MY}^{\ominus}$	金属离子	$\lg K_{MY}^{\ominus}$	金属离子	$\lg K_{MY}^{\ominus}$	金属离子	$\lg K_{MY}^{\ominus}$	金属离子	$\lg K_{MY}^{\ominus}$
0.0	23.64	2.4	12.19	4.8	6.84	7.0	3.32	9.4	0.92
0.4	21.32	2.8	11.09	5.0	6.45	7.4	2.88	9.8	0.59
0.8	19.08	3.0	10.60	5.4	5.69	7.8	2.47	10.0	0.45
1.0	18.01	3.4	9.70	5.8	4.98	8.0	2.27	10.5	0.20
1.4	16.02	3.8	8.85	6.0	4.65	8.4	1.87	11.0	0.07
1.8	14.27	4.0	8.44	6.4	4.06	8.8	1.48	12.0	0.01
2.0	13.51	4.4	7.64	6.8	3.55	9.0	1.28	13.0	0.00

2. 影响配位平衡的主要因素

在测定金属离子的反应中，以 EDTA 作为滴定剂，由于大多数金属离子与其生成的配合物具有较大的稳定常数，因此反应可以定量完成。但在实际反应中，不同的滴定条件下，除了被测金属离子与 EDTA 的主反应外，还存在许多副反应，使形成的配合物不稳定，它们之间的平衡关系可用下式表示：

主反应　$M + Y \rightleftharpoons MY$

M：OH^- → M(OH) ⇌ $M(OH)_n$；L → ML ⇌ ML_n

Y：H^+ → HY ⇌ H_6Y；N → NY

MY：H^+ → MHY；OH^- → MOHY

副反应　M(OH)　ML　HY　NY　MHY　MOHY

在一般情况下，如果体系中没有干扰离子，且没有其他配位剂，则影响主反应的因素主要是 EDTA 的酸效应及金属离子的水解；若存在其他配位剂，则除了考虑金属离子的水解，还应考虑金属离子的辅助配位效应。下面主要讨论对配位平衡影响较大的 EDTA 的酸效应和金属离子 M 的配位效应。

(1)EDTA 的酸效应及酸效应系数　在 EDTA 的多种形态中，只有 Y^{4-} 可以与金属离子进行配位。由 EDTA 各种型体的分布系数与溶液 pH 的关系图可知，随着酸度的增加，Y^{4-} 的分布系数减小。这种由于 H^+ 的存在使 EDTA 参加主反应的能力下降的现象称为酸效应。

酸效应的大小用酸效应系数 $\alpha_{Y(H)}$ 来衡量，它是指未参加配位反应的 EDTA 各种存在型体的总浓度 $c(Y')$ 与能直接参与主反应的 Y^{4-} 的平衡浓度 $c(Y^{4-})$ 之比，即酸效应系数只与溶液的酸度有关。

$$\alpha_{Y(H)} = \frac{c_{Y'}}{c_{Y^{4-}}} = \frac{c_{Y^{4-}} + c_{HY^{3-}} + c_{H_2Y^{2-}} + \cdots + c_{H_6Y^{2+}}}{c_{Y^{4-}}}$$

$$= 1 + \frac{c_{HY^{3-}}}{c_{Y^{4-}}} + \frac{c_{H_2Y^{2-}}}{c_{Y^{4-}}} + \cdots + \frac{c_{H_6Y^{2+}}}{c_{Y^{4-}}}$$

$$= 1 + \frac{c_{H^+}}{K_{a_6}^{\ominus}} + \frac{c_{H^+}^2}{K_{a_6}^{\ominus}K_{a_5}} + \cdots + \frac{c_{H^+}}{K_{a_6}^{\ominus}K_{a_5}^{\ominus}\cdots K_{a_1}^{\ominus}}$$

溶液的酸度越高，$\alpha_{Y(H)}$ 就越大，表明参加配位反应的 Y^{4-} 的浓度越小，酸效应越严重。只有当 $\alpha_{Y(H)}=1$ 时，说明 Y 没有发生副反应。因此，酸效应系数是判断 EDTA 能否滴定某金属离子的重要参数。不同 pH 时 EDTA 的 $\lg\alpha_{Y(H)}$ 见表4－9。

表 4－9　　不同 pH 时 EDTA 的 $\lg\alpha_{Y(H)}$

pH	$\lg\alpha_{Y(H)}$	pH	$\lg\alpha_{Y(H)}$	pH	$\lg\alpha_{Y(H)}$	pH	$\lg\alpha_{Y(H)}$
0.0	23.64	3.8	8.85	7.4	2.88	11.0	0.07
0.4	21.32	4.0	8.44	7.8	2.47	11.5	0.02
0.8	19.08	4.4	7.64	8.0	2.27	11.6	0.02
1.0	18.01	4.8	6.84	8.4	1.87	11.7	0.02
1.4	16.02	5.0	6.45	8.8	1.48	11.8	0.01
1.8	14.27	5.4	5.69	9.0	1.28	11.9	0.01
2.0	13.51	5.8	4.98	9.4	0.92	12.0	0.01
2.4	12.19	6.0	4.65	9.8	0.59	12.1	0.01
2.8	11.09	6.4	4.06	10.0	0.45	12.2	0.005
3.0	10.60	6.8	3.55	10.4	0.24	13.0	0.0008
3.4	9.70	7.0	3.32	10.8	0.11	13.9	0.0001

(2)金属离子的配位效应及配位效应系数　当 EDTA 与金属离子 M 配位时，溶液中如果有其他能与金属离子反应的配位剂 L(辅助配位体、缓冲溶液中的配位体或掩蔽剂等)存在，则由于其他配位剂 L 与金属离子 M 的配位反应，会使金属离子 M 参加主反应的能力降低，这种现象称为金属离子的配位效应。其影响程度的大小用配位效应系数来衡量。配位效应系数为金属离子的总浓度 $c_{M'}$ 与游离金属

离子浓度 c_M之比,用符号 $\alpha_{M(L)}$来表示,即:

$$\begin{aligned}\alpha_{M(L)} &= \frac{c_{M'}}{c_M} \\ &= \frac{c_M + c_{ML_1} + c_{ML_2} + \cdots + c_{ML_n}}{c_M} \\ &= 1 + \frac{c_{ML_1}}{c_M} + \frac{c_{ML_2}}{c_M} + \cdots + \frac{c_{ML_n}}{c_M} \\ &= 1 + c_L K_1 + c_L^2 K_2 + \cdots + c_L^n K_n\end{aligned}$$

式中,$K_1, K_2, \cdots, K_n$ 表示配合物 ML_n 的各级稳定常数。由上式可见,当 $\alpha_{M(L)}=1$时,$c_{M'}=c_M$,表示金属离子没有发生副反应;$\alpha_{M(L)}$值越大,表示金属离子 M 的副反应配位效应越严重。

3.条件稳定常数

当没有任何副反应存在时,配合物 MY 的稳定常数用 $K^{\ominus}_{MY}$来表示,它不受溶液浓度、酸度等外界条件影响,所有又称绝对稳定常数。它只有在 EDTA 全部解离成 Y,而且金属离子 M 的浓度未受其他条件影响时才适用。但当 M 和 Y 的配位反应在一定酸度下进行,且有其他金属离子共存以及 EDTA 以外的其他配位体存在时,可能会有副反应发生,从而影响主反应的进行,此时稳定常数 $K^{\ominus}_{MY}$就不能客观地反映主反应进行的程度,为此引入条件稳定常数。

条件稳定常数又称表观稳定常数,它是将各种副反应如酸效应、配位效应、共存离子效应、羟基化效应(水解效应)等因素都考虑进去以后配合物 MY 的实际稳定常数,用 $K^{\ominus'}_{MY}$或 $K^{\ominus'}_{稳}$表示。若溶液中没有干扰离子(共存离子效应),溶液酸度又高于金属离子 M 的羟基化酸度时,则只考虑 EDTA 的酸效应和金属离子的配位效应来讨论条件稳定常数。

当溶液具有一定酸度和有其他配位剂存在时,由 H^+引起的酸效应使 c_r 降低;由配位剂 L 引起的配位效应使 c_M 降低,则反应达到平衡时,其配合物 MY 的实际稳定常数,应该采用溶液中未形成 MY 配合物的 EDTA 的总浓度 $c_{Y'}$ 代替 c_Y,未与滴定剂配位的金属离子 M 的各种存在型体的总浓度 $c_{M'}$ 来代替 c_M,这样配合物的稳定性可表示为:

$$K^{\ominus'}_{MY} = \frac{c_{MY}}{c_{M'}c_{Y'}} = \frac{c_{MY}}{\alpha_{M(L)}c_M\alpha_{Y(H)}c_Y} = \frac{K^{\ominus}_{MY}}{\alpha_{M(L)}\alpha_{Y(H)}}$$

即

$$\lg K^{\ominus'}_{MY} = \lg K^{\ominus}_{MY} - \lg\alpha_{M(L)} - \lg\alpha_{Y(H)}$$

上式是处理配位平衡的重要公式。

由于 EDTA 是一个多元酸,所以 EDTA 的酸效应总是存在而不能忽略。当溶液中没有其他配位剂存在或其他配位剂 L 不与待测金属离子 M 反应,只有酸效应的影响时,则:

$$K^{\ominus'}_{MY} = \frac{c_{MY}}{c_M c_{Y'}} = \frac{K^{\ominus}_{MY}}{\alpha_{Y(H)}}$$

或 $$\lg K_{MY}^{\ominus\prime} = \lg K_{MY}^{\ominus} - \lg\alpha_{Y(H)}$$

式中，$K_{MY}^{\ominus\prime}$ 是考虑了酸效应后的 EDTA 与金属离子 M 形成的配合物 MY 的稳定常数，即在一定酸度条件下用 EDTA 溶液总浓度表示的稳定常数，它表明对同一配合物来说，其条件稳定常数 $K_{MY}^{\ominus\prime}$ 随溶液 pH 的不同而改变，其大小反应了在相应 pH 条件时形成配合物的实际稳定程度，也是判断滴定可能性的重要依据。

［例 4－4］　只考虑酸效应，计算在 pH＝1.0 和 pH＝5.0 时，PbY 的条件稳定常数。

解：已知 $\lg K_{MY}^{\ominus} = 18.04$

查表 4－9 可知，pH＝1.0 时，$\lg\alpha_{Y(H)} = 18.01$，

所以 $\lg K_{PbY}^{\ominus\prime} = \lg K_{PbY}^{\ominus} - \lg\alpha_{Y(H)} = 18.04 - 18.01 = 0.03$；

pH＝5.0 时，$\lg\alpha_{Y(H)} = 6.45$，

所以 $\lg K_{PbY}^{\ominus\prime} = \lg K_{PbY}^{\ominus} - \lg\alpha_{Y(H)} = 18.01 - 6.45 = 11.59$。

由计算可知，在 pH＝1.0 时，$\lg K_{PbY}^{\ominus\prime} = 0.03$，说明生成的 PbY 很不稳定，因此，不能用 EDTA 准确滴定 Pb^{2+}；在 pH＝5.0 时，$\lg K_{PbY}^{\ominus\prime} = 11.59$，说明此时生成的 PbY 很稳定，能用 EDTA 准确滴定 Pb^{2+}。

由例 4－4 可以看出，应用条件稳定常数 $K_{MY}^{\ominus\prime}$ 比稳定常数 $K_{MY}^{\ominus}$ 能更准确地判断金属离子与 EDTA 的实际配位情况。因此，在选择配位滴定的 pH 条件时 $K_{MY}^{\ominus\prime}$ 有着重要的意义。由表 4－9 可以看出，pH 越大，$\lg\alpha_{Y(H)}$ 越小，则 $\lg K_{MY}^{\ominus\prime}$ 越大，对滴定越有利。但溶液的 pH 不能无限增大，否则某些金属离子会水解生成氢氧化物沉淀，就难以用 EDTA 直接滴定，因此，需降低溶液的 pH。pH 降低（即酸度升高），$\lg K_{MY}^{\ominus\prime}$ 就减小，对稳定性高的配合物，溶液的 pH 稍低一些，仍可滴定；而对稳定性差的配合物，若溶液的 pH 低至一定程度，其配合物就不再稳定，此时就不能准确滴定。

例如，$\lg K_{FeY}^{\ominus} = 25.1$，pH＝2 时，$\lg K_{FeY}^{\ominus\prime} = 25.1 - 13.51 = 11.59$，由计算可知 pH＝2 时 FeY 很稳定，所以能够滴定 Fe^{3+}；但对于 Mg^{2+}，其 $\lg K_{MgY}^{\ominus} = 8.69$，在 pH＝2时 $\lg K_{MgY}^{\ominus\prime} = 8.69 - 13.51$ 为负值，说明在此条件下 Mg^{2+} 与 EDTA 不能形成配合物。实验表明，即使在 pH＝5～6 时，MgY 也几乎全部解离，只有在 pH 不低于 9.7 的碱性溶液中，滴定才可顺利进行。可见，对不同的金属离子，滴定时都有各自所允许的最低 pH（即最高酸度）。

4. 滴定所允许的最低 pH 和酸效应曲线

要确定各种金属离子 M 滴定时允许的最低 pH，若只考虑酸效应，仍需从 $K_{MY}^{\ominus\prime} = \dfrac{c_{MY}}{c_M c_{Y'}} = \dfrac{K_{MY}^{\ominus}}{\alpha_{Y(H)}}$ 来考虑。现假设 M 和 EDTA 的初始浓度均为 c，滴定到达化学计量点时，形成配合物 MY，为了简便起见，滴定过程中溶液体积的改变不予考虑，则 $c_{MY} \approx c$，若允许误差为 0.1%，则在化学计量点时，游离金属离子的浓度和游离 EDTA 的总浓度都应小于或等于 $c \times 0.1\%$，将此关系代入上式得：

$$K_{MY}^{\ominus'} \geqslant \frac{c_{MY}}{c_M c_{Y'}} = \frac{c}{(c \times 0.1\%)^2} = \frac{1}{c \times 10^{-6}}$$

由此得出准确滴定单一金属离子的条件：

$$c_M K_{MY}^{\ominus'} \geqslant 10^6 \text{ 或 } \lg(c_M K_{MY}^{\ominus'}) \geqslant 6$$

其中 c_M 为金属离子的浓度。当 $c = 10^{-2}$mol/L 时，则有：

$$\lg K_{MY}^{\ominus'} \geqslant 8$$

这说明，当用 EDTA 标准溶液滴定与其浓度相同的金属离子溶液时，如能满足 $\lg K_{MY}^{\ominus'} \geqslant 8$（$c = 10^{-2}$mol/L），则一般可获得准确结果，误差不大于 0.1%。

如果不考虑其他配位剂所引起的副反应，则 $\lg K_{MY}^{\ominus'}$ 值的大小主要取决于溶液的酸度，当酸度高于某一限度时，则不能准确滴定。这一限度就是滴定该金属离子所允许的最低 pH。

滴定金属离子 M 所允许的最低 pH，与待测金属离子的浓度有关。在配位滴定中，待测金属离子的浓度一般为 10^{-2}mol/L 左右，这时 $\lg K_{MY}^{\ominus'} \geqslant 8$，金属离子可被准确滴定。由 $\lg K_{MY}^{\ominus'} = \lg K_{MY}^{\ominus} - \lg\alpha_{Y(H)}$ 和 $\lg K_{MY}^{\ominus'} \geqslant 8$ 得出：

$$\lg\alpha_{Y(H)} \leqslant \lg K_{MY}^{\ominus} - 8$$

按上式计算可得 $\lg\alpha_{Y(H)}$，它所对应的 pH 就是滴定该金属离子 M 所允许的最低 pH。

若将各种金属离子的 $\lg K_{MY}^{\ominus}$ 代入上式，即可求出相应的最大 $\lg\alpha_{Y(H)}$，查表可得滴定该金属离子 M 所允许的最低 pH。若将各金属离子的稳定常数 $\lg K_{MY}^{\ominus}$ 值与滴定允许的最低 pH 绘成 pH - $\lg K_{MY}^{\ominus}$ 曲线，称为 EDTA 的酸效应曲线，如图 4-8 所示。

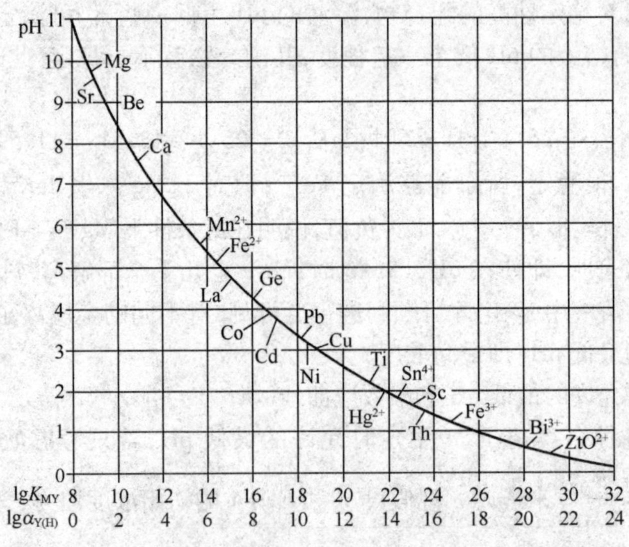

图 4-8 EDTA 的酸效应曲线

（金属离子浓度为 10^{-2}mol/L，允许相对误差为 ±0.1%）

酸效应曲线可以用来确定滴定所允许的最低 pH 条件、用来判断干扰情况以及控制酸度进行连续滴定，同时还兼作 pH - $\lg\alpha_{Y(H)}$ 表用。

（1）确定滴定时所允许的最低 pH 条件　从图 4 - 8 可以找出滴定各金属离子时所允许的最低 pH。如果小于该 pH，就不能配位或配位不完全。例如，滴定 Fe^{3+} 时，pH 必须大于 1。实际滴定时所采用的 pH 要比允许的最低 pH 高一些，这样可以保证被滴定的金属离子配位更完全。但过高的 pH 可能会引起金属离子的羟基化（或水解），形成羟基化合物（或氢氧化物沉淀）。例如，滴定 Mg^{2+} 时，pH 应大于 9.7，但若 pH > 12，Mg^{2+} 形成 $Mg(OH)_2$ 沉淀而不与 EDTA 配位。

（2）判断干扰情况　从图 4 - 8 曲线上可以判断在一定 pH 滴定某金属离子时，哪些金属离子有干扰。一般情况下，酸效应曲线上待测金属离子右下的离子都干扰滴定。例如，在 pH = 4 时滴定 Zn^{2+}，若溶液中存在 Pb^{2+}、Cu^{2+}、Fe^{3+}，都能与 EDTA 配位而干扰 Zn^{2+} 的测定。至于曲线上待测金属离子 M 左上的离子 N，在两者浓度相近时，若 $\lg K_{MY} - \lg K_{NY} > 5$，则 N 不干扰 M 的测定。

（3）控制溶液酸度进行连续滴定　从图 4 - 8 可以看出，通过控制溶液酸度的方法，有可能在同一溶液中连续滴定几种金属离子。一般，曲线上相隔越远的离子越容易用控制酸度的方法来进行选择性的滴定或连续滴定。如溶液中含有 Bi^{3+}、Zn^{2+} 和 Mg^{2+}，可在 pH = 1 时滴定 Bi^{3+}；然后调节溶液 pH = 5 ~ 6 时，滴定 Zn^{2+}；最后调节溶液 pH = 10 滴定 Mg^{2+}。

此外，酸效应曲线还可兼做 pH - $\lg\alpha_{Y(H)}$ 表使用，它与 $\lg K_{MY}$ 之间相差 8 个单位，可代替表 4 - 9 使用。

需要说明的是，酸效应曲线是在一定条件和要求下得出的，它只考虑了酸度对 EDTA 的影响，没有考虑溶液的 pH 对 M 和 MY 的影响，也没考虑其他配位剂存在时的影响，所以得出的是粗略的结果。实际分析时，应视具体情况灵活应用。

思考题

1. 什么是 EDTA 的酸效应？什么是配位效应？
2. 配合物的稳定常数与条件稳定常数有何不同？为什么要引用条件稳定常数？
3. EDTA 的酸效应曲线有什么作用？

二、配位滴定的指示剂

判断配位滴定终点的方法很多，最常用的是金属指示剂法。

（一）金属指示剂的作用原理

金属指示剂（In）是一些有机配位剂，在一定的 pH 下，能和金属离子生成有色的配合物（MIn），其颜色与游离指示剂本身的颜色有显著差别，从而指示滴定的终点。

$$In + M \rightleftharpoons MIn$$

甲色　　　乙色

在滴定开始时，少量的金属离子 M 和金属指示剂 In 结合生成 MIn，溶液呈乙色。随着 EDTA 的加入，游离的金属离子逐渐被 EDTA 配位生成 MY。到终点时，金属离子 M 几乎全被配位。此时继续加入 EDTA，由于配合物 MY 的稳定性大于 MIn，稍过量的 EDTA 就夺取 MIn 中的金属离子 M，使指示剂游离出来，溶液颜色突变为甲色，指示到达终点。

$$MIn + Y \rightleftharpoons In + MY$$

乙色　　　　甲色

许多金属指示剂不仅具有配位剂的性质，而且通常是多元弱酸或多元弱碱，能随溶液 pH 的变化而显示不同颜色。因此，使用金属指示剂也必须选用合适的 pH 范围。

(二) 金属指示剂应具备的条件

①在滴定的 pH 范围内，游离指示剂 In 本身的颜色与它和 M 形成的配合物 MIn 的颜色应有显著的区别，这样才能使终点颜色变化明显，便于滴定终点的判断。

②指示剂与 M 的显色反应要灵敏、迅速，且有良好的可逆性。

③指示剂与 M 形成的有色配合物 MIn 要有适当的稳定性。如果 MIn 稳定性太差，则在化学计量点前，MIn 就会分解，使终点提前出现。MIn 的稳定性又不能太强，以免到达化学计量点时 EDTA 仍不能将指示剂取代出来，不发生颜色变化，使终点延后。因此，MIn 的稳定性必须小于该金属离子与 EDTA 形成配合物的稳定性。一般要求二者稳定性应相差 100 倍以上。

④指示剂与 M 形成的配合 MIn 应易溶于水。

⑤指示剂应具有一定的选择性。

此外，指示剂的化学性质要稳定，不易氧化或分解，便于贮藏和使用。

(三) 常用的金属指示剂

常用的金属指示剂见表 4－10。

表 4－10　　常用的金属指示剂

指示剂名称	适用的 pH 范围	颜色变化		直接滴定的离子	指示剂配制方法	注意事项
		In	MIn			
铬黑 T（简称 BT 或 EBT）	8～10	蓝	红	pH＝10：Mg^{2+}、Zn^{2+}、Cd^{2+}、Pb^{2+}、Mn^{2+}、稀土元素离子	1：100NaCl（研磨）或配成 0.5% 乙醇溶液	Fe^{3+}、Al^{3+}、Cu^{2+}、Ni^{2+} 等离子封闭 EBT
酸性铬蓝 K	8～13	蓝	红	pH＝10：Mg^{2+}、Zn^{2+}、Mn^{2+}；pH＝13：Cd^{2+}	1：100NaCl（研磨）	

续表

指示剂名称	适用的pH范围	颜色变化 In	颜色变化 MIn	直接滴定的离子	指示剂配制方法	注意事项
二甲酚橙（简称XO）	<6	亮黄	红	pH < 1：ZrO^{2+}；pH = 1 ~ 3.5：Bi^{3+}、Th^{4+}；pH = 5 ~ 6：Tl^{3+}、Zn^{2+}、Pb^{2+}、Cd^{2+}、Hg^{2+}、稀土元素离子	0.5%乙醇或水溶液	Fe^{3+}、Al^{3+}、Ni^{2+}、Tl^{4+}等离子封闭XO
磺基水杨酸（简称ssal）	1.5 ~ 2.5	无色	紫红	pH = 1.5 ~ 2.5：Fe^{3+}	5%水溶液	ssal本身无色，FeY^-呈黄色
钙指示剂（简称NN）	12 ~ 13	蓝	红	pH = 12 ~ 13：Ca^{2+}	1∶100NaCl（研磨）	Tl^{4+}、Fe^{3+}、Al^{3+}、Cu^{2+}、Ni^{2+}、Co^{2+}、Mn^{2+}等离子封闭NN
1-(2-吡啶偶氮)-2-萘酚（简称PAN）	2 ~ 12	黄	紫红	pH = 2 ~ 3：Th^{4+}、Bi^{3+}；pH = 4 ~ 5：Cu^{2+}、Ni^{2+}、Pb^{2+}、Cd^{2+}、Zn^{2+}、Mn^{2+}、Fe^{2+}	0.1%乙醇溶液	MIn在水中溶解度小，为防止PAN僵化，滴定时必须加热

(四)金属指示剂在使用中应注意的问题

1. 指示剂的封闭

金属指示剂在化学计量点时能从MIn配合物中释放出来，从而显示与MIn配合物不同的颜色来指示终点。在实际滴定中，如果MIn配合物的稳定性大于MY的稳定性，或存在其他干扰离子，且干扰离子N与In形成的配合物稳定性大于MY的稳定性，则在化学计量点时，Y就不能夺取MIn中的M，因而一直显示MIn的颜色，这种现象称为指示剂的封闭。

指示剂封闭现象通常采用加入掩蔽剂或分离干扰离子的方法消除。例如，在pH = 10时以铬黑T为指示剂滴定Ca^{2+}、Mg^{2+}总量时，Al^{3+}、Fe^{3+}、Cu^{2+}、Co^{2+}、Ni^{2+}会封闭铬黑T，使终点无法确定。这时就必须将它们分离或加入少量三乙醇胺(掩蔽Al^{3+}、Fe^{3+})和KCN(掩蔽Cu^{2+}、Co^{2+}、Ni^{2+})以消除干扰。

2. 指示剂的僵化现象

在化学计量点附近，由于 Y 夺取 MIn 中的 M 时非常缓慢，因而指示剂的变色非常缓慢，导致终点拖长，这种现象称为指示剂的僵化。指示剂的僵化是由于有些指示剂本身或金属离子与指示剂形成的配合物在水中的溶解度太小，解决办法是加入有机溶剂或加热以增大其溶解度，从而加快反应速度，使终点变色明显。

3. 指示剂的氧化变质现象

金属指示剂大多为含有双键的有色化合物，易被日光、氧化剂、空气所氧化，在水溶液中多不稳定，日久会变质。如铬黑 T 在 Mn(Ⅳ)、Ce(Ⅳ)存在下，会很快被分解退色。为了克服这一缺点，常配成固体混合物，加入还原性物质如抗坏血酸、羟胺等，或临用时配制。

思考题

1. 金属指示剂的作用原理是什么？
2. 金属指示剂应具备哪些条件？
3. 为什么金属指示剂使用时要求一定的 pH？

自我测试

一、填空题

1. 形成配位键的条件：__________、__________。

2. EDTA 与金属离子形成配合物的稳定性用__________来衡量。适合配位滴定的条件是生成的配合物必须足够稳定，一般应满足__________。

3. 铬黑 T 使用的适宜酸度为 pH = ________，其颜色为________，与金属生成配合物的颜色为________。

4. $\alpha_{Y(H)}$________，说明 EDTA 没有发生酸效应；$\alpha_{Y(H)}$________，酸效应越严重。

5. 测定水的总硬度就是测定水中__________的总含量。

二、选择题

1. 原子核外第三电子层最多可容纳的电子数为(　　)。

A. 18　　B. 32　　C. 8　　D. 16

2. 对 Al^{3+} 叙述错误的是(　　)。

A. 核电荷数为 13　　B. 核外电子数是 13

C. 质量数是 27　　D. 中子数是 14

3. 配离子与外界离子间的化学键是(　　)。

A. 离子键　　B. 共价键　　C. 配位键

4. 在配合物中，中心离子和配位体间的化学键是(　　)。

A. 离子键　　B. 共价键　　C. 配位键

5. 配合物 $K_3[Fe(CN)_6]$ 的中心离子是(　　)。

A. K^+　　B. Fe^{2+}　　C. Fe^{3+}　　D. $16CN^-$

6. 在 EDTA 滴定中,下列有关酸效应的叙述正确的是(　)。

A. pH 越大,酸效应系数越大

B. 酸效应系数越大,配合物的稳定性越大

C. 酸效应系数越小,配合物的稳定性越大

D. 酸效应系数越大,滴定曲线的突跃范围越大

7. 配位滴定终点所呈现的颜色是(　　)。

A. 游离金属指示剂的颜色

B. EDTA 与待测金属离子形成的配合物的颜色

C. 金属指示剂与待测金属离子形成的配合物的颜色

D. 上述 A 和 C 的混合色

8. 在 EDTA 滴定中,要求金属指示剂与待测金属离子形成配合物的稳定性(　　)。

A. 大于 MY 的稳定性　　B. 小于 MY 的稳定性

C. 等于 MY 的稳定性　　D. 小于 MY 的稳定性,且两者差 100 倍以上

三、简答题

1. EDTA 与金属离子的配位特点?

2. 用 EDTA 滴定法测定水的硬度采用什么指示剂指示终点?国标规定饮用水中钙镁含量以碳酸钙计不能超过多少?溶液 pH 应控制在什么范围内?如何控制?测定水硬度时,何种情况下需加三乙醇胺溶液,起什么作用?

3. 在配位滴定中控制适当的酸度有什么重要意义?实际应用时应如何全面考虑选择滴定时的 pH?

4. 金属指示剂的作用原理如何?它应该具备哪些条件?

5. 为什么使用金属指示剂时要限定适宜的 pH?为什么同一种指示剂用于不同金属离子滴定时,适宜的 pH 条件不一定相同?

四、判断题

1. EDTA 与大多数金属离子可形成配位比为 1∶1 的配合物。(　　)

2. EDTA 化学名叫作二氨基四丙酸。(　　)

3. 配位滴定只受酸效应影响。(　　)

4. 用 EDTA 配位滴定时,为降低酸效应的影响,滴定时 pH 值越大越好。(　　)

5. 金属指示剂具有配位剂的性质,且通常是多元弱酸或多元弱碱,能随溶液 pH 的变化而显示不同颜色。(　　)

五、计算题

1. 用纯 $CaCO_3$ 来标定 EDTA 溶液,称取 $CaCO_3$ 0.5000g 溶于 HCl 并稀释至 1000.0mL,移取 25.00mL Ca^{2+} 离子溶液,需 17.50mL EDTA 溶液。计算 EDTA 溶液的物质的量浓度。

2. 取水样 50.00mL,以铬黑 T 为指示剂,用 0.01000mol/L EDTA 标准溶液滴定至终点,消耗 9.45mL。求水的总硬度。

技能训练一　EDTA 标准溶液的配制和标定

一、实验目的

(1)学习 EDTA 标准溶液的配制和标定方法。

(2)掌握配位滴定的原理,了解配位滴定的特点。

(3)熟悉钙指示剂或二甲酚橙指示剂的使用及其终点的变化。

二、实验原理

乙二胺四乙酸(EDTA,常用 H_4Y 表示)难溶于水,常温下其溶解度为 0.2g/L,在分析中不适用,通常使用其二钠盐配制标准溶液。乙二胺四乙酸二钠盐的溶解度为 120g/L,可配成 0.3mol/L 以上的溶液,其水溶液 pH = 4.8,通常采用间接法配制标准溶液。

标定 EDTA 溶液常用的基准物有 Zn、ZnO、$CaCO_3$、Bi、Cu、$MgSO_4 \cdot 7H_2O$、Hg、Ni、Pb 等。通常选用与被测组分相同的物质作基准物,这样滴定条件较一致。

以用 $CaCO_3$ 为基准物标定为例。首先可加 HCl 溶液与之作用,其反应如下:

$$CaCO_3 + 2HCl = CaCl_2 + H_2O + CO_2\uparrow$$

然后把溶液转移到容量瓶中并稀释,制成钙标准溶液。吸取一定量钙标准溶液,调节酸度至 pH≥12,用钙指示剂以 EDTA 滴定至溶液从酒红色变为纯蓝色,即为终点。

三、实验用品

仪器:酸式滴定管,锥形瓶,移液管,容量瓶。

药品:乙二胺四乙酸二钠,$CaCO_3$,氨水(1∶1),镁溶液(溶解 1g $MgSO_4 \cdot 7H_2O$ 于水中,稀释至 200mL),NaOH 溶液(10% 溶液),钙指示剂(固体指示剂),二甲酚橙指示剂(0.2% 水溶液)

四、实验步骤

1. 0.02mol/L EDTA 溶液的配制

在台秤上称取乙二胺四乙酸二钠 7.6g,溶解于 300 ~ 400mL 温水中,稀释至 1L,如混浊,应过滤,转移至 1000mL 细口瓶中,摇匀,贴上标签,注明试剂名称、配制日期、配制人。

2. 以 $CaCO_3$ 为基准物标定 EDTA 溶液

(1)0.02mol/L 钙标准溶液的配制　置碳酸钙基准物于称量瓶中,在 110 ℃ 干燥 2h。冷却后,准确称取 0.2 ~ 0.25g 碳酸钙于 250mL 烧杯中,盖上表面皿,加水润湿,再从杯嘴边逐滴加入数毫升水淋洗入杯中,待冷却后转移至 250mL 容量瓶中,稀释至刻度,摇匀。

(2)用钙标准溶液标定 EDTA 溶液　用移液管移取 25.00mL 标准钙溶液于 250mL 锥形瓶中,加入约 25mL 水,2mL 镁溶液,10mL 10% NaOH 溶液及约 10mg (米粒大小)钙指示剂,摇匀后,用 EDTA 溶液滴定至溶液从红色变为蓝色,即为终点。

五、数据处理

记录项目		滴定序号				
		1	2	3	4	5
EDTA 溶液的体积/mL	终					
	初					
EDTA 浓度/(mol/L)						
相对平均偏差						
EDTA 平均浓度/(mol/L)						

$$c_{EDTA}(mol/L) = \frac{m \times \frac{25.00}{250}}{M \times V_{EDTA}} \times 1000$$

式中 m——$CaCO_3$ 的质量,g;

M——$CaCO_3$ 的摩尔质量,g/moL。

六、思考题

(1)EDTA 标准溶液和锌标准溶液的配制方法有何不同?

(2)在配制 EDTA 溶液时,为什么要在溶液中加入两小片氢氧化钠?

(3)为什么不能将热溶液直接转移至容量瓶中?

技能训练二 自来水中钙镁离子含量的测定

一、实验目的

(1)进一步掌握配位滴定法测定的原理和方法。

(2)了解测定水的硬度的意义和硬度的表示方法。

二、实验原理

硬水是指含有钙镁盐类的水。硬度有暂时硬度和永久硬度之分。

暂时硬度是指水中含有钙、镁的酸式碳酸盐,遇热即成碳酸盐沉淀而失去其硬度。反应如下:

$$Ca(HCO_3)_2 \xrightarrow{\Delta} CaCO_3 + H_2O + CO_2\uparrow$$

$$Mg(HCO_3)_2 \xrightarrow{\Delta} MgCO_3 + H_2O + CO_2\uparrow$$

永久硬度指水中含有钙、镁的硫酸盐、氯化物、硝酸盐,在加热时也不沉淀,但在锅炉运行温度下,溶解度低的可析出成为锅垢。

暂时硬度和永久硬度的和称为水的总硬度。由镁离子形成的硬度称为"镁硬",由钙离子形成的硬度称为"钙硬"。

水的硬度是饮用水、工业水的指标之一。测定水硬的标准方法是配位滴定法。钙硬测定原理与用碳酸钙标定 EDTA 浓度相同。总硬则以铬黑 T 为指示剂，控制溶液的浓度为 pH≈10,以 EDTA 标准溶液滴定之,由 EDTA 溶液的浓度和用量,可算出水的总硬。由总硬减去钙硬即为镁硬。

水的硬度有多种表示方法,随各国的习惯而有所不同。我国国家标准(GB 12145—1989)规定水的硬度以“mmol/L”表示,它是以 1/2CaO 或(1/2$CaCO_3$)为基本单元,1L 水中氧化钙(或碳酸钙)的物质的量。因此水的硬度应该按下式计算:

$$X = \frac{c_{1/2\mathrm{EDTA}} V_{\mathrm{EDTA}}}{V_{水}} \times 1000(\mathrm{mmol/L}) \quad (1)$$

式中 X——水的总硬度;

$c_{1/2\mathrm{EDTA}}$——以 1/2EDTA 为基本单元的 EDTA 标准溶液的浓度,mol/L;

V_{EDTA}——滴定消耗的 EDTA 溶液的体积,mL;

$V_{水}$——所取水样的体积,mL。

钙硬度为:

$$Y = \frac{c_{1/2\mathrm{EDTA}} V_{\mathrm{EDTA}}' \times M_{1/2\mathrm{CaO}}}{V_{水}} \times 1000(\mathrm{mg/L}) \quad (2)$$

式中 $M_{(1/2\mathrm{CaO})}$——以 1/2CaO 为基本单元的摩尔质量,g/mol;

V_{EDTA}'——滴定钙硬时消耗的 EDTA 溶液体积,mL。

镁硬度为:

$$Z = \frac{c_{1/2\mathrm{EDTA}}(V_{\mathrm{EDTA}} - V_{\mathrm{EDTA}}') \times M_{1/2\mathrm{MgO}}}{V_{水}} \times 1000(\mathrm{mg/L})$$

式中,$M_{1/2\mathrm{MgO}}$——以 1/2MgO 为基本单元的摩尔质量,mg/L。

三、实验用品

仪器:移液管,锥形瓶,酸式滴定管。

药品:EDTA 标准溶液,$c_{1/2\mathrm{EDTA}}$ = 0.02mol/L;氨 - 氯化铵缓冲溶液,pH≈10;铬黑 T 指示剂、钙指示剂。

四、实验步骤

1. 总硬度的测定

移取澄清的水样 100.00mL,放入 250mL 或 500mL 锥形瓶中,加入 5mL 氨 - 氯化铵缓冲溶液,摇匀,再加入 1 ~ 2 滴铬黑 T 指示剂,再摇匀,此时溶液呈酒红色。以 0.01mol/L 标准溶液滴定至纯蓝色,即为终点。

2. 钙硬度的测定

量取澄清水样 100mL,放入 250mL 烧杯中,加 1 ~ 2 滴钙指示剂,滴定到酒红色变为蓝色,半分钟之内不退色即为终点。

3. 镁硬度的测定

由总硬度减去钙硬即算做镁硬。

五、数据处理

记录项目		滴定序号				
		1	2	3	4	5
EDTA 溶液的体积/mL	终					
	初					
水的总硬度/(mol/L)						
钙硬度/(mol/L)						
镁硬度/(mol/L)						
相对平均偏差						

六、思考题

(1)为什么通常使用乙二胺四乙酸二钠盐配制 EDTA 标准溶液,而不用乙二胺四乙酸?

(2)以 HCl 溶液溶解 $CaCO_3$基准物时,操作中应注意些什么?

(3)以 $CaCO_3$为基准物标定 EDTA 溶液时,加入镁溶液的目的是什么?

模块五　仪器分析技术

背景知识1　光化学知识基础

一、物质对光的选择性吸收

1. 光的基本性质

光是一种电磁波，可以不借助任何介质在空间传播。按照波长或频率排列，可得到如表5－1所示的电磁波谱表。光具有波粒二象性，即波动性和粒子性。波动性指光按波动形式传播，光的折射、反射、衍射、偏振、干涉等现象就明显表现其波动性。光同时又具有粒子性，光作用于物质时，会产生光压、光电效应及光化学反应，说明光具有能量，表现出粒子的性质。

光的最小单位是光子，光子具有一定的能量(E)，它与光波频率(ν)或波长(λ)的关系为：

$$E = h\nu = h\frac{c}{\lambda}$$

式中　E——能量，eV；

h——普朗克常数，6.626×10^{-34} J·s；

ν——频率，Hz；

λ——波长，nm；

c——光速，m/s（真空中约为3.0×10^{8} m/s）。

从上式可知，光子的能量E与频率或波长相对应，波长越长能量越小，波长越短能量越大，简单来说，短波的能量大，长波的能量小。各波段的光具有不同的用途，如表5－1所示。

表 5－1 电磁波谱表

光谱名称	波长范围	跃迁类型	分析方法
X 射线	10^{-1} ~10nm	K 层和 L 层电子	X 射线光谱法
远紫外光	10 ~200nm	中层电子	真空紫外光度法
近紫外光	200 ~400nm	价电子	紫外光度法
可见光	400 ~750nm	价电子	比色及可见光度法
近红外光	0.75 ~2.5μm	分子振动	近红外光度法
中红外光	2.5 ~5.0μm	分子振动	中红外光度法
远红外光	5.0 ~1000μm	分子转动和振动	远红外光度法
微波	0.1 ~100cm	分子转动	微波光谱法
无线电波	1 ~1000m		核磁共振光谱法

2. 复合光和单色光

物质呈现的颜色与光有着密切的关系。一种物质呈现何种颜色，是与光的组成和物质本身的结构有关的。

人的眼睛所能感觉到的光称为可见光，其波长范围为 400 ~760nm。

具有同一波长的光称为单色光，由不同波长的单色光按一定的比例混合而成的光称为复合光。把一束白光通过三棱镜时，由于折射作用而分解为红、橙、黄、绿、青、蓝、紫等七种颜色的光，所以，白光属于复合光。可见光的颜色与波长的对应关系如图 5 －1 所示。

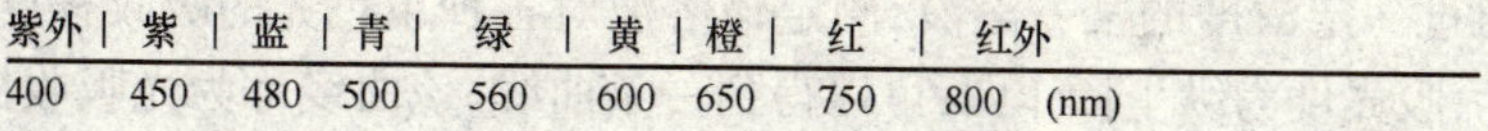

紫外	紫	蓝	青	绿	黄	橙	红	红外	
400	450	480	500	560	600	650	750	800	(nm)

图 5 －1 波长与颜色的关系

如果将适当波长（颜色）的两种单色光按一定强度比例混合可以得到白光，这两种单色光叫做互补色光。如绿光和紫光互补，蓝光和黄光互补。互补色光对应的颜色为互补色。

对固体物质来说，当白光照射到物质上时，物质对于不同色波长的光完全吸收、透过、反射、折射的程度不同而使物质呈现不同的颜色。如果物质对各种波长的光完全吸收，则呈现黑色；如果完全反射，则呈现白色；如果各种波长的光吸收程度差不多，则呈现灰色；如果物质选择性地吸收某些波长的光，那么这种物质的颜色就由它所反射或透过光的颜色来决定。

对溶液来说，溶液呈现不同的颜色是由于溶液中的物质对不同波长光的选择性吸收而引起的。当白光通过某溶液时，某些波长的光被溶液吸收，而另一些波长的光则透过，溶液的颜色由透射光的波长所决定。透射光与吸收光为互补色光（图 5 －2）。

3. 光的选择性吸收

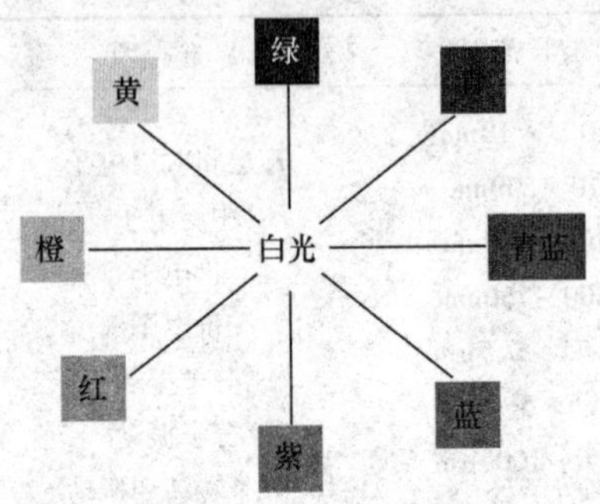

图 5-2　光的互补

光的波长不同,能量也不相同。当一束光照射到某物质或其溶液上时,组成物质的分子、原子或离子与光子发生“碰撞”,光子的能量就会转移到分子、原子或离子上,使这些粒子由最低能态(基态)跃迁到较高能态(激发态),这种作用叫做物质对光的吸收。分子、原子或离子具有不连续的量子化能级。只有照射光当中光子的能量与被照射物质粒子的基态和激发态能量之差 ΔE 相等的那部分光,才会被物质或其溶液所吸收。不同的物质微粒由于结构不同而具有不同的量子化能级,其能级差也各不相同,因此物质对光的吸收具有选择性。

4. 吸收曲线

任何一种溶液,对不同波长光的吸收程度是不同的。如果将各种波长的单色光依次通过一定浓度的某一溶液,测定该溶液对各种单色光的吸收程度,以波长为横坐标,吸光度为纵坐标作图,可以得到一条曲线,该曲线称为光吸收曲线或吸收光谱曲线。光吸收曲线清楚地描述了溶液对不同波长光的吸收情况。光吸收曲线是分光光度法中选择测定波长的重要依据,通常选用溶液的最大吸收波长作为测定光的波长,以提高测定的灵敏度。

二、光吸收的基本定律——朗伯-比尔定律

(一)朗伯-比尔定律

当一束平行的单色光通过任何均匀、非散射的固体、液体或气体介质时,一部分被吸收,一部分透过介质,一部分被器皿的表面反射。如果入射光的强度为 I_0,吸收光的强度为 I_a,透射光的强度为 I_t,反射光的强度为 I_r,则它们之间的关系为:

$$I_0 = I_a + I_r + I_t$$

在分光光度分析法中,通常将试液置于同样材质和厚度的比色皿中,反射光的强度基本不变,且其影响可以相互抵消,故上式可简化为:

$$I_0 = I_a + I_t$$

物质对光的吸收程度可以用透光率和吸光度来表示。

透射光强度 I_t 与入射光强度 I_0 之比,称为透光度或透光率,用 T 表示:

$$T=\frac{I_t}{I_0}$$

吸光度(A)与透光率(T)的关系为：

$$A=\lg\frac{1}{T}=-\lg T=\lg\frac{I_0}{I_t}$$

或：$T=10^{-A}$

溶液的透光率越小，吸光度越大，表明溶液对光的吸收越强；相反，溶液的透光率越大，吸光度越小，表明溶液对光的吸收越弱。

［例 5－1］　测得某溶液的吸光度为 0.434，其透光率是多少?

解：已知 $A=0.434$

根据 $A=-\lg T$

得 $T=10^{-A}=10^{-0.434}=36.8\%$

吸光度为 0.434 时，透光率为 36.8%。

实验证明，溶液对光的吸收程度与溶液浓度、溶液厚度及入射光波长等因素有关。如果保持入射光波长不变，则溶液对光的吸收程度只与溶液浓度和液层厚度有关。朗伯和比尔分别于 1760 年和 1852 年研究光的吸收与液层厚度和溶液浓度的定量关系，两种研究结论结合起来就称为朗伯－比尔定律，也称为光的吸收定律。朗伯－比尔定律是分光光度法定量分析的理论依据，其数学表达式为：

$$A=Kbc$$

它表明：当一束平行单色光通过均匀的非衍射的溶液时，溶液的吸光度 A 与吸光物质的浓度 c 和液层厚度 b 的乘积成正比。式中，K 为常数，它与吸光物质的性质、入射光波长及温度等因素有关。

（二）吸光系数和摩尔吸光系数

$$A=Kdc$$

K 值随浓度 c、液层厚度 d 所取单位的不同而不同。当浓度以 g/L 表示，液层厚度用 cm 表示时，则常数 K 用 a 表示。a 称为吸光系数，其单位为 L/(g · cm)。此时朗伯－比尔定律表示为：

$$A=adc$$

当浓度以 mol/L 表示，液层厚度用 cm 表示时，则常数 K 用 ε 表示。ε 称为摩尔吸光系数，其单位为 L/(mol · cm)。此时朗伯－比尔定律表示为：

$$A=\varepsilon dc$$

摩尔吸光系数 ε 在数值上等于浓度 1mol/L、光程(液层厚度)为 1cm 溶液的吸光度。ε 是吸光物质在特定波长下的特征常数，它与入射光波长、溶液的性质以及温度等因素有关，而与溶液的浓度及液层厚度无关，因此常用 ε 来衡量吸光物质对光吸收的灵敏程度。通常所说某物质的摩尔吸光系数是指最大吸收波长处的摩尔吸光系数 ε，ε 值越大，表明物质对此波长光的吸收程度越强，显色反应的灵敏度越高。一般认为，$\varepsilon<10^4$ 属低灵敏度，$10^4<\varepsilon<5\times10^4$ 属中等灵敏度，$\varepsilon>5$

$\times 10^4$属高灵敏度。在实际分析中，为了提高灵敏度常选择 ε 值较大的有色化合物为待测物质，通常选择有最大 ε 值的光波 λ_{max} 作为入射光。

［例 5-2］ 有一浓度为 $1.0\mu g/mL$ 的 Fe^{2+} 溶液，以邻二氮菲显色后，用分光光度计测定，比色皿厚度为 2.0cm，在波长 510nm 处测得吸光度 $A=0.380$，计算该显色反应的吸光系数 a 和摩尔吸光系数 ε。

解：铁的摩尔质量 $M=55.85g/mol$

Fe^{2+} 的浓度用 g/L 表示，$c=1.0\times 10^{-3}g/L$

吸光系数 $a=A/(dc)=(0.380)/[2.0cm\times 1.0\times 10^{-3}(g/L)]$

$=1.9\times 10^2 L/(g\cdot cm)$

Fe^{2+} 的浓度用 mol/L 表示，

$c=1.0\times 10^{-3}g/L/[55.85(g/mol)]=1.8\times 10^{-5}mol/L$

吸光系数 $\varepsilon=A/(dc)=0.380/[2.0cm\times 1.8\times 10^{-5}(mol/L)]$

$=1.1\times 10^4 L/(mol\cdot cm)$

（三）标准曲线的绘制及其应用

根据朗伯－比尔定律，在比色皿厚度保持不变的条件下，吸光度 A 与吸光物质的含量 c 成正比，这是分光光度法进行定量分析的基础。标准曲线就是根据这一原理制作的。

绘制标准曲线的具体方法为：在选定的实验条件下分别测量一系列浓度递增的标准溶液的吸光度，以标准溶液中待测组分的含量为横坐标，吸光度为纵坐标作图，得到一条通过原点的直线，这一直线称为标准曲线或工作曲线（图 5-3）。在同样条件下，测量待测溶液的吸光度，在标准曲线上就可以查到与之相对应的待测物质的含量，这种定量分析的方法称为标准曲线法。

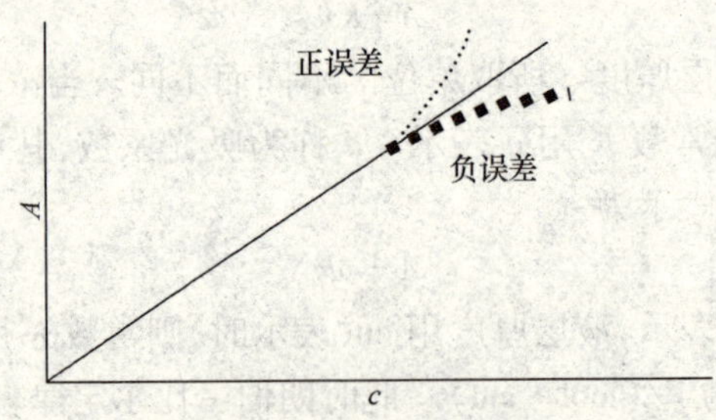

图 5-3　标准工作曲线图

在实际工作中，有时标准曲线不通过原点。造成这种情况的原因比较复杂，可能是由于参比溶液选择不当，比色皿厚度不等，比色皿位置不妥，比色皿透光面不清洁等原因所引起的。如果有色配合物的解离度较大，特别是当溶液中还有其他配合物时，常使待测物质在低浓度时显色不完全，这也是标准曲线有时不通过原点的原因。应针对具体情况进行分析，加以避免。

背景知识2 电位分析基础（见模块二）

项目一

分光光度法

知识目标

1. 掌握分光光度法的测定方法。
2. 掌握显色反应条件的选择。
3. 理解分光光度法测定条件的选择。

技能目标

1. 能正确熟练地绘制工作曲线。
2. 能熟练选择合适的显色反应条件。
3. 准确恰当地选择参比溶液。

利用比较待测溶液本身颜色或者加入试剂后呈现颜色的深浅来测定溶液中待测物质的浓度或者含量的方法称为比色分析法。分光光度法是在比色分析法的基础上发展起来的一种现代仪器分析方法，它是根据物质的吸收光谱及光的吸收定律对物质进行定性定量分析的一种方法。按照所用的光谱区域的不同，又可以分为可见分光光度法（400～760nm）、紫外分光光度法（200～400nm）和红外分光光度法（3×10^{-4}～3×10^{-3}nm），紫外分光光度法与可见分光光度法合称紫外－可见分光光度法。

与经典的化学分析方法相比，分光光度法具有以下几个特点。

①灵敏度高：分光光度法主要用于测定试样中微量或痕量组分的含量。测定物质浓度下限一般可达10^{-6}～10^{-5}mol/L，若被测组分预先加以富集，灵敏度还可以提高。

②准确度高：比色法测定的相对误差为5%～10%，分光光度法测定的相对误差为2%～5%，完全可以满足微量组分测定的准确度要求。若采用精密分光光度

计测量，相对误差可减小至1% ~2%。

③仪器简便，测定速度快：分光光度法虽然需要用到专门的仪器，但与其他仪器分析法相比，比色分析法和分光光度法的仪器设备结构均不复杂，操作简便。近年来由于进行新的高灵敏度、高选择性的显色剂和掩蔽剂的不断出现，常可以不经分离而直接进行比色或进行分光光度测定，使测定显得更为方便和快捷。

④应用广泛：分光光度法能测定许多无机离子和有机化合物，既可测定微量组分的含量，也可用于一些物质的反应机理及化学平衡研究，如测定配合物的组成和配合物的平衡常数，弱酸、弱碱的离解常数等。

一、分光光度法的仪器

分光光度法的作用原理和测定方法与光电比色法基本相同，获得单色光的方法却不同。光电比色法采用滤光片为色散元件，而分光光度计采用棱镜或光栅等单色器。

1. 光度分析仪器的基本部件

光度分析仪器主要由光源、单色器、吸收池、检测器和显示记录系统五大部件组成。

(1)光源　可见光区通常用6 ~12V 钨丝灯作光源，发出的连续光谱波长在360 ~1000nm 范围内。为了获得准确的测定结果，要求光源要稳定，通常要配置稳压器；为了得到平行光，仪器中都装有聚光镜和反射镜等。

(2)单色器　入射光为单色光是朗伯 - 比耳定律的前提条件之一。单色器就是将光源发出的连续光分解为单色光，并可从中分出任一波长单色光的装置，一般由狭缝、色散元件及透镜系统组成。

光电比色计中单色器是滤光片。常用的滤光片是有色玻璃制成的，它只允许和它颜色相同的光通过，可得到具有一定波长范围的近似单色光。选择滤光片的原则是：滤光片透过的光应是被测溶液吸收的光，也就是说，滤光片的颜色应与被测溶液的颜色为互补色。

分光光度计中的单色器是棱镜和光栅。棱镜对于不同波长的光具有不同的折射率，因而可以把复合光分解为单色光。光栅是利用光的衍射和干涉作用制成的高分辨率的色散元件，其优点是色散均匀、分辨率高、适用波长范围较宽等。由于分光光度计的单色器能获得纯度较高的单色光，适用的波长范围也较广，所以分光光度法的灵敏度、选择性和准确度等均比光电比色法高。

(3)吸收池　吸收池是用于盛装参比液和被测试液的容器，也称比色皿，一般由无色透明、耐腐蚀的光学玻璃制成，也有的用石英玻璃制成(紫外光区必须采用石英池)。厚度有0.5cm、1.0cm、2.0cm、3.0cm、5.0cm 等数种规格，同一规格的吸收池间透光率的差应小于0.5%。使用过程中要注意保持比色皿的光洁，特别要保护其透光面不受磨损。

(4)检测器　检测器是利用光电效应,将透过的光信号转变为电信号,进行测量的装置。常用的有光电池、光电管、光电倍增管等。

光电池一般在光电比色计及721型分光光度计上采用。硒光电池对光敏感范围为300~800 nm,对500~600 nm的光最灵敏。光电池受强光照射或长久连续使用,会出现"疲劳"现象,即光电流逐渐下降,这时应将光电池置于暗处,使之恢复原有的灵敏度,严重时应更换新的硒光电池。

光电管是由一个阳极和一个光敏阴极构成的真空或充有少量惰性气体的二极管,阴极表面镀有碱金属或碱土金属氧化物等光敏材料,当被光照射时,阴极表面发射电子,电子流向阳极而产生电流,电流大小与光强度成正比。光电管的特点是灵敏度高,不易疲劳。

光电倍增管是在普通光电管中引入具有二次电子发射特性的倍增电极组合而成,比普通光电管灵敏度高200多倍,是目前高中档分光光度计中常用的一种检测器。

(5)显示记录系统　显示记录系统的作用是把电信号以吸光度或透光率的方式显示或记录下来。光电流的大小通常用检流计测量,吸光度或透光率可以从表头标尺上读取或采用数字显示。在检流计标尺上,有吸光度和透光率两种刻度,透光率是等刻度的,吸光度刻度是不均匀的。

2. 分光光度计简介

分光光度计种类很多,一般按工作波长范围分类,紫外-可见分光光度计主要用于无机物和有机物含量的测定,红外分光光度计主要用于结构分析。分光光度计又可根据光学系统的不同,分为单光束分光光度计和双光束分光光度计;根据分光光度计在测量过程中同时提供的波长数,可分为单波长分光光度计和双波长分光光度计等。近年来又出现了电子计算机控制的分光光度计。

(1)单光束分光光度计　采用一个单色器,获得可以任意调节的一束单色光,通过改变参比池和样品池的位置,使其进入光路,进行参比溶液和样品溶液的交替测量。这种仪器通常由于光源强度的波动和检测系统的不稳定性而引起测量误差,因此,为使仪器工作稳定,必须配备一个很好的稳压电源。国内普遍应用的721型分光光度计就是属于这种类型的仪器,其工作波段为360~800 nm,采用钨灯作光源,棱镜作色散元件,光电管作检测器。经改进的722型分光光度计,采用光栅作色散元件,数字显示,工作波段为320~800 nm。

单光束可见分光光度计结构简单,操作简便,价格低廉,是一种常规定量分析仪器。

(2)双光束紫外-可见分光光度计　双光束分光光度计是将单色器色散后的单色光分成两束,一束通过参比池,一束通过样品池,一次测量即可得到样品溶液的吸光度(图5-4)。国产730型、WFD-10型等分光光度计都属于此类仪器。

双光束分光光度计是近年来发展最快的一类分光光度计,其特点是便于进行

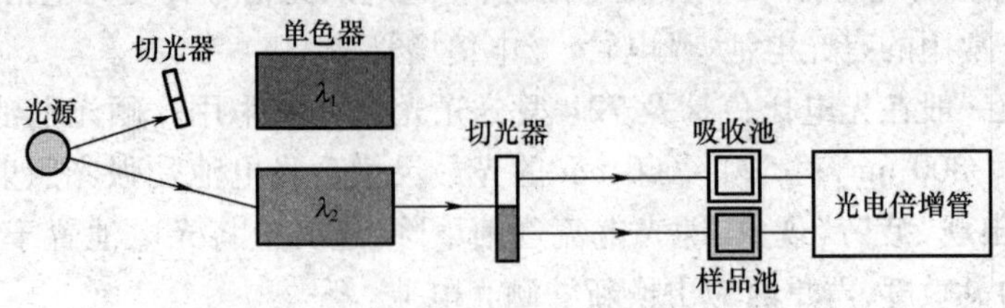

图 5－4　双光束分光光度计原理图

自动记录,可在较短的时间内获得全波段扫描吸收光谱,从而简化了操作手续。由于样品和参比信号进行反复比较,消除了光源不稳定、光学和电子学元件对两条光路的影响。其缺点是由于仪器的光路设计要求严格,价格较高。

(3)双波长分光光度计　双波长分光光度计是用两种不同波长的单色光交替照射被测试液,测得被测试液在两种波长条件下的吸光度之差,只要波长选择合适,就扣除了背景吸收等因素的影响(图 5－5)。

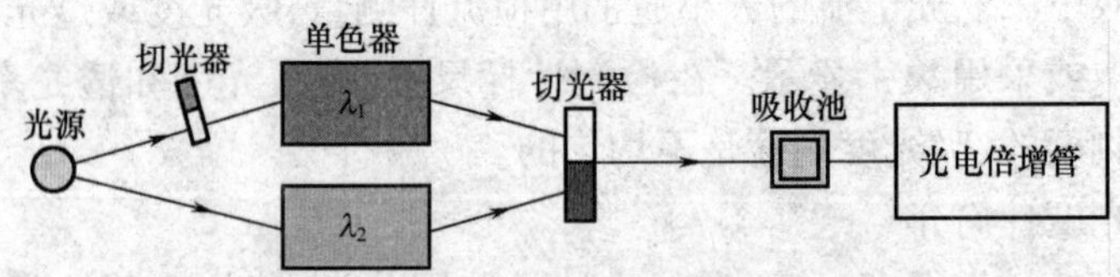

图 5－5　双波长分光光度计原理图

3. 721 型分光光度计的使用方法

721 型分光光度计是实验室用得最广泛的可见分光光度计,也是常见的单光束可见分光光度计。721 型分光光度计外型如图 5－6 所示。

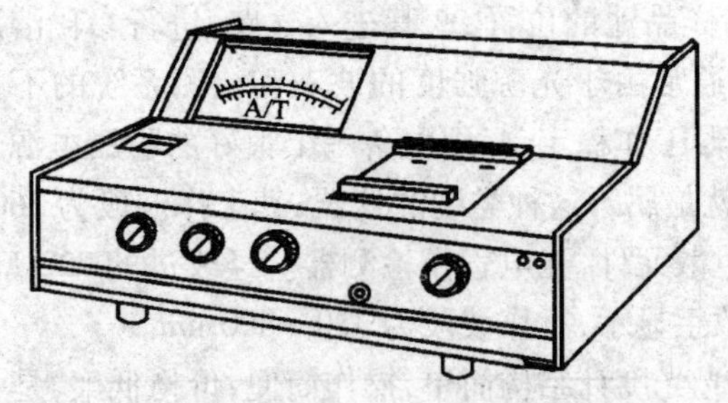

图 5－6　721 型分光光度计外型图

该仪器的内部结构俯视图和后视图分别见图 5－7 和图 5－8。

721 型分光光度计的优点是结构简单,操作方便,耗电量小,寿命长。但是由于光的单色性不太好,所以难以测绘复杂的吸收曲线。

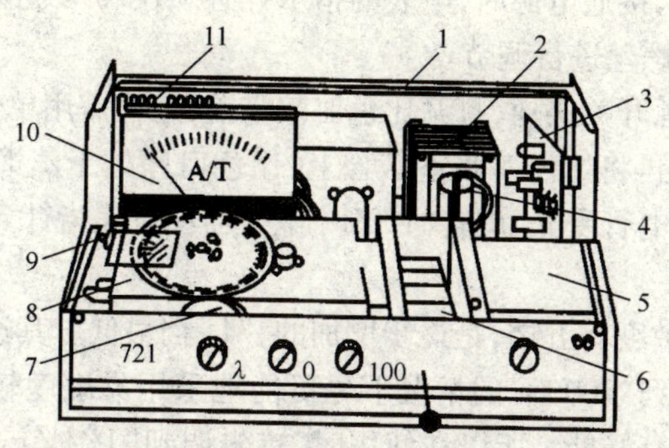

图 5－7 721 型分光光度计内部结构示意图(俯视图)

1—光源灯室 2—电源变压器 3—稳压电路控制板 4—滤波电解电容 5—光电管盒 6—比色部分 7—波长选择磨擦轮机构 8—单色光器组件 9—“0”粗调节电位器 10—读数电表 11—稳压电源大功率调整管(3DD15)

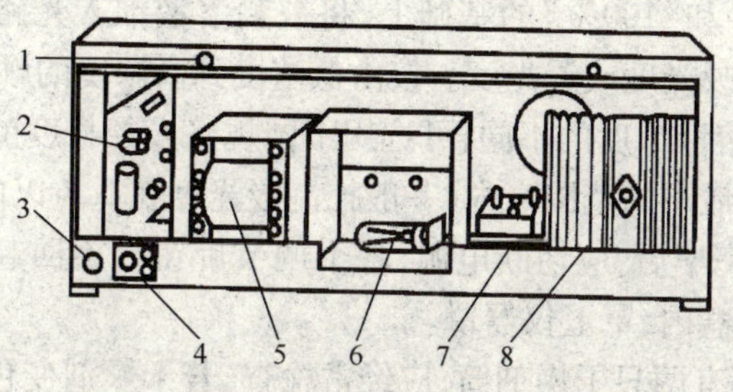

图 5－8 721 型分光光度计内部结构示意图(后视图)

1—上盖板固定螺钉 2—稳压电路控制板 3—保险丝座 4—电源输入插座 5—电源变压器 6—光源灯(12V,25W) 7—稳压电源大功率整流管 8—稳压电源大功率调整管(3DD15)

751 型分光光度计是在 721 型的基础上生产的一种紫外、可见和近红外分光光度计。其工作原理与 721 型相似,而波长范围较宽,精密度也较高。

目前,在 751 型分光光度计的基础上又进行了改进,推出了新的型号,如 751－GW型,带有小型电脑和打印设备,使仪器性能更加完美。

常见的单光束紫外－可见分光光度计还有 752 型、754 型、756MC 型等;单光束可见分光光度计有 722 型、723 型、724 型等。下面只介绍 721 型分光光度计的使用方法。

(1)仪器要安放在干燥的房间内,放置在坚固平稳的工作台上,室内照明不易太强,热天时不能用电扇直接向仪器吹风,防止灯泡发光不稳定。

(2)使用本仪器之前,应该首先了解本仪器的结构和工作原理,以及各个操作旋钮的功能。在未接通电源之前,应该对仪器的安全性能进行检查,电源接线应牢固,接地要良好,各个调节旋钮的起始位置应该正确,然后再接通电源开关。

(3)在仪器尚未接通电源时，电表的指示针必须在“0”线上，若不是这样，则可以用电表上的校正螺丝进行调节。

(4)将仪器电源开关接通，打开比色皿暗室盖，选择需用单色波长，调节“0”电位器使电表指“0”；再将比色皿暗室盖合上，比色皿座处于蒸馏水(或其他空白溶液)校正位置，使光电管受光，旋转“100%”电位器使电表指针到满刻度附近，仪器预热约20min。

(5)放大器灵敏度有五挡，是逐步增加的，“1”挡最低。其选择原则是：在能使空白溶液很好地调到“100%”的情况下尽可能地采用灵敏度较低的挡，这样对仪器的保护和测定都有好处。所以在使用时，首先调到“1”挡上，灵敏度不够时，再逐步升高挡次，但换挡和改变灵敏度时，必须重新校正“0”和“100%”。

(6)如果需要大幅度改变波长时，在调“0”和“100%”后，应稍等片刻，因钨灯在急剧改变亮度后，需要一段热平衡时间，待指针稳定后再重新校正“0”和“100%”。

(7)在校准“0”和“100%”的基础上，将被测溶液推入光路，电表指针所示刻度即为被测溶液的吸光度或透光度。按由低浓度到高浓度的顺序进行测定。

(8)根据被测溶液浓度的不同，可选用不同规格光径长度的比色皿，目的是使电表读数处于误差最小的范围之内(一般控制吸光度在0.8以内)。

(9)每次测定完毕后，应切断电源，各个调节旋钮要旋回起始位置，取出比色皿洗净放回比色皿盒内，罩上仪器罩。

(10)仪器底部有两只干燥剂筒，应经常检查，若干燥剂变色失效，则应立即烘干或更换。比色皿暗室内两包硅胶也应定期取出烘干。

(11)仪器工作几个月或经搬动后，要检查波长的准确性，以确保测定结果的准确可靠。

二、比色分析和分光光度分析的测定方法

(一)目视比色法

用人的眼睛比较被测溶液同标准溶液颜色的深浅从而确定被测溶液浓度的方法，叫做目视比色法。在目视比色法中，最常用的是标准系列法。

取一套相同玻璃材质的形状大小相同的比色管，按顺序排列并加入不同浓度的标准液和相同体积的试剂，都稀释至同一刻度，形成标准色阶。另取一相同的比色管，加入被测溶液和与标准色阶相同的试剂，并稀释至同一刻度。然后，由管口垂直向下观察比较被测溶液和标准色阶的颜色。若被测溶液与标准色阶中某一溶液的颜色相同，则两者浓度相等；如果试剂颜色介于两个色阶之间，其浓度取两色阶浓度的平均值。

标准系列法的优点如下。

①因所用比色管较长，所以，颜色很浅的溶液也能测出其含量，因而灵敏度比

较高；

②标准色阶配好后，对大批量样品分析是比较方便的；

③使用的仪器简单、经济；

④可以在复合光下进行测定，产生的误差不大。

主要缺点有以下几个。

①标准色阶的配制费时；

②许多有色物质不稳定，标准色阶不易长期保存。

为了弥补上述缺点，常采用某些比较稳定的有色物质来配制标准色阶，如用重铬酸钾、硫酸钴、硫酸铜等。

（二）分光光度法

分光光度法是指采用待测溶液吸收的单色光作入射光源，用仪表代替人眼来测量溶液吸光度的一种分析方法。测定时用的电子仪器是分光光度计。分光光度法进行定量分析常用的方法有工作曲线法和比较法。

1. 工作曲线法

工作曲线法是最常用的方法。在朗伯－比耳定律的浓度范围内，配制一系列不同浓度的标准溶液，显色后，在相同厚度的比色皿，同样波长的单色光下，调整零点和透光率，分别测定溶液的吸光度数值，然后以标准溶液浓度 c 为横坐标，对应的吸光度 A 为纵坐标作图，理论上得到一条过原点的直线，该直线称为工作曲线或者标准曲线，如图 5－9 所示。然后取被测试样在相同条件下测得吸光度数值 A_x。根据 A_x 值，从工作曲线上直接查出试样的含量 c_x，或者利用直线方程计算出样品的含量 c_x。这种方法准确度较好，主要适用于大批试样的分析测定，可以简化手续，加快分析速度。

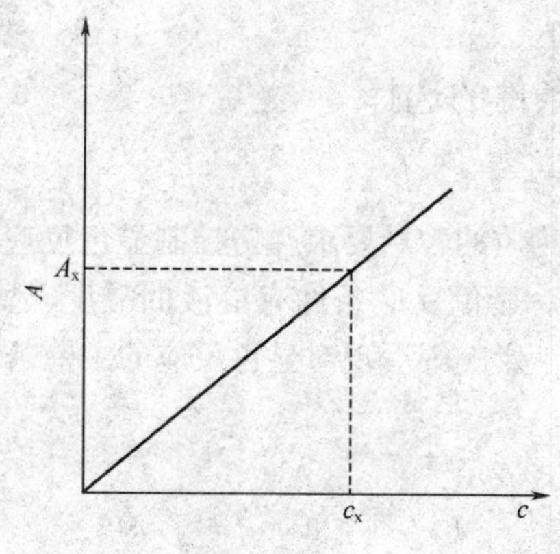

图 5－9　标准曲线

2. 比较法

在入射光一定和液层厚度相等的条件下，分别测定标准溶液和待测样品溶液的吸光度，由朗伯－比尔定律（$A=Kdc$）可知，两者的浓度比等于吸光度之比，从而可计算出被测样品的含量。由于标准溶液和待测溶液性质相同，温度相同，入射光波长相同，所以 K 相同。

标准溶液 $A_s=Kdc_s$，待测溶液 $A_x=Kdc_x$，则

$$\frac{A_s}{A_x}=\frac{c_s}{c_x} \qquad c_x=c_s\frac{A_x}{A_s}$$

单个样品和少量样品的测定可以采用比较法，以加快分析速度。不过应该注意，由于随机误差的原因，该方法的准确度一般没有工作曲线法好；另外，所选择的 c_s 和 c_x 尽量接近时，结果才可靠，否则误差较大。

［例 5－3］ 准确取含磷 30μg 的标液，于 25mL 容量瓶中显色定容，在 690nm 处测得吸光度为 0.410；称取 10.0g 含磷试样，在同样条件下显色定容，在同一波长处测得吸光度为 0.320。计算试样中磷的含量。

解：因定容体积相同，所以浓度之比等于质量之比，即

$$\frac{A_x}{A_s}=\frac{c(X)}{c(S)}=\frac{m_x}{m_s}$$

$$m_x=\frac{A_x}{A_s}\times m_s=\frac{0.320}{0.410}\times 30\mu g=23\mu g$$

$$w=\frac{m_x}{m}=\frac{23\mu g}{10.0\times 10^6\mu g}=2.3\times 10^{-6}$$

思考题

1. 什么是工作曲线法？
2. 工作曲线法和比较法哪种的结果更准确？为什么？

三、分光光度法实验条件的选择

（一）显色反应条件的选择

用分光光度法测定物质的含量要求严格控制显色反应条件，才能得到可靠的数据和准确的分析结果。显色反应条件有溶液的酸度、显色剂用量、温度、时间、溶剂及溶液中共存的离子影响等。现对显色反应的主要条件讨论如下。

1. 显色剂用量

显色反应一般用下式表示

$$\underset{\text{被测组分}}{M} + \underset{\text{显色剂}}{R} \rightleftharpoons \underset{\text{有色化合物}}{MR}$$

从化学平衡的角度看，为了使显色反应进行完全，需加入过量显色剂，但显色剂不是愈多愈好，有时显色剂加入太多，反而引起副反应，对测定结果不利。在实际应用中，显色剂的合适用量是通过实验确定的，方法是：先固定被测组分的浓度

和其他条件，然后分别加入不同量的显色剂，再分别测定它们的吸光度，最后绘制吸光度(A)与显色剂用量(V)的曲线。如果显色剂用量在某范围内所测的吸光度不变，就可以确定一定范围内显色剂的加入量。因此，在实际工作中应根据实验要求严格控制显色剂的用量。

2. 溶液的酸度

酸度对显色反应的影响是多方面的。

显色反应通常是在合适的酸度进行的，由于大多数有机显色剂是弱酸（或碱），具有本身的性质，在水溶液中，除了显色剂反应外，还有副反应存在。同一金属离子与同一试剂在不同的酸度下会生成不同组成的有色配合物。酸度改变，可影响有色物质的浓度甚至改变溶液的颜色；也可能引起待测组分水解，使待测组分或共存组分的状态发生改变，甚至形成沉淀。这些情况对显色反应是不利的。

由此可见，适宜的酸度是分光光度法成败的关键。溶液的酸度必须经过实验来确定，其方法是：固定待测组分及显色剂浓度，改变溶液的 pH，制得几个显色液。在相同的测定条件下分别测定其吸光度，做出吸光度随 pH 变化的关系曲线。选择曲线平坦的部分对应的 pH 作为应控制的 pH 范围。在比色分析中，常采用缓冲溶液来控制溶液的酸度。

3. 溶液的温度

不同的显色反应对温度的要求不同。有的显色反应需要加温才能完成，有的有色物质在高温下反而会分解。所以对不同的反应，应通过实践找到各自的适宜温度范围，但多数显色反应通常在室温下进行。例如，Fe 和邻二氮菲的显色反应常温下就可以完成；而用硅钼蓝法测定硅含量时，需在沸水浴中加热 30s 先形成硅钼黄，然后经还原形成硅钼蓝，如果在室温下则要 10min 才能显色完全。温度对光的吸收与颜色深浅也有一定影响，因此，标准样品和试样的显色温度应保持一致。具体实验中，可通过绘制吸光度－温度的关系曲线来选择适宜的温度。

4. 显色时间

显色反应有的可瞬间迅速完成，但有的则要放置一段时间后才能反应完全，所以应根据具体情况掌握适当的显色时间，在颜色稳定的时间范围内进行比色测定，也可以通过实验得到吸光度－时间的关系曲线进行选择。方法是在一定温度下，配制一份显色溶液，从加入显色剂起计算时间，每隔几分钟测一次吸光度，然后绘制吸光度随时间变化的曲线，从曲线上查出吸收值大而且曲线变化平缓时所用的时间，即为合适的测定时间。

5. 溶剂的选择

有时在显色体系中加入有机溶剂，可降低有色物质的解离度，从而提高显色反应的灵敏度。例如，在水中，$[Fe(SCN)]^{2+}$ 的 $K_{稳}$ 为 200，而在 90% 乙醇中，$K_{稳}$ 为 5×10^4，可见 $[Fe(SCN)]^{2+}$ 在乙醇中的稳定性大大提高，颜色也明显加深。因此，利用有色化合物在有机溶剂中稳定性好、溶解度高的特点，可以选择合适的有机溶剂,来提高方法的灵敏度和选择性。

6. 共存离子的干扰与消除

共存离子的存在往往有以下几种情况。

①共存离子本身有颜色。

②共存离子与显色剂生成有色配合物。

③共存离子与显色剂或被测离子形成无色配合物,这样会使被测离子浓度降低,以致不与显色剂反应或反应不完全。

消除共存离子干扰的常用方法如下。

(1)控制溶液的酸度　控制溶液的酸度是消除干扰的重要措施。许多显色剂是有机酸,控制溶液的酸度就可以控制显色剂的浓度,使某些金属离子显色而不使干扰离子显色。例如,用二苯硫腙法测定 Hg^{2+} 时,Cu^{2+}、Zn^{2+}、Pb^{2+}、Bi^{3+}、Co^{2+}、Ni^{2+} 等可能与显色剂反应而显色,但在强酸条件下,这些干扰离子与二苯硫腙不能形成稳定的有色配合物,因此可通过调节酸度消除干扰。

(2)加入掩蔽剂　在显色溶剂中,加入一种能与干扰离子反应生成无色配合物的试剂,以消除干扰。例如,用偶氮氯膦类显色剂测定 Bi^{3+} 时,Fe^{3+} 有干扰,可加入 NH_4F 使之形成$[FeF_6]^{3-}$无色配合物,消除干扰。采用掩蔽剂来消除干扰的方法是一种有效而且常用的方法,该方法要求加入的掩蔽剂不与被测离子反应,掩蔽剂和掩蔽产物的颜色必须不干扰测定。

(3)改变干扰离子的价态　利用氧化还原反应改变干扰离子的价态以消除干扰。例如,用铬天青 S 测定铝时,Fe^{3+} 有干扰,加入抗坏血酸将 Fe^{3+} 还原为 Fe^{2+} 后,可消除干扰。

(4)利用参比溶液消除显色剂和某些共存离子的干扰。

(5)用适当的分离方法消除干扰　可用溶剂萃取法、沉淀法、电解法、离子交换法等,预先使被测离子与各种干扰离子分离,然后进行测定。

(6)通过选择合适的波长来消除干扰。

(二)测定条件的选择

选择适当的测量条件是获得准确测定结果的重要途径,可以从以下几个方面考虑。

1. 入射波长的选择

当用分光光度计测定被测溶液时,首先需要选择合适的入射波长。选择入射波长的依据是该被测物质的吸收曲线,原则是吸收最大,干扰最小。为了使测定结果有较高的灵敏度和准确度,应选择最大吸收波长的光作为入射光,λ_{max}附近,波长稍许偏移,引起的吸光度的变化较小,可得到较好的分析结果。但是如果在最大吸收波长时,共存的组分也有吸收,就会产生干扰,这时,宁可选用灵敏度低些(应选曲线较平坦处对应的波长),但能减少或避免干扰的波长作为入射光,以消除干扰。

2. 参比溶液的选择

参比溶液是用来调节吸光度为零或透光率为100%并与待测溶液起比较作用的一种溶液，用它可抵消某些影响测定的因素，以减少误差，所以参比溶液选用的得当与否对测定结果的准确度有较大影响，其选择方法如下。

（1）溶剂参比 当试剂、显色剂及所用其他试剂在测量波长处均无吸收，仅待测组分与显色剂的反应产物有吸收时，可用去离子水或纯溶剂做参比溶液。

（2）试剂参比 如果显色剂或加入的其他试剂在测量波长处略有吸收，应采用试剂空白做参比溶液。即按显色反应相同条件，只不加入试样，同样加入试剂和溶剂作为参比液。这种参比溶液可以消除试剂中的组分产生的影响。

（3）试液参比 如果显色剂在测量波长处无吸收，但待测试液中共存离子有吸收，此时可用不加显色剂的试剂做参比溶液，即将试液与显色溶剂作同样处理，只是不加显色剂。这种参比溶液可以消除有色离子的影响。

（4）退色参比 如果显色剂及样品中的微量共存离子有吸收，这时可以在显色液中加入某种退色剂，选择性地与被测离子配位（或改变其价态），生成无色配合物，使已显色的产物退色，用此作为参比溶液，称为退色参比溶液。退色参比溶液可以消除显色剂的颜色及样品中微量共存离子的干扰。

3. 吸光度测量范围的选择

透光率读数误差 ΔT 是一个常数，但在不同的读数范围内所引起的浓度的相对误差却是不同的。因此，为了减小浓度的相对误差，提高测量的准确度，一般应控制被测液的吸光度 A 在0.2～0.7（透光率为65%～20%）。当溶液的吸光度不在此范围时，可以通过改变称样量、稀释溶液以及选择不同厚度的比色皿来控制吸光度。

思考题

1. 显色反应条件的选择有哪些？
2. 为满足一般测定的要求，溶液的吸光度或透光率应在什么范围内？

自我测试

一、填空题

1. 显色反应应满足______、______、______、______等条件。
2. 分光光度法进行定量分析常用的方法有______和______。
3. 分光光度法定性分析的理论基础，是基于各物质的最大______是不同的。
4. 分光光度分析中对吸收池的要求，除了无色透明、耐腐蚀外，还要求对入射光不吸收、______、______。

5. 某有色溶液当液层厚度为 1cm 时，透射光的强度为入射光强度的 80%。若通过 5cm 的液层时，光强度减弱______。

二、选择题

1. 在分光光度法测定中，如其他试剂对测定无干扰，一般常选用最大吸收波 λ_{max} 为测定波长，这是由于(　　)。

A. 灵敏度最高　　B. 选择性最好　　C. 精密度最高　　D. 操作最方便

2. 用分光光度法测亚铁离子，采用的显色剂是(　　)。

A. NH_4SCN　　B. 二甲酚橙　　C. 邻二氮菲　　D. 磺基水杨酸

3. 显色反应中，下列显色剂的选择原则错误是(　　)。

A. 显色剂的 ε 值愈大愈好

B. 显色反应产物的 ε 值愈大愈好

C. 显色剂的 ε 值愈小愈好

D. 显色反应产物和显色剂，在同一光波下的 ε 值相差愈大愈好

4. 在分光光度测定中，使用参比溶液的作用是(　　)。

A. 调节仪器透光度的零点

B. 吸收入射光中测定所需要的光波

C. 调节入射光的光强度

D. 消除溶液和试剂等非测定物质对入射光吸收的影响

5. 以浓度为 2.0×10^{-4}mol/L 某标准有色物质溶液做参比溶液调节光度计的 $A=0$。再用标准曲线示差分光光度法测得某有色物质溶液的浓度为 4.0×10^{-4}mol/L。则有色物质溶液的浓度(mol/L)为(　　)。

A. 4.0×10^{-4}　　B. 5.0×10^{-4}　　C. 6.0×10^{-4}　　D. 3.0×10^{-4}

6. 分光光度测定中使用复合光时，曲线发生偏离，其原因是(　　)。

A. 光强太弱

B. 光强太强

C. 有色物质对各光波的 ε 相近

D. 有色物质对各光波的 ε 值相差较大

7. 目视比色法中，常用的标准系列法是比较(　　)。

A. 入射光的强度

B. 透过溶液后的光强度

C. 透过溶液后的吸收光强度

D. 一定厚度溶液的颜色

8. 有机显色剂的优点很多，下列不属其优点的是(　　)。

A. 反应产物多为螯合物，稳定性高

B. 反应的选择性高，可避免干扰反应发生

C. 一般反应产物的 ε 值大，故灵敏度高

D. 显色剂的 ε 值大，有利于提高灵敏度

三、简答题

1. 何谓复合光、单色光、可见光和互补色光？白光与复合光有何区别？

2. 简述朗伯－比尔定律成立的前提条件及物理意义，写出其数学表达式。

3. 摩尔吸光系数 ε 在光度分析中有什么意义？如何求出 ε 值？ε 值受什么因素的影响？

四、判断题

1. 因为透射光和吸收光按一定比例混合而成白光，故称这两种光为互补色光。（　　）

2. 符合朗伯－比尔定律的某有色溶液的浓度越低，其透光率越小。（　　）

3. 朗伯－比尔定律的物理意义：当一束平行单色光通过单一、均匀的、非色散的吸光物质溶液时，溶液的吸光度与溶液浓度和液层厚度的乘积成正比。（　　）

4. 吸光系数与入射光波长及溶液浓度有关。（　　）

5. 有色溶液的透光度随着溶液浓度的增大而减小，所以透光度与溶液的浓度成反比关系。（　　）

五、计算题

1. 钢样 0.500g 溶解后在容量瓶中配成 100mL 溶液。分取 20.00mL 该溶液于 50mL 容量瓶中，其中的 Mn^{2+} 氧化成 MnO_4^- 后，稀释定容。然后在 $\lambda=525nm$ 处，用 $d=2cm$ 的比色皿测得 $A=0.60$。已知 $K_{525}=2.3\times10^3$ L/(mol·cm)，计算钢样中 Mn 的质量分数（%）。

2. 某有色溶液在 1cm 比色皿中的 $A=0.400$。将此溶液稀释到原浓度的一半后，转移至 3cm 的比色皿中。计算在相同波长下的 A 和 T 值。

3. 浓度为 0.51μg/mL 的铜（$M_{Cu}=63.54g/mol$）溶液，用双环己酮草酰二腙比色测定。在波长 600nm 处，用 2.0cm 比色皿测得 $T=50.5\%$。求灵敏度，用 ε 表示。

项目二

电位分析法

知识目标

1. 了解电位分析法的理论依据；
2. 掌握膜电位的形成机制及选择性；
3. 了解离子选择电极的类型和性能；
4. 了解电位滴定法的测定原理和应用。

技能目标

学会用直接电位法测量溶液活度的方法。

一、电位分析法的基本原理

(一)电化学分析概述

电位分析法是电化学分析法的一个重要组成部分。

电化学分析是根据物质在溶液中的电化学性质及其变化来进行分析的方法,是仪器分析的一个重要分支。它是以测量溶液的电导、电位、电流和电量等电化学参数来分析待测组分含量的方法。

1. 电化学分析法的特点

电化学分析法的特点是灵敏度、选择性和准确度都很高,适用面广。

(1)灵敏度高　通常为 $10^{-8} \sim 10^{-6}$ mol/L,有时可达 $10^{-10} \sim 10^{-9}$ mol/L,甚至 10^{-11} mol/L。例如,用络合吸附催化波测定 Ti(Ⅳ),灵敏度达 10^{-9} mol/L;用脉冲极谱法与电解预富集相结合,可测定水中 10^{-11} mol/L 的 Cu(Ⅱ)、Pb(Ⅱ)、Cd(Ⅱ)和 Zn(Ⅱ)。

(2)准确度高　如库仑法准确度很高,测定误差可达 0.001%,可用于测定或校正原子量。

(3)选择性较好　除了电导分析外,均可达到一定的要求。

(4)应用范围广　既可测定阳离子,也可测定阴离子;既可测定无机物,也可测定有机物、药物和生物分子,包括生物大分子;既可测定电活性物质,也可测定非电活性物质,如用张力电流法、电化学阻抗谱法和石英晶体微天平等方法可测定非电活性物质。

(5)仪器简单、小巧、便宜,方法灵活多样。

2. 电化学分析法的分类

(1)根据测得的电化学参数不同,可分为以下四类,如表 5-2 所示。

表 5-2　电化学分析法的分类

电导法	电解法	电位法	伏安法
电导分析法 电导滴定法 库伦滴定法	电重量法 库仑法	直接电位法 电位滴定法 电流滴定法	极谱法 溶出法

①电导法:是通过测量待测溶液的电导性,来确定待测物含量的分析方法。直接根据测量的电导数据确定待测物含量的分析方法,称为电导分析法。根据测量滴定中溶液的电导变化来确定化学计量点的方法,称为电导滴定法。

②电解法:根据通电时待测物质在电极上发生定量沉积或定量作用的性质,来确定待测物含量的分析方法,称为电解法。其中用待测物质在电极上发生定量沉积后电极的增重量来确定待测物含量的方法,称为电重量法。以待测物在电解

过程中通过的电量,来确定待测物含量的方法,称为库仑法;用电极反应的生成物作为滴定剂与待测物反应,当到达化学计量点时,根据消耗的电量来确定待测物含量的方法,称为库仑滴定法。

③电位法:根据测定原电池的电动势,以确定待测物含量的分析方法,称为电位法。其中根据电动势的测量值,直接确定待测物含量的方法,又称为直接电位法;根据滴定过程中电动势发生突变来确定化学计量点的方法,称为电位滴定法。

④伏安法:这种方法是以电解过程中所得到的电流－电位曲线为基础演变出来的各种分析方法的总称。它包括极谱法、溶出法、电流滴定法。永停滴定法是属于电流滴定法中的一种分析方法。

(2)根据操作方法不同,分为以下3类。

①直接法:在一定的条件下,根据试液中某物质的浓度与化学电池某一电参量之间的直接定量关系进行分析的方法。

②间接法:根据在滴定过程中某一电参量的突变确定终点的方法。如电导滴定法、电位滴定法、电流滴定法等。其中电参量相当于化学容量分析中的指示剂,因此,这类方法又称为电容量分析法。

③电重量分析法:用待测物质在电极上发生定量沉积后电极的增重量来确定待测物含量的方法。

3. 电化学分析仪器的基本组成

溶液的电化学现象一般发生于电化学电池中。电化学电池主要包括放置在电解质溶液中的两个电极和与这两个电极相连接的外部电路。

电化学分析法使用的仪器基本上由激励信号发生器、换能器和记录器等三部分构成。

激励信号发生器是将一定的激励信号施加在电化学池的电极上,使待测物质在电极上产生电化学响应。换能器是在激励信号的作用下将待测物质的活度(或浓度)转化成电化学响应信号。记录器是记录电化学响应信号的装置。由于所加激励信号、测量电学参量的不同,可演绎出各种电分析方法。

4. 电化学分析遵循的基本规律

电化学电池分为产生电能的原电池和消耗外电源电能的电解池。原电池是由两个半电池和外电路测量系统构成的。

(1)能斯特方程　电池的电动势 E 和电极电位 φ 都遵循能斯特方程。电动势 E 的能斯特方程通式为:

$$E = E^0_{\mathrm{O,R}} + \frac{RT}{nF}\ln\frac{a_{\mathrm{O}}}{a_{\mathrm{R}}} \tag{5-1}$$

当电动势 E 为正值时,表示电池反应能自发进行,是原电池。反之,电池反应不能自发进行,必须施加一大于该电池电动势的外加电压,驱动电池反应发生,这时它是电解池。

发生氧化反应的电极是阳极，发生还原反应的电极是阴极。在原电池中，阳极处于低电位，是原电池的负极；相反，阴极是原电池的正极。

(2)电解方程　当在电解池的两电极间加上电压 $V_{外}$，有电流 i 通过，电解池电阻为 R，其电压降是 iR，整个电路有如下关系：

$$V_{外}=E^{+}-E^{-}+iR \tag{5-2}$$

如果参比电极是理想的去极化电极，它的电位 E^{+} 是一数值已知、且不随所通过的电流大小而变化电位值，i 和 R 都很小，iR 可忽略不计，那么：

$$V_{外}=-E^{-}(vs,E^{+}) \tag{5-3}$$

工作电极电位 E^{-} 将随着外加电压 $V_{外}$ 的变化而变化，是理想的极化电极。这样就可以将一电池反应化解成单个电极过程加以研究。

事实上，由于实际情况比较复杂，如溶液电阻 R 较大，或通过电流 i 较大，不但 iR 不能忽略，而且由于电极反应给去极化电极的稳定性带来影响。为了消除这种影响，在使用两电极系统时，采用增大参比电极面积、减小电流密度等措施以保障参比电极是去极化电极。

(二)化学电池

化学电池是一种电化学反应器，它由一对电极、电解质溶液和外电路三部分组成。电化学反应是发生在电极和电解质溶液界面间的氧化还原反应。化学电池可由两个电极插入同一电解质溶液中组成；也可由两个电极分别插入组成不同，但能相互连通的电解质溶液中组成。不同溶液直接的接触面，称为液接界面。前一种电池称无液接界电池；后一种电池称有液接界电池，如丹聂耳电池就属于此类。

在有液接界电池中，两种电解质溶液的界面通常是用某种多孔物质隔膜隔开，或用盐桥连接起来。多孔隔膜和盐桥的作用在于阻止两种溶液混合，又为通电时的离子迁移提供必要的通道。电位法测量主要是利用有液接界电池，而永停滴定法是利用无液接界电池。

按电极反应是否自发进行，化学电池可又分为原电池和电解池两类。由化学能转变为电能的装置叫原电池，即电极反应可以自发进行；由电能转变为化学能的装置称电解池，即电极反应不能自发进行，只有在电解池两级上施加一定的外电压，电极反应才能进行。根据实验条件不同，有时同一电池既可作电解池，又可作原电池。

二、电位分析的电极

电位分析使用的化学电池是由两种性能不同的电极组成的。其中电位值不随待测离子活度（或浓度）的变化而变化，具有恒定电位值的电极，称为参比电极；电位值随待测离子活度（或浓度）的变化而变化的电极，称为指示电极。

(一)参比电极

参比电极是测量电池电动势、计算电极电位的基准，因此要求它的电极电位已知而且恒定,在测量过程中,即使有微小电流(约 10^{-8}A 或更小)通过,仍能保持不变。它与不同的测试溶液间的液体接界电位差异很小,数值很低(1 ~ 2mV),可以忽略不计。

标准氢电极(SHE)是作为确定其他电极电位的基准电极。国际上规定标准氢电极的电位在任何温度下都为零。通常在无附加说明时,其他电极电位值就是相对于标准氢电极电位为零电位确定的,故标准氢电极常称为一级参比电极。

但由于标准氢电极制作麻烦,操作条件难以控制,使用不便,因此,在实际中很少用它作为参比电极,而常用的参比电极是甘汞电极、银 - 氯化银电极。由于这两种电极的电位值是与标准氢电极作比较而得出的相对值,故又称为二级参比电极。

1. 甘汞电极

甘汞电极是由金属汞、甘汞(Hg_2Cl_2)以及 KCl 溶液组成的电极,其构造如图 5 - 10所示。电极是由两个玻璃套管组成,内管中封接一根铂丝,铂丝插入纯汞中(厚度为 0.5 ~ 1cm),下置一层甘汞(Hg_2Cl_2)和汞的糊状物,玻璃管中装入 KCl 溶液,电极下端与被测溶液接触部分是熔结陶瓷芯或石棉丝。

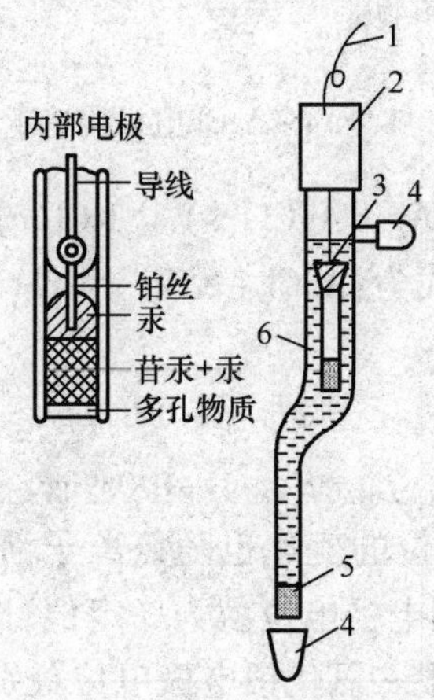

图 5 - 10 甘汞电极示意图

1—导线 2—绝缘体 3—内部电极 4—橡皮帽 5—多孔物质 6—饱和 KCl 溶液

甘汞电极表示为:$Hg \mid Hg_2Cl_2(s) \mid KCl(c)$

电极反应为:$Hg_2Cl_2 + 2e^- \rightleftharpoons 2Hg + 2Cl^-$

25℃时,其电极电位表示为:

$$\varphi_{(Hg_2Cl_2/Hg)} = \varphi^{\ominus}_{(Hg_2Cl_2/Hg)} - 0.059\lg\alpha_{Cl^-}$$

$$\text{或 } \varphi_{(Hg_2Cl_2/Hg)} = \varphi'_{(Hg_2Cl_2/Hg)} - 0.059\lg c_{Cl^-}$$

由此可见,甘汞电极的电位随氯离子活度(浓度)的变化而变化,当氯离子活度(浓度)一定时,则甘汞电极的电位就为一定值。25℃时,三种不同浓度的 KCl

溶液的甘汞电极电位分别为：

KCl 溶液浓度：0.1mol/L　　1mol/L　　饱和

电极电位 φ：0.3337　　0.2801V　　0.2412V

在电位分析中常用的参比电极是饱和甘汞电极（SCE）。其电位稳定，构造简单，保存和使用都很方便。

2. 银－氯化银电极

银－氯化银电极是由银丝上覆盖一层氯化银，浸入到一定浓度的 KCl 溶液中所构成的，如图 5－11 所示。

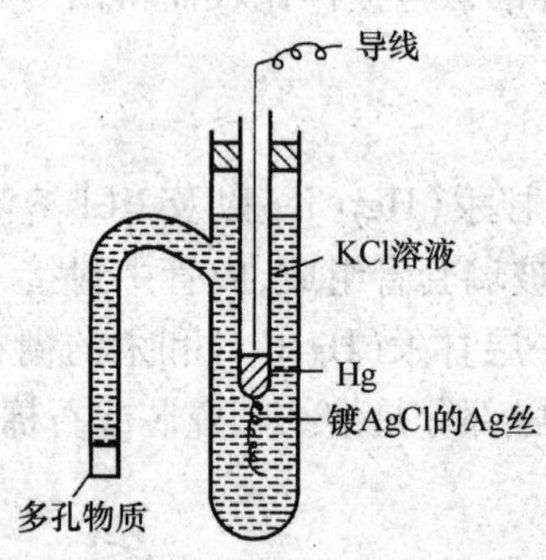

图 5－11　Ag－AgCl 电极构造示意图

银－氯化银电极符号为：Ag | AgCl（s）| KCl(c)

银－氯化银电极的反应式为：$AgCl + e^- \rightleftharpoons Ag + Cl^-$

25℃时，其电极电位为：

$$\varphi_{AgCl/Ag} = \varphi^{\ominus}_{AgCl/Ag} - 0.059\lg\alpha_{Cl^-}$$

或

$$\varphi_{AgCl/Ag} = \varphi'_{AgCl/Ag} - 0.059\lg c_{Cl^-}$$

同甘汞电极一样，电极电位的变化也随氯离子活度（浓度）的变化而变化，当氯离子活度（浓度）一定时，则电极电位就为一定值，即可作为参比电极。25℃时，三种不同浓度的 KCl 溶液的银－氯化银电极电位分别为：

KCl 溶液浓度：0.1mol/L　　1mol/L　　饱和

电极电位 φ：0.2880　　0.2220V　　0.1990V

由于银－氯化银电极结构简单，可以制成很小的体积，因此，常作为内参比电极。

（二）指示电极

电位分析中，还需要另一类性质的电极，它能快速而灵敏地对溶液中参与半反应的离子的活度或不同氧化态的离子的活度比，产生能斯特响应，这类电极称为指示电极。

电位分析法所用的指示电极有多种，常用的指示电极主要是金属基电极和膜电极（离子选择性电极）两大类。金属基电极就其结构上的差异可以分为金属－

金属离子电极、金属－金属难溶盐电极、汞电极、惰性金属电极等。

1. 金属基电极

金属基电极是以金属为基体的电极，这类电极的共同特点是电极电位建立在电子转移的基础上，有下列4种类型。

（1）金属－金属离子电极　金属－金属离子电极是由能发生氧化还原反应的某些金属插入该金属离子的溶液中组成的，其电极电位决定于溶液中金属离子的活度（或浓度），故可用于测定金属离子的含量。例如，将银丝插入 Ag^+ 溶液中组成 Ag 电极，其电极表示为 $Ag \mid Ag^+$。

此类电极因有一个相界面，也称第一类电极。

（2）金属－金属难溶盐电极　金属－金属难溶盐电极是由表面涂有同一种难溶盐的金属插入该难溶盐的阴离子溶液中组成的，也称为第二类电极。其电极电位随溶液中阴离子浓度的变化而变化。例如，将表面涂有 AgCl 的银丝插入到 Cl^- 溶液中，组成银－氯化银电极。其电极表示为 $Ag \mid AgCl \mid Cl^-$。

此类电极因有两个相界面，故又称为第二类电极。

这种电极作为指示电极使用已不多见，已逐渐为离子选择性电极所代替。

（3）汞电极　汞电极是由金属汞（或汞齐丝）浸入含少量 Hg^{2+}－EDTA 配合物（约 10^{-6}mol/L）及被测金属离子 M^{n+} 的溶液中所组成的，也称为第三类电极。

（4）惰性金属电极　惰性金属电极一般将惰性材料如铂、金或石墨炭作成片状或棒状，插入含有某氧化态和还原态电子对的溶液中组成，称为零类电极或氧化还原电极。

其中惰性金属不参与电极反应，仅在电极反应过程中起一种传递电子的作用。其电极电位决定于溶液中氧化态和还原态活度（或浓度）的比值。例如，将铂丝插入含有 Fe^{3+}、Fe^{2+} 的溶液中组成电极，其表示为 $Pt \mid Fe^{3+}, Fe^{2+}$。

此类电极因无界面，故又称为零类电极，或称氧化还原电极。如氢电极、氧电极和卤素电极均属此类电极。

2. 离子选择性电极（膜电极）

离子选择性电极（ISE）是20世纪60年代发展起来的一类新型电化学传感器，是一种利用选择性的电极膜对溶液中的待测离子产生选择性的响应，而指示待测离子活度（浓度）的变化。这类电极的共同特点为：电极电位的形成是基于离子的扩散和交换，而无电子的转移。它与上述金属基电极的区别在于电极的薄膜并不给出或得到电子，而是选择性地让一些离子渗透，同时也包含着离子交换过程。

从上所知，甘汞电极和银－氯化银电极虽然通常是作为参比电极，但它又可以作为测定氯离子的指示电极。因此，某种电极作为参比电极还是指示电极，并不是固定不变的，应根据具体情况给予分析。

三、离子选择性电极和膜电势

离子选择性电极是一种以电位法测量溶液中某些特定离子活度的指示电极。测定的灵敏度高，可达 10^{-6}，特效性好。pH 玻璃电极就是对 H^+ 有特殊响应（即有专属性）的典型离子选择性电极。目前，已制成了几十种离子选择性电极，如对 Na^+ 有选择性的 Na^+ 玻璃电极，以氟化镧单晶膜为敏感膜的氟离子选择性电极。除此之外，还有卤素离子选择性电极、硫离子选择性电极、Ca^{2+} 选择性电极等。

各种离子选择性电极的构造随电极薄膜（敏感膜）的不同而略有不同，通常都由薄膜及其支持体、内参比溶液（含有待测离子）、内参比电极（如 AgCl/Ag）等组成。

离子选择性电极对某一特定离子的测定，一般是基于内部溶液与外部溶液之间产生的电位差（膜电位）进行的。虽然膜电位的形成机制较为复杂，但有关的研究已证明：膜电位的形成主要是溶液中的离子与电极膜上的离子之间发生交换作用的结果。

离子选择性电极法的基础就是：在一定条件下，膜电位与溶液中欲测离子活度的对数呈线性关系。

总之，离子选择性电极分析的基本原理是利用膜电势来进行测定。膜电势是一种相间电势，即不同两相接触并发生带电粒子的转移，待达到平衡后，两相间产生的电势差。

要了解膜电势产生的原理，首先要了解离子选择性电极的基本结构。

（一）离子选择性电极的基本构造

离子选择性电极种类繁多，各种电极的形状、结构也不尽相同，但其基本构造大体相似。一般由电极管、敏感膜、内参比电极和内参比溶液四部分构成，如图5－12所示。电极管用玻璃或高分子聚合物材料制成；内参比电极常用银－氯化银电极；内参比溶液含有敏感膜中传递电荷的离子（响应离子）和内参比电极所需的离子；敏感膜由不同的敏感材料做成，它是离子选择性电极的关键部件，是只允许响应离子透过而其他离子不能透过的薄膜。敏感膜用胶黏剂或机械方法固定于电极管的末端。由于敏感膜内阻很高，故需要良好的绝缘，以免发生旁路漏电而影响测定。

（二）pH 玻璃电极及其膜电势

1. pH 玻璃电极的构造

pH 电极是使用最早的离子选择性电极，其结构如图5－13所示。它对 H^+ 有响应，是因为它有一个由特殊玻璃制成的球泡状的敏感膜，这一敏感膜厚约为 0.1mm，膜内装有 0.1mol/L 盐酸作为内参比溶液，其中插入一支银－氯化银电极作内参比电极。

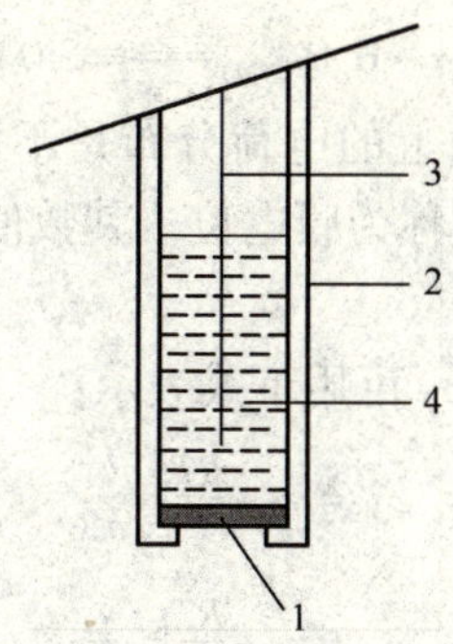

图 5－12 离子选择性电极的基本构造

1—敏感膜 2—电极管 3—内参比电极 4—内参比溶液

2. pH 玻璃电极的响应机理

实践证明，玻璃膜的化学组成对电极性能影响极大。由纯 SiO_2 制成的石英玻璃和氧以共价键结合：

$$
\begin{array}{ccccc}
 & O & & O & \\
 & | & & | & \\
-\ O— & Si(IV) & —\ O— & Si(IV) & —O— \\
 & | & & | & \\
 & O & & O &
\end{array}
$$

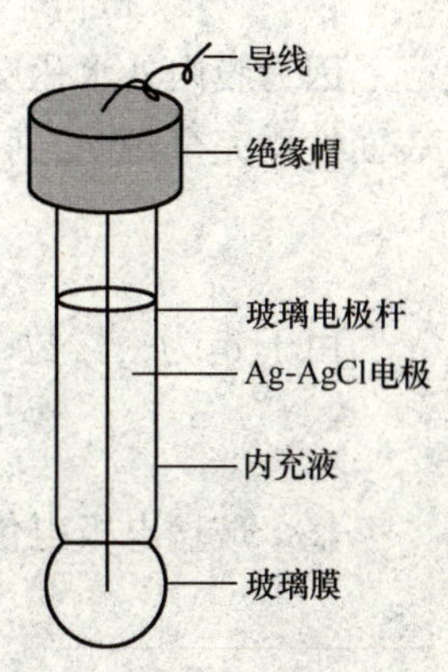

图 5－13 pH 玻璃电极

由于没有可供离子交换用的电荷质点（即点位），不能完成传导电荷的任务，因此石英玻璃对 H^+ 没有响应。如果在石英玻璃中加入碱金属氧化物（如 Na_2O），将引起部分硅氧键断裂形成带负电荷的可供离子交换的硅氧点位。这种点位上的负电荷主要被 Na^+ 的正电荷所抗衡：

$$
\begin{array}{ccc}
 & O & \\
 & | & \\
-\ O— & Si(IV) & —O^-\ Na^+ \\
 & | & \\
 & O &
\end{array}
$$

由于带负电荷的硅氧骨架对阴离子的排斥作用，使得溶液中的阴离子不能进入玻璃膜；又因为硅氧点位与 H^+ 的键合强度远大于与 Na^+ 的键合强度，所以溶液中只有 H^+ 能进入网络并取代 Na^+ 的点位，其他阳离子难以进出网络。这就是 pH 玻璃电极玻璃膜对 H^+ 具有选择性响应的根本原因。

pH 玻璃电极在使用前必须用水浸泡 24h 以上，进行“活化”。电极浸入水溶液中时，在玻璃膜中形成一层很薄（$10^{-5} \sim 10^{-4}$mm）的溶胀的硅酸层（水化层）。其中 Na^+ 被 H^+ 所交换，因为硅酸结构与 H^+ 所结合的键的强度远大于与 Na^+ 结合的强度（约为 10^{14} 倍），因而膜表面的点位几乎全为 H^+ 所占据而形成 $\equiv SiO^-H^+$。玻璃膜的内表面与内参比溶液之间也发生上述交换反应形成同样的水化层。膜中间仍是干玻璃层。但若内部溶液与外部溶液（试液）的 pH 不同，则将影响 $\equiv SiO^-H^+$ 的离解平衡：

$$\equiv SiO^- H^+_{(表面)} + H_2O_{(溶液)} \rightleftharpoons \equiv SiO^-_{(表面)} + H_3O^+$$

故在膜内、外的固－液界面上的电荷分布是不同的，这样就使跨越膜的两侧具有一定的电位差，这个电位差称为膜电位。其数值等于 $\varphi_{外}$ 与 $\varphi_{内}$ 之差，即：$\varphi_{膜} = \varphi_{外} - \varphi_{内}$。

由热力学可以证明，$\varphi_{外}$ 和 $\varphi_{内}$ 可用下式表示：

$$\varphi_{外} = k_1 + \frac{RT}{F}\ln\frac{a_1}{a'_1} \tag{5-4}$$

$$\varphi_{内} = k_2 + \frac{RT}{F}\ln\frac{a_2}{a'_2} \tag{5-5}$$

式中 a_1 和 a'_1——分别为外部试液中和外水化层表面 H^+ 的活度；

a_2 和 a'_2——分别为内参比液和内水化层表面 H^+ 的活度；

k_1 和 k_2——分别为玻璃外膜和内膜性质决定的常数。

因为膜内外水化层可被 H^+ 交换的点位数相同，所以 $a'_1 = a'_2$。若膜内外两个表面性质完全相同，则 $k_1 = k_2$，所以：

$$\varphi_{膜} = \varphi_{外} - \varphi_{内} = \frac{RT}{F}\ln\frac{a_1}{a_2} \tag{5-6}$$

由于 a_1 为一常数，式(5－6)可写作：

$$\varphi_{膜} = k_{膜} = \frac{RT}{F}\ln a(H^+) \tag{5-7}$$

整个玻璃电极电位 $\varphi_{玻}$ 包括内参比电极电位 $\varphi_{内参比}$ 和膜电位 $\varphi_{膜}$ 两部分。

$$\begin{aligned}\varphi_{玻} &= \varphi_{内参比} + \varphi_{膜}\\ &= \varphi_{内参比} + k_{膜} + \frac{RT}{F}\ln a(H^+)\\ &= k_{玻} + \frac{RT}{F}\ln a(H^+)\\ &= k_{玻} + \frac{2.303RT}{F}\mathrm{pH}\end{aligned} \tag{5-8}$$

可见，pH 玻璃电极的电位与待测液的 pH 具有线性关系，这就是 pH 玻璃电极作为氢离子指示电极的依据。

(三) F^- 选择电极

氟离子(F^-)选择电极，简称氟电极，是目前最成功的一种单晶电极，常作为测定 F^- 的指示电极。氟电极的敏感膜由 LaF_3 的单晶片(厚 1～2mm)制成。有的单晶中掺有 Eu^{2+} 和 Ca^{2+} 二价离子，使 LaF_3 晶格缺陷增多，增加了膜的导电性。溶液中的 F^- 能扩散进入膜相的缺陷空穴，膜相中的 F^- 也能进入溶液相，因而在两相界面上建立了双电层结构而产生了膜电势。由于 LaF_3 晶体缺陷的大小、形状和电荷分布只允许 F^- 进入，而其他离子不能进入，因此电极对 F^- 有很高的选择性。其膜电位表达式遵守电极电位表达通式。

使用注意事项如下：

①酸度影响:OH^-与LaF_3反应释放F^-,可使测定结果偏高;H^+与F^-反应生成HF或HF_2^-降低F^-活度,可使测定结果偏低。控制pH5~7可减小这种干扰。

②阳离子干扰:Be^{2+}、Al^{3+}、Fe^{3+}、Th^{4+}、Zr^{4+}等可与F^-络合,使测定结果偏低,可通过加络合掩蔽剂(如柠檬酸钠、EDTA、钛铁试剂、磺基水杨酸等)消除其干扰。

思考题

1. 电化学分析有哪些特点?
2. 电化学分析法有哪些类型?
3. 电化学分析遵循的基本规律有哪些?
4. 什么是指示电极?有哪些类型?
5. 什么是参比电极?有哪些类型?
6. 简述玻璃电极的构造、响应原理、电极特性。

四、电位分析法

电位分析法是利用电极电位与溶液中待测物质离子活度(或浓度)的定量关系进行分析的一种电化学分析法。能斯特方程式是表示电极电位与离子活度(或浓度)的关系式,是电位分析法的理论基础。

电位分析法可分为直接电位法和电位滴定法两大类。

(一)直接电位法

直接电位法是根据电池电动势与待测组分活度(浓度)之间的函数关系,通过测定电池电动势而直接求得试样中待测组分的活度(浓度)的电位法。通常用于溶液的pH测定和其他离子浓度的测定。

1. 溶液pH的测定

溶液pH的测定常用直接电位法。该方法以pH玻璃电极为指示电极,饱和甘汞电极为参比电极,与待测溶液构成原电池:(-)玻璃电极|被测溶液|饱和甘汞电极(+)

利用pH玻璃电极电位与H^+活度的对数的线性关系,通过测量电池电动势就可求得溶液的pH。

原电池的电动势为:

$$E=\varphi_{SCE}-\varphi_{GE}=\varphi_{SCE}-(K-\frac{2.303RT}{F}pH)=K'+\frac{2.303RT}{F}pH \tag{5-9}$$

上式表明,只要K'已知且固定不变,测得电动势E后,便可求得被测溶液的pH。但实际上K'随溶液组成、电极类型和使用时间的不同而发生变化,不易准确测定,故实际工作中采用“两次测量法”,即先测量已知pH的标准缓冲溶液的电动势E_S,然后再测量被测溶液的电动势E_X,则

$$E_S = K' + \frac{2.303RT}{F}pH_S \qquad E_X = K' + \frac{2.303RT}{F}pH_X$$

两式相减,并移项即得:

$$pH_X = pH_S + \frac{E_X - E_S}{2.303RT/F} \quad (5-10)$$

两次测量法测定溶液 pH 时,只要使用同一对玻璃电极和饱和甘汞电极,在温度相同的条件下,无须知道 K'值,因此可以消除 K'不确定性产生的误差。实际测量中,饱和甘汞电极在标准缓冲溶液中及在被测溶液中产生的液接电势未必相同,由此会引起误差。若二者的 pH 极为接近($\Delta pH < 3$),则液接电势不同引起的误差可忽略。所以,测量时选用标准缓冲溶液的 pH_S应尽量接近样品溶液的 pH_X。

用 pH 计测定溶液的 pH 不受氧化剂、还原剂或其他活性物质存在的影响,可用于有色物质、胶体溶液或混浊溶液的 pH 测定,并且测定前无须对待测液作预处理,测定后不破坏、污染溶液,因此应用极为广泛。但由于玻璃膜太薄容易被损坏,使用时应格外小心。另外,氟化物对玻璃有腐蚀,因此玻璃电极不能用于含氟离子溶液的 pH 测定。

2. 其他离子浓度的测定

直接电位法测定其他离子浓度最常用的指示电极是离子选择性电极,它是一类对溶液中待测离子有选择性响应的膜电极。

测定方法是以待测离子的选择性电极为指示电极,以饱和甘汞电极为参比电极,浸入待测溶液中组成原电池,通过测量原电池的电动势进而求出待测离子的活(浓)度。

$$E = \varphi_{SCE} - \varphi_{ISE} = \varphi_{SCE} - (K' \pm \frac{2.303RT}{nF}\lg c_i) = K'' \mp \frac{2.303RT}{nF}\lg c_i \quad (5-11)$$

由于液接电势、不对称电势的存在及活度因子难以计算,故一般不采用能斯特方程式来直接计算被测离子浓度,而采用以下几种方法。

(1)标准曲线法　在离子选择电极的线性范围内,测量从稀到浓不同浓度标准溶液的电动势,并作 $E-\lg c_i$或 $E-pc_i$标准曲线,然后在相同条件下测量样品溶液的 E_X,最后从标准曲线上查出相应的 $\lg c_x$。这种方法称为标准曲线法。

标准曲线法可测浓度范围广,特别适合批量样品的分析。但它要求标准溶液的组成与样品溶液的组成相近,液温相同,因此,除了组成极简单的样品外,都必须在系列标准溶液和样品溶液中加入等量的总离子强度调节缓冲液(TISAB),使其离子强度都足够高且近于一致,即各溶液的活度因子基本相同后再测量。总离子强度调节缓冲液是一种不含被测离子,不与被测离子反应,不污染或损害电极膜的浓电解质溶液,它一般由固定离子强度、保持液接电势稳定作用的离子强度调节剂,起 pH 缓冲液作用的缓冲剂和起掩蔽干扰离子作用的掩蔽剂三部分组成。

(2)标准比较法　又称标准对照法或两次测量法。若标准曲线线性好,则可用此法。即在标准溶液(浓度为 c_S)和样品溶液中(浓度为 c_X)分别加入总离子强度调节缓冲液后，分别测定电动势 E_S 和 E_X，代入式(5－11)后并相减得：

$$E_X - E_S = \mp\frac{2.303RT}{nF}[\lg c_X - \lg c_S]$$

将 c_s 值代入上式，即可求出 c_x。注意阳离子取"－"号，阴离子取"＋"号。

(3)标准加入法　若样品溶液离子强度很大，离子强度调节缓冲液不能起作用，或样品溶液基质复杂且变动性较大时，则可用标准加入法进行。即先测样品溶液(浓度为 c_X，体积为 V_X)的电动势 E_X，然后于该溶液中加入浓度为 c_S(约 $100c_X$)、体积为 V_S(约 $V_X/100$)的标准溶液，再测此混合溶液的电动势 E，则：

$$E_1 = K' \mp \frac{2.303RT}{nF}\lg c_X$$

$$E_2 = K' \mp \frac{2.303RT}{nF}\lg\frac{c_X V_X + c_S V_S}{V_X + V_S}$$

$$令\ S = \mp\frac{2.303RT}{nF}$$

$$得\ \Delta E = E_2 - E_1 = S\lg\frac{c_X V_X + c_S V_S}{(V_X + V_S) + c_X}$$

$$整理得\ c_X = \frac{c_S V_S}{V_X + V_S}\left(10^{\Delta E/S} - \frac{V_X}{V_X + V_S}\right)^{-1}$$

由于 $V_X > V_S$，可认为 $(V_X + V_S) \approx V_X$，通常可用下列近似式计算 c_X：

$$c_X = \frac{c_S V_S}{V_X}(10^{\Delta E/S} - 1)^{-1}$$

标准加入法不需绘制标准曲线，不必添加 TISAB，操作简单、快速；由于加入标准溶液的体积很小，故加入前后两溶液的性质基本不变，所以准确度较高。

离子选择性电极的发展，大大开阔了直接电位法的应用范围，使一些阴、阳离子的测定能像 pH 测定一样简单快速，对低浓度物质的测定十分有利。因此，该方法在实际中也得到了广泛应用。

(二)电位滴定法

1. 方法原理与特点

电位滴定法是利用指示电极在滴定过程中电位的突跃来确定终点的一种滴定方法。进行电位滴定时，在待测溶液中插入一只指示电极和一只参比电极组成原电池。随着滴定液的加入，滴定液与待测溶液发生化学反应，使待测离子的浓度不断降低，而指示电极的电位也随待测离子浓度的降低而发生变化。在化学计量点附近，随滴定液的加入，溶液中待测离子浓度发生急剧变化，而使指示电极的电位发生突变，引起电池电动势发生突变。因此通过测量电池电动势的变化，可确定化学计量点。

电位滴定法与滴定分析法的主要区别是指示化学计量点的方法不一样，前者是通过电池电动势的突变来指示，而后者是通过指示剂的颜色转变来指示。进行电位滴定的装置如图 5－14 所示。

与普通滴定分析法相比较，电位滴定法具有如下特点。

①电位滴定判断终点的方法，较之用指示剂指示终点的方法更客观，因此在许多情况下电位滴定的结果更准确。

②能用于难以用指示剂判断终点的混浊或有色试液的滴定分析。

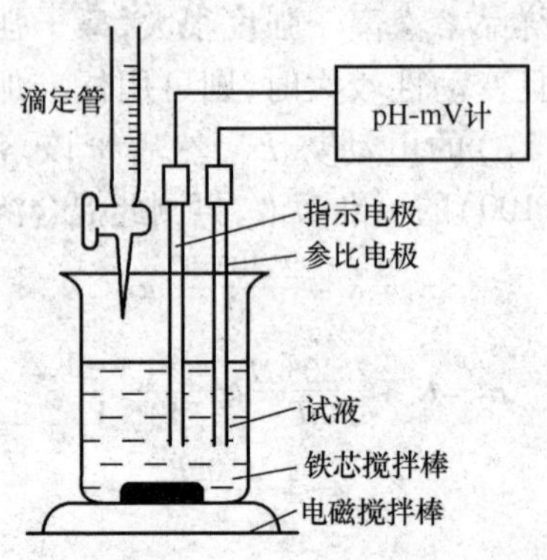

图5－14　电位滴定装置

③可用于非水溶液的滴定。某些有机物的滴定需在非水溶液中进行，一般缺乏合适的指示剂，可采用电位滴定法。

总之，电位滴定法与指示剂滴定法相比，具有客观可靠，准确度高，易于自动化，不受溶液有色、混浊的限制等优点，是一种重要的滴定分析方法。在寻找新的指示剂用于滴定分析法时，常借助电位滴定法选择合适的指示剂，检查新方法的可靠性。尤其对于那些没有合适指示剂确定滴定终点的滴定反应，电位滴定就更为有利。原则上讲，只要能为待测物找到合适的指示电极，电位滴定法就可用于任何类型的滴定反应。随着离子选择性电极的迅速发展，可选用的指示电极越来越多，电位滴定法的应用范围也越来越广泛。

2. 滴定终点的确定

进行电位滴定时，应边滴定、边记录加入滴定剂的体积和电子电位计上的电动势读数(E)。在化学计量点附近，因电动势变化增大，应减小滴定剂的加入量。最好每加入0.1mL，记录一次数据，并保持每次加入滴定剂的数量相等，这样可使数据处理较为方便、准确。

用图解法确定化学计量点的方法主要有三种。

(1)$E-V$曲线法　以电池电动势E(或指示电极电位φ)对滴定体积V作图，可得到5－15(a)的滴定曲线。曲线突跃的中点(转折点)即为滴定终点，所对应的体积即为终点体积V_{ep}。

应该指出，电位滴定法以曲线突跃的中点作为滴定终点。对反应物系数相等的滴定反应，突跃的中点就是化学计量点；对反应物系数不相等的滴定反应，突跃的中点与化学计量点稍有偏离，但仍可用突跃中点作为滴定终点。

（2）$\frac{\Delta E}{\Delta V}-V$ 曲线法（又称一级微商法）　若 $E-V$ 曲线突跃不明显，则可以绘制 $\frac{\Delta E}{\Delta V}$ 对 V 的一次微商曲线，得一峰形曲线，峰顶对应的滴定剂体积即为 V_{ep}，如图5－15(b)所示。

（3）$\frac{\Delta^2 E}{\Delta V^2}-V$ 曲线法（又称二级微商法）　此法的依据是一次微商曲线的极大点是终点，那么二次微商 $\Delta^2 E/\Delta V^2=0$ 处就是终点。如图5－15(c)所示。

自动电位滴定仪有两种类型：一种是能将滴定过程中的滴定曲线完整地记录下来，经自动运算并显示终点时滴定剂的体积；另一种是自动控制滴定终点，当到达终点电位时，自动关闭滴定装置，并显示滴定剂的用量。

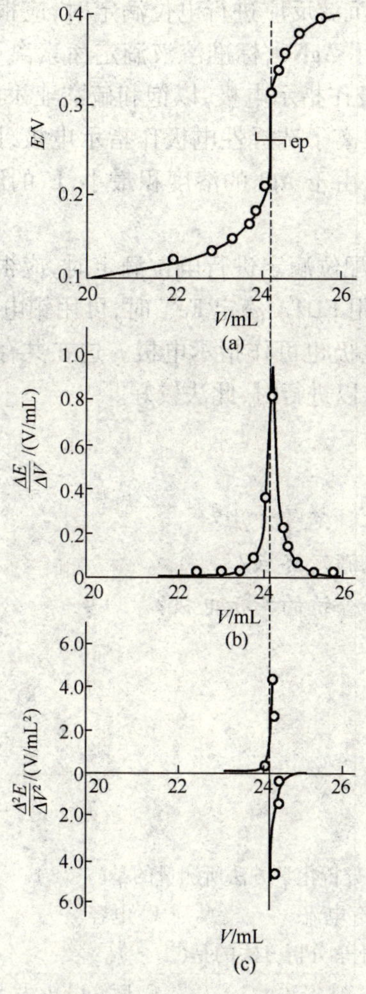

图5－15　电位滴定曲线

3. 电位滴定法的应用和指示电极的选择

在电位滴定中确定终点的方法，较之用指示剂指示终点的方法更客观，不存在终点的观测误差。同时，不受滴定液有色或混浊的影响。当某些滴定反应没有适当的指示剂可选用时，都可用电位滴定来完成，所以它的应用范围较广，可用于各种滴定分析。滴定时，应根据不同的反应选择合适的指示电极。

(1)酸碱滴定　酸碱滴定过程中，溶液 pH 发生变化，常用 pH 玻璃电极作指示电极，饱和甘汞电极作参比电极。由于电位滴定法确定终点更为灵敏准确，所以对弱酸、弱碱及多元酸(碱)或混合酸(碱)的分析更为有用。

(2)氧化还原滴定　利用氧化还原反应进行电位滴定时，溶液中氧化态和还原态的浓度比值发生变化，因此可用惰性金属电极(即零类电极)作指示电极，一般用铂电极。参比电极一般也是饱和甘汞电极。

(3)沉淀滴定　利用沉淀反应进行电位滴定时，应根据不同的沉淀反应选用不同的指示电极。例如，用 $AgNO_3$ 标准溶液滴定卤素离子时，可以用银电极或相应的卤素离子选择性电极作指示电极，以饱和硫酸亚汞电极作参比电极，硝酸钾作盐桥。若以银电极或碘离子选择性电极作指示电极，则可以对 Cl^-、Br^-、I^- 的混合试液进行连续滴定。由于 AgI 的溶度积最小，I^- 的滴定突跃最先出现，其次是 Br^-，最后是 Cl^-。

(4)配位滴定　利用配位滴定进行电位滴定时，应根据不同的配位反应选择不同的指示电极。例如，用 EDTA 滴定 Fe^{3+} 时，可用铂电极(溶液中加入 Fe^{2+})作指示电极。离子选择性电极也可作指示电极。这在共存离子对所用指示剂有封闭或僵化作用而使滴定难以进行时，此法较好。

思考题

1. 直接电位法有哪三种定量方法?
2. 电位滴定如何确定滴定终点?
3. 电位滴定如何选择合适的指示电极?

自我测试

一、选择题

1. 下列参量中，不属于电分析化学方法所测量的是(　　)。

A. 电动势　　B. 电流　　C. 电容　　D. 电量

2. 下列方法中不属于电化学分析方法的是(　　)。

A. 电位分析法　　B. 伏安法　　C. 库仑分析法　　D. 电子能谱

3. 区分原电池正极和负极的根据是(　　)。

A. 电极电位　　B. 电极材料　　C. 电极反应　　D. 离子浓度

4. 区分电解池阴极和阳极的根据是(　　)。

A. 电极电位　　B. 电极材料　　C. 电极反应　　D. 离子浓度

5. 下列不符合作为一个参比电极的条件的是(　　)。

A. 电位的稳定性　　B. 固体电极　　C. 重现性好　　D. 可逆性好

6. 甘汞电极是常用的参比电极,它的电极电位取决于(　　)。

A. 温度　　B. 氯离子的活度

C. 主体溶液的浓度　　D. K^+的浓度

7. 下列(　　)不是玻璃电极的组成部分。

A. Ag - AgCl 电极　　B. 一定浓度的 HCl 溶液

C. 饱和 KCl 溶液　　D. 玻璃管

8. 测定溶液 pH 时,常用的指示电极是:(　　)。

A. 氢电极　　B. 铂电极　　C. 氢醌电极　　D. pH 玻璃电极

9. 玻璃电极在使用前,需在去离子水中浸泡 24h 以上,其目的是(　　)。

A. 清除不对称电位　　B. 清除液接电位

C. 清洗电极　　D. 使不对称电位处于稳定

10. 晶体膜离子选择性电极的检出限取决于(　　)。

A. 响应离子在溶液中的迁移速度　　B. 膜物质在水中的溶解度

C. 响应离子的活度系数　　D. 晶体膜的厚度

11. 氟离子选择电极测定溶液中 F^- 的含量时,主要的干扰离子是(　　)。

A. Cl^-　　B. Br^-　　C. OH^-　　D. NO_3^-

12. 实验测定溶液 pH 值时,都是用标准缓冲溶液来校正电极,其目的是消除(　　)的影响。

A. 不对称电位　　B. 液接电位

C. 温度　　D. 不对称电位和液接电位

13. pH 玻璃电极产生的不对称电位来源于(　　)。

A. 内外玻璃膜表面特性不同　　B. 内外溶液中 H^+ 浓度不同

C. 内外溶液的 H^+ 活度系数不同　　D. 内外参比电极不一样

14. 用离子选择性电极标准加入法进行定量分析时,对加入标准溶液的要求为(　　)。

A. 体积要大,其浓度要高　　B. 体积要小,其浓度要低

C. 体积要大,其浓度要低　　D. 体积要小,其浓度要高

15. 离子选择性电极的电位选择性系数可用于(　　)。

A. 估计电极的检测限　　B. 估计共存离子的干扰程度

C. 校正方法误差　　D. 计算电极的响应斜率

16. 用氯化银晶体膜离子选择性电极测定氯离子时,如以饱和甘汞电极作为参比电极,应选用的盐桥为(　　)。

A. KNO_3　　B. KCl　　C. KBr　　D. KI

17. pH 玻璃电极产生酸误差的原因是(　　)。

A. 玻璃电极在强酸溶液中被腐蚀

B. H^+ 活度高,它占据了大量交换点位,pH 偏低

C. H^+与H_2O形成H_3O^+,结果H^+降低,pH 增高

D. 在强酸溶液中水分子活度减小,使H^+传递困难,pH 增高

18. 玻璃膜钠离子选择性电极对氢离子的电位选择性系数为 100,当钠电极用于测定 1×10^{-5} mol/LNa^+时,要满足测定的相对误差小于 1%,则试液的 pH 应当控制在大于(　　)。

A. 3　　B. 5　　C. 7　　D. 9

19. 玻璃膜钠离子选择性电极对钾离子的电位选择性系数为 0.002,这意味着电极对钠离子的敏感为对钾离子的倍数是(　　)。

A. 0.002 倍　　B. 500 倍　　C. 2000 倍　　D. 5000 倍

20. 下列(　　)离子选择性电极使用前,需在水中充分浸泡。

A. 晶体膜电极　　B. 玻璃电极　　C. 气敏电极　　D. 液膜电极

二、填空题

1. 正负离子都可以由扩散通过界面的电位称为______,它没有______性和______性,而渗透膜只能让某种离子通过,造成相界面上电荷分布不均,产生双电层,形成______电位。

2. 用氟离子选择性电极的标准曲线法测定试液中F^-浓度时,对较复杂的试液需要加入__________试剂,其目的有:第一______,第二______,第三______。

3. 用直读法测定试液的 pH,其操作定义可用式____________来表示。用 pH 玻璃电极测定酸度时,测定强酸溶液时,测得的 pH 比实际数值______,这种现象称为______;测定强碱时,测得的 pH 比实际数值______,这种现象称为__________。

4. 由LaF_3单晶片制成的氟离子选择性电极,晶体中______是电荷的传递者,______固定在膜相中不参与电荷的传递,内参比电极是______________,内参比溶液由______________组成。

5. 在电化学分析方法中,由于测量电池的参数不同而分成各种方法:测量电动势为______;测量电流随电压变化的是______,其中若使用______电极的则称为______;测量电阻的方法称为__________;测量电量的方法称为__________。

6. 电位法测量常以______________作为电池的电解质溶液,浸入两个电极,一个是指示电极,另一个是参比电极,在零电流条件下,测量所组成的原电池__________。

7. 离子选择性电极的选择性系数 K_{ij} 表明______离子选择性电极抗______离子干扰的能力,系数越小表明______________________。

8. 离子选择性电极用标准加入法进行定量分析时,对加入的标准溶液要求体积要________,浓度要______,目的是__________。

三、判断题

1. 电化学分析法仅能用于无机离子的测定。(　　)

2. 电位测量过程中,电极中有一定量电流流过,产生电极电位。(　　)

3. 液接电位产生的原因是由于两种溶液中存在的各种离子具有不同的迁移速率。(　　)

4. 液接电位的产生是由于两相界面处存在着电阻层。(　　)

5. 参比电极必须具备的条件是只对特定离子有响应。(　　)

6. 参比电极的电极电位不随温度变化是其特性之一。(　　)

7. 甘汞电极的电极电位随电极内 KCl 溶液浓度的增加而增加。(　　)

8. 参比电极具有不同的电极电位,且电极电位的大小取决于内参比溶液。(　　)

9. Hg 电极是测量汞离子的专用电极。(　　)

10. 晶体膜电极具有很高的选择性，这是因为晶体膜只让特定离子穿透而形成一定的电位。(　　)

11. 甘汞电极和 Ag－AgCl 电极只能作为参比电极使用。(　　)

12. 具有不对称电位是膜电极的共同特性，不同类型膜电极的不对称电位的值不同，但所有同类型膜电极(如不同厂家生产的氟电极)，不对称电位的值相同。(　　)

13. 玻璃膜电极使用前必须浸泡 24h，在玻璃表面形成能进行 H^+ 交换的水化膜，故所有膜电极使用前都必须浸泡较长时间。(　　)

14. 离子选择电极的电位与待测离子活度成线形关系。(　　)

15. 改变玻璃电极膜的组成可制成对其他阳离子响应的玻璃电极。(　　)

16. 玻璃电极的不对称电位可以通过使用前在一定 pH 溶液中浸泡消除。(　　)

17. 不对称电位的存在主要是由于电极制作工艺上的差异。(　　)

18. 氟离子选择电极的晶体膜是由高纯 LaF_3 晶体制作的。(　　)

19. K_{ij} 称为电极的选择性系数，通常 $K_{ij} \ll 1$，K_{ij} 值越小，表明电极的选择性越高。(　　)

20. 离子选择性电极的选择性系数是与测量浓度无关的常数，可以用来校正干扰离子产生的误差，使测量更准确。(　　)

四、简答题

1. 何谓指示电极及参比电极？试各举例说明其作用。

2. 为什么一般来说，电位滴定法的误差比电位测定法小？

3. 列表说明各类反应的电位滴定中所用的指示电极及参比电极，并讨论选择指示电极的原则。

技能训练一　$KMnO_4$ 吸收曲线的测定

一、实验目的

(1)了解分光光度计的结构和正确的使用方法。

(2)学会绘制吸收曲线的方法，正确选择测定波长。

(3)学习如何选择分光光度分析的实验条件。

二、实验原理

物质呈现的颜色与光有着密切关系。在日常生活中溶液之所以呈现不同的颜色，是由于该溶液对光具有选择性吸收的缘故。

当一束白光(混合光)通过某溶液时，如果该溶液对可见光区各种波长的光都没有吸收，即入射光全部通过溶液，则该溶液呈无色透明状；当溶液对可见光区各种波长的光全部吸收时，则该溶液呈黑色；如某溶液对可见光区某种波长的光选择性地吸收，则该溶液呈现被吸收光的互补色光的颜色。

通常用光吸收曲线来描述物质对不同波长范围光的选择性吸收。其方法是将不同波长的光依次通过某一定浓度和厚度的有色溶液，分别测出它们对各种波长光的吸收程度(用吸光度 A 表示)，以波长为横坐标，吸光度 A 为纵坐标，画出的曲线即为光的吸收曲线(吸收光谱)。光吸收程度最大处的波长，称为最大吸收波长,用 λ_{max} 表示。同一物质的不同浓度溶液,其最大吸收波长相同,但浓度越大,光的吸收程度越大,吸收峰就越高。

理论依据:$A = Kcd$。

三、实验用品

仪器:722 型分光光度计,容量瓶。

药品:高锰酸钾。

四、实验步骤

1. $KMnO_4$溶液的配制

称取 1.6g 高锰酸钾固体,置于烧杯中溶解,定容至 1000mL,混匀,该溶液浓度约为 0.01mol/L。

2. $KMnO_4$溶液吸收曲线的制作

用吸量管移取上述高锰酸钾溶液 1.0、2.0、3.0mL,分别放入三个 100mL 容量瓶中,加水稀释至刻度,充分摇匀,各溶液 $KMnO_4$ 浓度分别为 0.0001mol/L、0.0002mol/L、0.0003mol/L。

将配制好的各浓度的 $KMnO_4$溶液,用 1cm 比色皿,以蒸馏水为参比溶液,在 440～580nm 波长范围内,每隔 10nm 测一次吸光度,在最大吸收波长附近,每隔 5nm 测一次吸光度。在坐标纸上,以波长 λ 为横坐标,吸光度 A 为纵坐标,绘制 A 和 λ 关系的吸收曲线。从吸收曲线上选择最大吸收波长 λ_{max},并观察不同浓度 $KMnO_4$溶液的 λ_{max} 和吸收曲线的变化规律。

五、数据处理

波长									
吸光度									

六、思考题

(1)为什么在最大吸收波长附近,每隔 5nm 测一次吸光度?

(2)浓度对最大吸收有无影响?

技能训练二　水样 pH 的测定

一、实验目的

(1)熟悉 pH 计的构造和测定原理。

(2)掌握用 pH 计测定溶液 pH 的步骤。

二、实验原理

pH 电极的最主要组成部分是球部敏感膜。玻璃电极使用前,必须在水溶液中浸泡,使之生成一个三层结构,即中间的干玻璃层和两边的水合硅胶层。浸泡后的玻璃膜示意图:

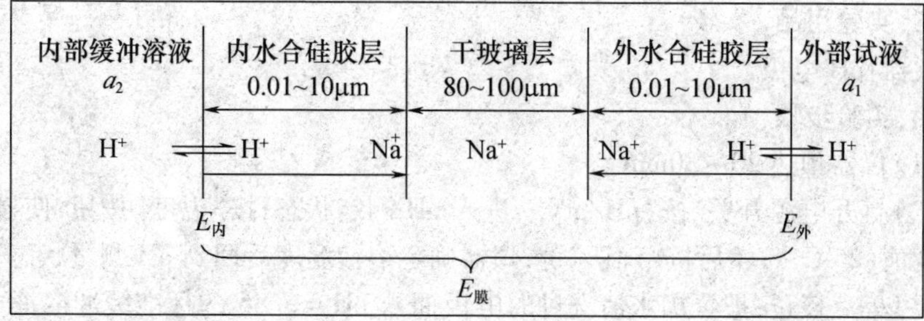

电池电动势：

$E_{电} = E_{SCE} - E_{膜} - E_{AgCl,Ag}$

而其中，$E_{膜} = E_{外} - E_{内} = k + 0.059\lg\alpha_{H^+}$

所以 $E_{电} = k' - 0.059\lg\alpha_{H^+} = k' + 0.059pH$

水合硅胶层具有界面，构成单独的一相，厚度一般为 0.01 ~ 10 μm。在水合层，玻璃上的 Na^+ 与 H^+ 发生离子交换而产生相界电位，也即道南电位。

水合层表面可视作阳离子交换剂。溶液中 H^+ 经水化层扩散至干玻璃层，干玻璃层的阳离子向外扩散以补偿溶出的离子，离子的相对移动产生扩散电位。两者之和构成膜电位。

将浸泡后的玻璃电极放入待测溶液，水合硅胶层表面与溶液中的 H^+ 活度不同，形成活度差，H^+ 由活度大的一方向活度小的一方迁移，平衡时：

$$c_{H^+(溶液)} = c_{H^+(硅胶)}$$

$$E_{内} = k_1 + 0.059\ \lg(a_2/a_2')$$

$$E_{外} = k_2 + 0.059\ \lg(a_1/a_1')$$

式中 a_1、a_2——分别表示外部试液和电极内参比溶液的 H^+ 活度；

a'_1、a'_2——分别表示玻璃膜外、内水合硅胶层表面的 H^+ 活度；

k_1、k_2——由玻璃膜外、内表面性质决定的常数。

由于玻璃膜内、外表面的性质基本相同，则 $k_1 = k_2$，$a'_1 = a'_2$

$$E_{膜} = E_{外} - E_{内} = 0.059\ \lg(a_1/a_2)$$

由于内参比溶液中的 H^+ 活度（a_2）是固定的，则：

$$E_{膜} = K' + 0.059\ \lg a_1 = K' - 0.059\ pH_{试液}$$

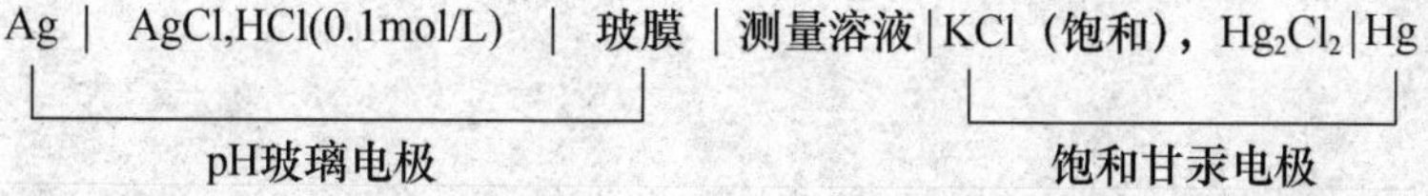

用电位法测定溶液的 pH 时，$E_{电池} = K + 0.059\ pH$。由于 K 是无法测量的，我们可以利用在相同条件下测 pH 与之相近的标准缓冲溶液 $E_s = K + 0.592\ pH$，再通过两式来消除 K，从而求得 $pH_x = pH_s + (E_s - E_x)/0.0592V$

三、实验用品

仪器:pH 电极。

四、实验步骤

(1)仪器预热 20 ~ 30min。

(2)打开电源开关,按“pH/mV”,进入 pH 测定状态;按“温度”按钮,使显示溶液温度值(25℃);然后按“确认”键,仪器确定溶液温度后回到 pH 测量状态。

(3)单点校正:把蒸馏水清洗过的电极插入 pH = 6.86 的标准缓冲溶液中,顺时针调节斜率旋钮至最大,调节定位旋钮,使之显示 pH 为 6.86。完成单点校正。

(4)两点校正:在完成上一步后,将电极清洗后插入到 pH = 4.00 的缓冲溶液中,其他旋钮不动,调节斜率旋钮,使之显示 pH 为 4.00。校正结束。

(5)待测液测定:测量时,先测定与待测液 pH 相近的缓冲溶液的 pH,然后清洗电极,测定待测液的 pH。在标定后测待测酸液的 pH,待读数稳定后记录数值。用同样的方法标定碱性标准溶液,再测定碱性未知液。

五、思考题

(1)玻璃电极在使用之前为什么要事先浸泡?

(2)两点校正法与单点校正法相比有何优点?

附录一　一些弱电解质的标准离解常数

名称	解离常数	$pK^{\ominus}$	名称	解离常数	$pK^{\ominus}$
HCOOH(20℃)	1.77×10^{-4}	3.75		2.2×10^{-13}	12.67
HClO(18℃)	2.59×10^{-5}	7.53	H_2SO_3(18℃)	1.54×10^{-2}	1.81
$H_2C_2O_2$	5.90×10^{-2}	1.23		1.02×10^{-7}	6.91
	6.40×10^{-5}	4.19	H_2SO_4	1.20×10^{-2}	1.92
HAc	1.76×10^{-5}	4.75	H_2S	9.1×10^{-8}	6.96
H_2CO_3	4.30×10^{-7}	6.37		1.1×10^{-12}	14.0
	5.61×10^{-11}	10.25	HCN	4.93×10^{-10}	9.31
HNO_2(12.5℃)	4.6×10^{-4}	3.37	HF	3.53×10^{-4}	3.45
H_3PO_4(18℃)	7.52×10^{-3}	2.12	H_2O_2	2.4×10^{-12}	11.62
	6.23×10^{-8}	7.21	$NH_3\cdot H_2O$	1.79×10^{-5}	4.75

注:数据主要参照 Davd R Lide、CRC Handbook of chemistry. 8th ed. 1999 ~2000.

以上数据除注明温度外,其余均在25℃测定。

附录二　常见配离子的稳定常数

配离子	$K_{稳}$	$\lg K_{稳}$	配离子	$K_{稳}$	$\lg K_{稳}$
1:1			$[Hg(SCN)_4]^{2-}$	7.7×10^{21}	21.88
$[NaY]^{3-}$	5.0×10	1.69	$[HgCl_4]^{2-}$	1.6×10^{15}	15.20
$[AgY]^{3-}$	2.0×10^{7}	7.30	$[HgI_4]^{2-}$	7.2×10^{29}	29.86
$[CuY]^{2-}$	6.8×10^{18}	18.79	$[Co(CNS)_4]^{2-}$	3.8×10^{2}	2.58
$[MgY]^{2-}$	4.9×10^{8}	8.69	$[Ni(CN)_4]^{2-}$	1×10^{22}	22.0
$[CaY]^{2-}$	3.7×10^{10}	10.56			
$[SrY]^{2-}$	4.2×10^{8}	8.62	1:2		
$[BaY]^{2-}$	6.0×10^{7}	7.77	$[Cu(NH_3)_2]^{+}$	7.4×10^{10}	10.87
$[ZnY]^{2-}$	3.1×10^{16}	16.49	$[Cu(CN)_2]^{-}$	2.0×10^{38}	38.3
$[CdY]^{2-}$	3.8×10^{16}	16.57	$[Ag(NH_3)_2]^{+}$	1.7×10^{7}	7.24
$[HgY]^{2-}$	6.3×10^{21}	21.79	$[Ag(En)_2]^{+}$	7.0×10^{7}	7.84
$[PbY]^{2-}$	1.0×10^{18}	18.0	$[Ag(CNS)_2]^{-}$	4.0×10^{8}	8.60
$[MnY]^{2-}$	1.0×10^{14}	14.00	$[Ag(CN)_2]^{-}$	1.0×10^{21}	21.0
$[FeY]^{2-}$	2.1×10^{14}	14.32	$[Au(CN)_2]^{-}$	2×10^{38}	38.30
$[CoY]^{2-}$	1.6×10^{16}	16.20	$[Cu(En)_2]^{2+}$	4.0×10^{19}	19.60
$[NiY]^{2-}$	4.1×10^{18}	18.61	$[Ag(S_2O_3)_2]^{3-}$	1.6×10^{13}	13.20
$[FeY]^{-}$	1.2×10^{25}	25.07	1:3		
$[CoY]^{-}$	1.0×10^{36}	36.0	$[Fe(CNS)_3]$	2.0×10^{3}	3.30
$[CaY]^{-}$	1.8×10^{20}	20.25	$[CdI_3]^{-}$	1.2×10	1.07
$[InY]^{-}$	8.9×10^{24}	24.94	$[Cd(CN)_3]^{-}$	1.1×10^{4}	4.04
$[TlY]^{-}$	3.2×10^{22}	22.51	$[Ag(CN)_3]^{2-}$	5	0.69
$[TlHY]^{-}$	1.5×10^{23}	23.17	$[Ni(En)_3]^{2+}$	3.9×10^{18}	18.59

续表

配离子	$K_{稳}$	$\lg K_{稳}$	配离子	$K_{稳}$	$\lg K_{稳}$
$[CuOH]^{+}$	1×10^{5}	5.00	$[Al(C_2O_4)_3]^{3-}$	2.0×10^{16}	16.30
$[AgNH_3]^{+}$	2.0×10^{3}	3.30	$[Fe(C_2O_4)_3]^{3-}$	1.6×10^{20}	20.20
1:4					
$[Cu(NH_3)_4]^{2+}$	4.8×10^{12}	12.68	1:6		
$[Zn(NH_3)_4]^{2+}$	5×10^{8}	8.69	$[Cd(NH_3)_6]^{2+}$	1.4×10^{6}	6.15
$[Cd(NH_3)_4]^{2+}$	3.6×10^{6}	6.55	$[Co(NH_3)_6]^{2+}$	2.4×10^{4}	4.38
$[Zn(CNS)_4]^{2-}$	2.0×10	1.30	$[Ni(NH_3)_6]^{2+}$	1.1×10^{8}	8.04
$[Zn(CN)_4]^{2-}$	1.0×10^{16}	16.0	$[Co(NH_3)_6]^{3+}$	1.4×10^{35}	35.15
$[Cd(SCN)_4]^{2-}$	1.0×10^{3}	3.0	$[AlF_6]^{3-}$	6.9×10^{19}	19.84
$[CdCl_4]^{2-}$	3.1×10^{2}	2.49	$[Fe(CN)_6]^{3-}$	1×10^{42}	42.0
$[CdI_4]^{2-}$	3.0×10^{6}	6.43	$[Fe(CN)_6]^{4-}$	1×10^{35}	35.0
$[Cd(CN)_4]^{2-}$	1.3×10^{18}	18.11	$[Co(CN)_6]^{3-}$	1×10^{64}	64.0
$[Hg(CN)_4]^{2-}$	3.3×10^{41}	41.51	$[FeF_6]^{3-}$	1.0×10^{16}	16.0

注:1. 式中 Y^{4-} 表示 EDTA 的酸根;En 表示乙二胺。

2. 摘自:Kypnjiehko *Kpatknn Chpaboqhnk Iio Xnmnn* 增订第四版,1974。

附录三　标准电极电势表(25℃)

(一)在酸性溶液中

电对	电极反应	$\varphi^{\ominus}$/V
Li(Ⅰ)-(0)	$Li^{+} + e^{-} \rightleftharpoons Li$	-3.045
K(Ⅰ)-(0)	$K^{+} + e^{-} \rightleftharpoons K$	-2.925
Rb(Ⅰ)-(0)	$Rb^{+} + e^{-} \rightleftharpoons Rb$	-2.925
Cs(Ⅰ)-(0)	$Cs^{+} + e^{-} \rightleftharpoons Cs$	-2.923
Ba(Ⅱ)-(0)	$Ba^{2+} + 2e^{-} \rightleftharpoons Ba$	-2.90
Sr(Ⅱ)-(0)	$Sr^{2+} + 2e^{-} \rightleftharpoons Sr$	-2.89
Ca(Ⅱ)-(0)	$Ca^{2+} + 2e^{-} \rightleftharpoons Ca$	-2.87
Na(Ⅰ)-(0)	$Na^{+} + e^{-} \rightleftharpoons Na$	-2.714
La(Ⅲ)-(0)	$La^{3+} + 3e^{-} \rightleftharpoons La$	-2.52
Ce(Ⅲ)-(0)	$Ce^{3+} + 3e^{-} \rightleftharpoons Ce$	-2.48
Mg(Ⅱ)-(0)	$Mg^{2+} + 2e^{-} \rightleftharpoons Mg$	-2.37
Se(Ⅲ)-(0)	$Se^{3+} + 3e^{-} \rightleftharpoons Se$	-2.08
Al(Ⅲ)-(0)	$[AlF_6]^{3+} + 3e^{-} \rightleftharpoons Al + 6F^{-}$	-2.07
Be(Ⅱ)-(0)	$Be^{2+} + 2e^{-} \rightleftharpoons Be$	-1.85
Al(Ⅲ)-(0)	$Al^{3+} + 3e^{-} \rightleftharpoons Al$	-1.66
Ti(Ⅱ)-(0)	$Ti^{2+} + 2e^{-} \rightleftharpoons Ti$	-1.63
Si(Ⅳ)-(0)	$[SiF_6]^{2-} + 4e^{-} \rightleftharpoons Si + 6F^{-}$	-1.2
Mn(Ⅱ)-(0)	$Mn^{2+} + 2e^{-} \rightleftharpoons Mn$	-1.18
V(Ⅱ)-(0)	$V^{2+} + 2e^{-} \rightleftharpoons V$	-1.18
Ti(Ⅳ)-(0)	$TiO^{2+} + 2H^{-} + 4e^{-} \rightleftharpoons Ti + H_2O$	-0.89

续表

电对	电极反应	$\varphi^{\ominus}$/V
B(Ⅲ)-(0)	$H_3BO_3 + 3H^- + 3e^- = B + 3H_2O$	-0.87
Si(Ⅳ)-(0)	$SiO_2 + 4H^+ + 4e^- = Si + 2H_2O$	-0.86
Zn(Ⅱ)-(0)	$Zn^{2+} + 2e^- = Zn$	-0.763
Cr(Ⅲ)-(0)	$Cr^{3+} + 3e^- = Cr$	-0.74
C(Ⅳ)-(Ⅲ)	$2CO_2 + 2H^+ + 2e^- = H_2C_2O_2$	-0.49
Fe(Ⅱ)-(0)	$Fe^{2+} + 2e^- = Fe$	-0.440
Cr(Ⅲ)-(Ⅱ)	$Cr^{3+} + e^- = Cr^{2+}$	-0.41
Cd(Ⅱ)-(0)	$Cd^{2+} + 2e^- = Cd$	-0.403
Ti(Ⅲ)-(Ⅱ)	$Ti^{3+} + e^- = Ti^{2+}$	-0.37
Pb(Ⅱ)-(0)	$PbI_2 + 2e^- = Pb + 2I^-$	-0.365
Pb(Ⅱ)-(0)	$PbSO_4 + 2e^- = Pb + SO_4^{2-}$	-0.3553
Pb(Ⅱ)-(0)	$PbBr_2 + 2e^- = Pb + 2Br^-$	-0.280
Co(Ⅱ)-(0)	$Co^{2+} + 2e^- = Co$	-0.277
Pb(Ⅱ)-(0)	$PbCl_2 + 2e^- = Pb + 2Cl^-$	-0.268
V(Ⅲ)-(Ⅱ)	$V^{3+} + e^- = V^{2+}$	-0.255
V(Ⅴ)-(0)	$VO_2^+ + 4H^+ + 5e^- = V + 2H_2O$	-0.253
Sn(Ⅳ)-(0)	$[SnF_6]^{2-} + 4e^- = Sn + 6F^-$	-0.25
Ni(Ⅱ)-(0)	$Ni^{2+} + 2e^- = Ni$	-0.246
Ag(Ⅰ)-(0)	$AgI + e^- = Ag + I^-$	-0.152
Sn(Ⅱ)-(0)	$Sn^{2+} + 2e^- = Sn$	-0.136
Pb(Ⅱ)-(0)	$Pb^{2+} + 2e^- = Pb$	-0.126
Hg(Ⅱ)-(0)	$[HgI_4]^{2-} + 2e^- = Hg + 4I^-$	-0.04
H(Ⅰ)-(0)	$2H^+ + 2e^- = H_2$	0.00
Ag(Ⅰ)-(0)	$[Ag(S_2O_3)_2]^{3-} + e^- = Ag + 2S_2O_3^{2-}$	0.003
Ag(Ⅰ)-(0)	$AgBr + e^- = Ag + Br^-$	0.071
S(2.5)-(Ⅱ)	$S_4O_6^{2-} + 2e^- = 2S_2O_3^{2-}$	0.08
Ti(Ⅳ)-(Ⅲ)	$TiO^{2+} + 2H^+ + e^- = Ti^{3+} + H_2O$	0.10
S(0)-(-Ⅱ)	$S + 2H^+ + 2e^- = H_2S$	0.141
Sn(Ⅳ)-(Ⅱ)	$Sn^{4+} + 2e^- = Sn^{2-}$	0.154
Cu(Ⅱ)-(Ⅰ)	$Cu^{2+} + e^- = Cu^+$	0.159
S(Ⅵ)-(Ⅳ)	$SO_4^{2-} + 4H^+ + 2e^- = H_2SO_3 + H_2O$	0.17
Hg(Ⅱ)-(0)	$[HgBr_4]^{2-} + 2e^- = Hg + 4Br^-$	0.21

续表

电对	电极反应	$\varphi^{\ominus}$/V
Ag(Ⅰ)-(0)	$AgCl + e^- = Ag + Cl^-$	0.2223
Hg(Ⅰ)-(0)	$Hg_2Cl_2 + 2e^- = 2Hg + 2Cl^-$	0.268
Cu(Ⅱ)-(0)	$Cu^{2+} + 2e^- = Cu$	0.337
V(Ⅳ)-(Ⅲ)	$VO^{2+} + 2H^+ + e^- = V^{3+} + H_2O$	0.337
Fe(Ⅲ)-(Ⅱ)	$[Fe(CN)_6]^{3-} + e^- = [Fe(CN)_6]^{4-}$	0.36
S(Ⅳ)-(Ⅱ)	$2H_2SO_3 + 2H^+ + 4e^- = S_2O_3^{2-} + 3H_2O$	0.40
Ag(Ⅰ)-(0)	$Ag_2CrO_4 + 2e^- = 2Ag + CrO_4^{2-}$	0.447
S(Ⅳ)-(0)	$H_2SO_3 + 4H^+ + 4e^- = S + 3H_2O$	0.45
Cu(Ⅰ)-(0)	$Cu^+ + e^- = Cu$	0.52
I(0)-(-Ⅰ)	$I_2 + 2e^- = 2I^-$	0.5345
Mn(Ⅶ)-(Ⅵ)	$MnO_4^- + e^- = MnO_4^{2-}$	0.564
As(Ⅴ)-(Ⅲ)	$H_3AsO_4 + 2H^+ + 2e^- = H_3AsO_3 + H_2O$	0.58
Hg(Ⅱ)-(Ⅰ)	$2HgCl_2 + 2e^- = Hg_2Cl_2 + 2Cl^-$	0.63
O(0)-(-Ⅰ)	$O_2 + 2H^+ + 2e^- = H_2O_2$	0.682
Pt(Ⅱ)-(0)	$[PtCl_4]^2 + 2e^- = Pt + 4Cl$	0.73
Fe(Ⅲ)-(Ⅱ)	$Fe^{3+} + e^- = Fe^{2-}$	0.771
Hg(Ⅰ)-(0)	$Hg_2^{2+} + 2e^- = 2Hg$	0.793
Ag(Ⅰ)-(0)	$Ag^+ + e^- = Ag$	0.799
N(Ⅴ)-(Ⅳ)	$NO_3^- + 2H^+ + e^- = NO_2 + H_2O$	0.80
Hg(Ⅱ)-(Ⅰ)	$2Hg^{2+} + 2e^- = Hg_2^{2+}$	0.920
N(Ⅴ)-(Ⅲ)	$NO_3^- + 3H^+ + 2e^- = HNO_2 + H_2O$	0.94
N(Ⅴ)-(Ⅱ)	$NO_3^- + 4H^+ + 3e^- = NO + 2H_2O$	0.96
N(Ⅲ)-(Ⅱ)	$HNO_2 + H^+ + e^- = NO + H_2O$	1.00
Au(Ⅲ)-(0)	$[AuCl_4]^- + 3e^- = Au + 4Cl^-$	1.00
V(Ⅴ)-(Ⅳ)	$VO_2^+ + 2H^+ + e^- = VO^{2+} + H_2O$	1.00
Br(0)-(-Ⅰ)	$Br_2(l) + 2e^- = 2Br^-$	1.065
Cu(Ⅱ)-(Ⅰ)	$Cu^{2+} + 2CN^- + e^- = Cu(CN)_2^-$	1.12
Se(Ⅵ)-(Ⅳ)	$SeO_4^{2-} + 4H^+ + 2e^- = H_2SeO_3 + H_2O$	1.15
Cl(Ⅶ)-(Ⅴ)	$ClO_4^- + 2H^+ + 2e^- = ClO_3^- + H_2O$	1.19
I(Ⅴ)-(0)	$2IO_3^- + 12H^+ + 10e^- = I_2 + 6H_2O$	1.20
Cl(Ⅴ)-(Ⅲ)	$ClO_3^- + 3H^+ + 2e^- = HClO_2 + H_2O$	1.21
O(0)-(-Ⅱ)	$O_2 + 4H^+ + 4e^- = 2H_2O$	1.229

续表

电对	电极反应	$\varphi^{\ominus}$/V
Mn(Ⅳ)-(Ⅱ)	$MnO_2 + 4H^+ + 2e^- = Mn^{2+} + 2H_2O$	1.23
Cr(Ⅵ)-(Ⅲ)	$Cr_2O_7^{2-} + 14H^+ + 6e^- = 2Cr^{3+} + 7H_2O$	1.33
Cl(0)-(-Ⅰ)	$Cl_2 + 2e^- = 2Cl^-$	1.36
I(Ⅰ)-(0)	$2HIO + 2H^+ + 2e^- = I_2 + 2H_2O$	1.45
Pb(Ⅳ)-(Ⅱ)	$PbO_2 + 4H^+ + 2e^- = Pb^{2+} + 2H_2O$	1.455
Au(Ⅲ)-(0)	$Au^{3-} + 3e^- = Au$	1.50
Mn(Ⅲ)-(Ⅱ)	$Mn^{3+} + e^- = Mn^{2+}$	1.51
Mn(Ⅶ)-(Ⅱ)	$MnO_4 + 8H^- + 5e^- = Mn^{2+} + 4H_2O$	1.51
Br(Ⅴ)-(0)	$2BrO_3^- + 12H^+ + 10e^- = Br_2 + 6H_2O$	1.52
Br(Ⅰ)-(0)	$2HBrO + 2H^+ + 2e^- = Br_2 + 2H_2O$	1.59
Ce(Ⅳ)-(Ⅲ)	$Ce^{4+} + e^- = Ce^{3+}$ (1mol/L HNO_3)	1.61
Cl(Ⅰ)-(0)	$2HClO + 2H^+ + 2e^- = Cl_2 + 2H_2O$	1.63
Cl(Ⅲ)-(Ⅰ)	$HClO_2 + 2H^+ + 2e^- = HClO + H_2O$	1.64
Pb(Ⅳ)-(Ⅱ)	$PbO_2 + SO_4^{2-} + 4H^+ + 2e^- = PbSO_4 + 2H_2O$	1.685
Mn(Ⅶ)-(Ⅳ)	$MnO_4^- + 4H^+ + 3e^- = MnO_2 + 2H_2O$	1.695
O(-Ⅰ)-(-Ⅱ)	$H_2O_2 + 2H^+ + 2e^- = 2H_2O$	1.77
Co(Ⅲ)-(Ⅱ)	$Co^{3+} + e^- = Co^{2+}$	1.84
S(Ⅶ)-(Ⅵ)	$S_2O_8^{2-} + 2e^- = 2SO_4^{2-}$	2.01
F(0)-(-Ⅰ)	$F_2 + 2e^- = 2F^-$	2.87

(二)在碱性溶液中

电对	电极反应	$\varphi^{\ominus}$/V
Mg(Ⅱ)-(0)	$Mg(OH)_2 + 2e^- = Mg + 2OH^-$	-2.69
Al(Ⅲ)-(0)	$H_2AlO_3^- + H_2O + 3e^- = Al + 4OH^-$	-2.35
P(Ⅰ)-(0)	$H_2PO_2^- + e^- = P + 2OH^-$	-2.05
B(Ⅲ)-(0)	$H_2BO_3^- + H_2O + 3e^- = B + 4OH^-$	-1.79
Si(Ⅳ)-(0)	$SiO_3^{2-} + 3H_2O + 4e^- = Si + 6OH^-$	-1.70
Mn(Ⅱ)-(0)	$Mn(OH)_2 + 2e^- = Mn + 2OH^-$	-1.55
Zn(Ⅱ)-(0)	$Zn(CN)_4^{2-} + 2e^- = Zn + 4CN^-$	-1.26
Zn(Ⅱ)-(0)	$ZnO_2^{2-} + 2H_2O + 2e^- = Zn + 4OH^-$	-1.216
Cr(Ⅲ)-(0)	$CrO_2^- + 2H_2O + 3e^- = Cr + 4OH^-$	-1.2

续表

电对	电极反应	$\varphi^{\ominus}$/V
Zn(Ⅱ)-(0)	$Zn(NH_3)_4^{2+} + 2e^- = Zn + 4NH_3$	-1.04
S(Ⅵ)-(Ⅳ)	$SO_4^{2-} + H_2O + 2e^- = SO_3^{2-} + 2OH^-$	-0.93
Sn(Ⅱ)-(0)	$HSnO_2^- + H_2O + 2e^- = Sn + 3OH^-$	-0.91
Fe(Ⅱ)-(0)	$Fe(OH)_2 + 2e^- = Fe + 2OH^-$	-0.877
H(Ⅰ)-(0)	$2H_2O + 2e^- = H_2 + 2OH^-$	-0.828
Cd(Ⅱ)-(0)	$Cd(NH_3)_4^{2+} + 2e^- = Cd + 4NH_3$	-0.61
S(Ⅳ)-(Ⅱ)	$2CO_3^{2-} + 3H_2O + 4e^- = S_2O_3^{2-} + 6OH^-$	-0.58
Fe(Ⅲ)-(Ⅱ)	$Fe(OH)_3 + e^- = Fe(OH)_2 + OH^-$	-0.56
S(0)-(-Ⅱ)	$S + 2e^- = S^{2-}$	-0.48
Ni(Ⅱ)-(0)	$Ni(NH_3)_6^{2+} + 2e^- = Ni + 6NH_3(aq)$	-0.48
Cu(Ⅰ)-(0)	$Cu(CN)_2^- + e^- = Cu + 2CN^-$	约-0.43
Hg(Ⅱ)-(0)	$Hg(CN)_4^{2} + 2e^- = Hg + 4CN^-$	-0.37
Ag(Ⅰ)-(0)	$Ag(CN)_2^{\ +} + e^- = Ag + 2CN$	-0.31
Cr(Ⅵ)-(Ⅲ)	$CrO_4^{2-} + 2H_2O + 3e^- = CrO_2^- + 4OH^-$	-0.12
Cu(Ⅰ)-(0)	$Cu(NH_3)_2^- + e^- = Cu + 2NH_3$	-0.12
Mn(Ⅳ)-(Ⅱ)	$MnO_2 + 2H_2O + 2e^- = Mn(OH)_2 + 2OH^-$	-0.05
Ag(Ⅰ)-(0)	$AgCN + e^- = Ag + CN^-$	-0.017
Mn(Ⅳ)-(Ⅱ)	$MnO_2 + 2H_2O + 2e^- = Mn(OH)_2 + 2OH^-$	-0.05
N(Ⅴ)-(Ⅲ)	$NO_3 + H_2O + 2e^- = NO_2^- + 2OH^-$	0.01
Hg(Ⅱ)-(0)	$HgO + H_2O + 2e^- = Hg + 2OH$	0.098
Co(Ⅲ)-(Ⅱ)	$Co(NH_3)_5^{3+} + e^- = Co(NH_3)_5^{2+}$	0.1
Co(Ⅲ)-(Ⅱ)	$Co(OH)_3 + e^- = Co(OH)_2 + OH^-$	0.17
I(Ⅴ)-(-Ⅰ)	$IO_3^- + 3H_2O + 6e^- = I + 6OH^-$	0.26
Cl(Ⅴ)-(Ⅲ)	$ClO_3^{\ -} + H_2O + 2e^- = ClO_2^{\ -} + 2OH^-$	0.33
Cl(Ⅶ)-(Ⅴ)	$ClO_4^- + H_2O + 2e^- = ClO_3^{\ -} + 2OH^-$	0.36
Ag(Ⅰ)-(0)	$Ag(NH_3)_2^+ + e^- = Ag + 2NH_3$	0.373
O(0)-(-Ⅱ)	$O_2 + 2H_2O + 4e^- = 4OH^-$	0.401
I(Ⅰ)-(-Ⅰ)	$IO^- + H_2O + 2e^- = I^- + 2OH^-$	0.49
Mn(Ⅵ)-(Ⅳ)	$MnO_4^{2-} + 2H_2O + 2e^- = MnO_2 + 4OH^-$	0.60
Br(Ⅴ)-(Ⅰ)	$BrO_5^- + 3H_2O + 6e^- = Br + 6OH^-$	0.61
CI(Ⅲ)-(Ⅰ)	$ClO_2^- + H_2O + 2e^- = ClO^- + 2OH^-$	0.66
Br(Ⅰ)-(-Ⅰ)	$BrO^- + H_2O + 2e^- = Br^- + 2OH^-$	0.76
Cl(Ⅰ)-(-Ⅰ)	$ClO^- + H_2O + 2e^- = Cl^- + 2OH^-$	0.89

注:数据主要录自 John Dean A. Lange's Handbook of chemistry. 15th ed.

附录四　难溶电解质的溶度积(18～25℃)

化合物	溶度积 K_{SP}
氯化物	
$PbCl_2$	1.6×10^{-5}
AgCl	1.56×10^{-10}
Hg_2C1_2	2×10^{-18}
溴化物	
AgBr	7.7×10^{-13}
碘化物	
PbI_2	1.39×10^{-8}
AgI	1.5×10^{-16}
Hg_2I_2	1.2×10^{-28}
氰化物	
AgCN	1.2×10^{-16}
硫氰化物	
AgSCN	1.16×10^{-12}
硫酸盐	
Ag_2SO_4	1.6×10^{-5}
$CaSO_4$	2.45×10^{-5}
$SrSO_4$	2.8×10^{-7}
$PbSO_4$	1.06×10^{-8}
$BaSO_4$	1.08×10^{-10}
硫化物	
MnS	1.4×10^{-15}
FeS	3.7×10^{-19}
ZnS	1.2×10^{-23}

化合物	溶度积 K_{SP}
PbS	3.4×10^{-28}
CuS	8.5×10^{-45}
HgS	4×10^{-53}
Ag_2S	1.6×10^{-49}
铬酸盐	
$BaCrO_4$	1.6×10^{-10}
Ag_2CrO_4	9×10^{-12}
$PbCrO_4$	1.77×10^{-14}
碳酸盐	
$MgCO_3$	2.6×10^{-5}
$BaCO_3$	8.1×10^{-9}
$CaCO_3$	8.7×10^{-9}
Ag_2CO_3	8.1×10^{-12}
$PbCO_3$	3.3×10^{-14}
磷酸盐	
$MgNH_4PO_4$	2.5×10^{-13}
草酸盐	
MgC_2O_4	8.57×10^{-5}
$BaC_2O_4\cdot2H_2O$	1.2×10^{-7}
$CaC_2O_4\cdot H_2O$	2.57×10^{-9}
氢氧化物	
AgOH	1.52×10^{-8}
$Ca(OH)_2$	5.5×10^{-6}
$Mg(OH)_2$	1.2×10^{-11}

续表

化合物	溶度积 K_{SP}	化合物	溶度积 K_{SP}
$Mn(OH)_2$	4.0×10^{-14}	$Cu(OH)_2$	5.6×10^{-20}
$Fe(OH)_3$	1.64×10^{-14}	$Cr(OH)_3$	6×10^{-31}
$Pb(OH)_2$	1.6×10^{-17}	$Al(OH)_3$	1.3×10^{-33}
$Zn(OH)_2$	1.2×10^{-17}	$Fe(OH)_3$	1.1×10^{-36}

注:数据主要参照 Weast R C. CRC Handbook of Chemistry and Physics. 63th ed. B242,1982 ~ 1983。

参考文献

1. 北京师范大学无机化学教研室等编. 无机化学. 北京:人民教育出版社,1982.

2. 华中师范学院等编. 分析化学. 北京:人民教育出版社,1982.

3. GB/T 11911—1989.

4. 于世林等. 分析化学. 北京:化学工业出版社,1997.

5. 肖振平等. 分析化学. 哈尔滨:哈尔滨工程大学出版社,1998.

6. 南京大学《无机及分析化学》编写组. 无机及分析化学. 第三版. 北京:高等教育出版社,1998.

7. 南京大学《无机及分析化学实验》编写组. 无机及分析化学实验. 北京:高等教育出版社,1999.

8. 宁开桂. 无机及分析化学. 北京:高等教育出版社,1999.

9. 分析化学(第二版). 北京:高等教育出版社,2000.

10. 湖南省长沙农业学校主编. 化学. 北京:中国农业出版社,2000.

11. 高职高专化学教材编写组编. 无机化学(第二版). 北京:高等教育出版社,2000.

12. 李运涛. 无机及分析化学. 北京:高等教育出版社,2000.

13. 何凤姣. 无机化学. 北京:科学出版社,2001.

14. 傅献彩. 大学化学. 北京:高等教育教出版社,2001.

15. 王伊强等. 基础化学实验. 北京:中国农业出版社,2001.

16. 朱明华. 仪器分析(第三版). 北京:高等教育出版社,2002.

17. 铁步荣等. 无机化学. 北京:科学出版社,2004.

18. 胡运昌主编. 药用基础化学. 北京:化学工业出版社,2004.

19. 张金桐主编. 实验化学. 北京:中国农业出版社,2004.

20. 侯曼玲. 食品分析. 北京:化学工业出版社,2004.

21. 黄一石. 仪器分析. 北京:化学工业出版社,2005.

22. 叶芬霞. 无机及分析化学. 北京:高等教育出版社,2005.

23. 徐英岚. 无机与分析化学. 北京:中国农业出版社,2005.

24. 刘斌主编. 无机及分析化学. 北京:高等教育出版社,2006.

25. 武汉大学、吉林大学等校编. 无机化学(第三版)北京:高等教育出版社,2005.

26. 任丽萍. 普通化学. 北京:高等教育出版社,2006.

27. 夏延斌. 食品化学. 北京:中国轻工业出版社,2007.

28. 赵晓华. 无机及分析化学. 北京:化学工业出版社,2008.